高等职业教育"十三五"规划教材（计算机类）

现代办公自动化

第2版

主　编　马永涛
副主编　苏　然
参　编　杨元捷　程　劲

机 械 工 业 出 版 社

本书共12章，主要内容包括信息化相关知识，OA（现代办公自动化）系统的基本概念和发展历程，信息技术基础知识（网络、Internet、量子互联网和物联网简介、云计算技术、移动通信技术和移动办公等），协同、移动和云平台办公信息管理平台，各种办公设备相关知识以及视频会议系统等。

通过本书的学习，学生可以进一步掌握信息技术和安全方面的知识，了解社会信息化的发展和具体应用，掌握OA软件的应用，掌握办公设备的基本原理和基本维护方法，能够熟练使用计算机和现代办公设备。

本书适合作为高职高专、应用技术型本科院校各专业的办公自动化课程的教材，或作为企事业单位职员办公自动化方面的培训教材，也可供对办公自动化感兴趣的读者参考使用。

为方便教学，本书配备电子课件等教学资源。凡选用本书作为教材的教师均可登录机械工业出版社教育服务网 www.cmpedu.com 免费下载。如有问题请致信 cmpgaozhi@ sina.com，或致电 010 - 88379375 联系营销人员。

图书在版编目（CIP）数据

现代办公自动化／马永涛主编. —2 版. —北京：机械工业出版社，2016. 12（2019. 8 重印）

高等职业教育"十三五"规划教材. 计算机类

ISBN 978 - 7 - 111 - 55198 - 0

Ⅰ.①现… Ⅱ.①马… Ⅲ.①办公自动化-应用软件-高等职业教育-教材 Ⅳ.①TP317. 1

中国版本图书馆 CIP 数据核字（2016）第 249488 号

机械工业出版社（北京市百万庄大街 22 号 邮政编码 100037）
策划编辑：刘子峰 责任编辑：刘子峰
责任校对：陈 越 封面设计：陈 沛
责任印制：常天培
北京虎彩文化传播有限公司印刷（北京虎彩文化传播有限公司装订）
2019 年 8 月第 2 版·第 2 次印刷
184mm×260mm·14. 75 印张·363 千字
3 001 - 4 000 册
标准书号：ISBN 978 - 7 - 111 - 55198 - 0
定价：37. 00 元

电话服务　　　　　　　网络服务
客服电话：010-88361066　机 工 官 网：www.cmpbook.com
　　　　　010-88379833　机 工 官 博：weibo.com/cmp1952
　　　　　010-68326294　金 书 网：www.golden-book.com
封底无防伪标均为盗版　机工教育服务网：www.cmpedu.com

第 2 版前言

《现代办公自动化》自 2007 年出版至今，一直受到广大读者的欢迎。近年来，由于信息技术的飞速发展，特别是云技术、大数据、移动通信等技术的发展和在实际管理工作中的推广应用，协同办公软件平台等发生了很大的变化，原有部分内容显得较为陈旧。因此，为满足各类院校教学需要，我们决定在第 1 版的基础上进行修订。

本次修订，主要加入了云技术、移动通信技术、大数据、量子通信和物联网等方面的基础知识的介绍。结合目前 OA 系统的发展趋势，重点介绍了协同办公平台、移动办公平台和云办公平台等新的办公平台，以金蝶国际软件集团有限公司的协同办公管理平台和云之家移动办公平台等作为教学平台介绍相关知识和具体实际应用。各院校可根据本校实训室的具体情况选择相应的办公平台作为教学平台，但是，我们推荐在教学中使用云之家的公共平台作为教学用平台之一，因为该云平台是一个免费平台，可以搭建一个班级相互交流和完成一些工作或学习的社交平台，对培养学生的云技术实际应用能力是有帮助的，同时，也为学生未来能充分应用公共云奠定良好的基础。

近年来，办公设备也得到进一步的发展，因此在本次修订中我们充分体现办公设备的最新技术，如云打印技术、3D 打印机及相关技术，以及一些特殊使用的扫描技术等。

本次修订是在编者不断改进教学讲义的基础上逐步形成的。在教学改革和教材编写过程中，得到金蝶昆明分公司的领导及同仁的支持和帮助，也得到使用第 1 版教材的院校教师及学生的大力帮助，在此对他们表示衷心感谢！在教学内容选取和教材编写中，我们参考了大量的文献资料，对相关的作者和专家学者恕不能一一列举致谢，但对其所做的工作表示由衷的钦佩和敬意。

本书第 1、2、4、5、6、12 章由马永涛编写；第 3 章由苏然（金蝶昆明分公司）编写；第 7、8 章由程劲编写；第 9、10、11 章由杨元捷编写。全书由马永涛统稿。

由于编者水平有限，书中差错在所难免，恳请各位读者不吝指正。

编　者

第 1 版前言

当今社会无论是企业还是政府机关，都会有大量的文案需要处理，复杂的工作流程需要安排，决策者需要依据纷乱的信息做出重要的决定。拥有一套智能化、信息化的办公系统，对办公人员和组织决策者来说，工作效率的提高是显而易见的。在网络连接千万家的时代，办公自动化还能使得不同地理位置之间的不同单位或部门之间进行协同办公成为可能。今天的中国，企业信息化、政府部门信息化和国民经济信息化等都发展得如火如荼，而一套优秀的办公自动化（OA）系统的应用将是企事业单位迈进信息化时代的重要基石。随着企事业单位信息化建设工作不断深入发展，企事业单位对员工的要求会越来越高，要求员工除具有较为扎实的专业知识和能力外，还应具有较强的信息素养。因此，学生通过"现代办公自动化"课程的学习，应当提高信息素养，学会使用现代办公设备，为适应社会的需要做好准备。

学习本门课程的主要意义和要求：

1. 学习信息技术知识

通过本课程的学习，学生可进一步了解并掌握信息技术和信息安全方面的知识，提高信息素养。我们在课程中更加强调信息技术的应用能力的培养，通过讲授和实际操作，提高学生信息技术应用能力。

2. 了解社会信息化的发展和具体应用

当前，我国社会信息化迅速发展，无论是企事业单位还是政府部门，信息化和无纸化办公程度都在不断提高。学生通过本课程的学习，可了解社会信息化方面的知识，提高对社会信息化的认识。

3. 了解无纸化办公

学生通过学习了解无纸化办公，了解无纸化办公环境中工作流程、相关设备、OA 系统等相关知识，提高对无纸办公的理解和认识，了解和掌握办公流程。

4. 掌握 OA 软件和应用

通过一个实际 OA 软件的讲解和上机操作，使学生掌握 OA 软件的结构、功能以及其实施的方法等方面的知识，特别是上机操作的能力培养，为今后就业做好充分的准备。

5. 掌握办公设备的基本原理和基本维护

现代办公设备的使用和基本维护是本课程的又一个教学重点。学生要掌握办公设备的基本原理、基本操作和维护知识。特别强调新设备使用和操作的基本方法，在教学和实际操作中，我们将强调培养学生阅读和了解设备使用说明书的能力，为今后工作中遇到新设备能顺利使用奠定基础。

6. 熟练使用计算机和现代办公设备

学生通过本课程的学习，特别是操作练习，能提高计算机的使用能力。强调对办公设备的操作使用的能力培养，将用大量的实训来实现该目的。

7. 培养职业道德和职业规范

教学实训要求学生进入实训室时要完成角色转变，即从学生角色向员工角色转变。教师将以对员工管理的方式来管理实训学生，要求学生严格遵守职业道德和规范，提高学生的职业素养。

学习本门课程的建议：

"现代办公自动化"课程是一门实践性极强的课程，建议学生要重视实训，掌握各类设备及 OA 软件的使用方法；在使用设备前应认真阅读使用说明书，要学会根据使用说明书的操作说明来操作和使用设备，养成阅读使用说明书的习惯对今后工作中遇到新设备能通过阅读使用说明书进行操作和使用是有益的；要求学生在撰写实训报告时要做充分的准备，阅读教材和参考资料、设备使用说明书后写出实训的方法和步骤。在每一章后我们都附有思考题，特别是有一篇小论文，建议学生认真完成。完成该论文对学生应用信息技术获取知识和培养科学素养是有很大帮助的，建议论文的格式按照科学研究论文的一般格式，使得所完成的论文规范化。

目　录

第1章 概　　述

学习目标：
1）了解我国信息化建设的现状与发展趋势。
2）掌握 OA 的基本概念及发展历程。
3）掌握 OA 系统的基本组成、技术及应用发展。
4）掌握 OA 软件的作用与基本功能。
5）了解办公设备的概念及发展趋势。

1.1　我国信息化的现状与发展

信息化是指人类充分利用信息技术，开发利用信息资源，促进信息交流和知识共享，提高经济增长质量，推动经济社会发展转型的历史进程。我国政府十分重视发展我国各行业的信息化建设，不失时机地提出抓紧在经济和社会发展的重要领域和关键环节率先应用信息技术，通过在重要领域和关键环节实施信息化工程，通过实施信息化改造和提升传统产业，以企业的信息化带动企业的工业化。我国政府极力推进国家信息化建设步伐，并加强信息资源的开发利用。2006 年 5 月中共中央办公厅、国务院办公厅印发了《2006—2020 年国家信息化发展战略（中办发〔2006〕11 号）》（以下简称《发展战略》）。《发展战略》共分六个部分，分析了全球信息化发展的基本趋势和我国信息化发展的基本形势，明确提出了我国信息化发展的指导思想、战略目标、战略重点、战略行动计划和保障措施。《发展战略》提出了我国信息化发展的九大战略重点：一是推进国民经济信息化；二是推行电子政务；三是建设先进网络文化；四是推进社会信息化；五是完善综合信息基础设施；六是加强信息资源的开发利用；七是提高信息产业竞争力；八是建设国家信息安全保障体系；九是提高国民信息技术应用能力，造就信息化人才队伍。《发展战略》指出，中国将优先制订和实施六项战略行动计划，它们是：国民信息技能教育培训计划、电子商务行动计划、电子政务行动计划、网络媒体信息资源开发利用计划、缩小数字鸿沟计划、关键信息技术自主创新计划。《发展战略》是我国信息化发展史上政府第一次制订的中长期战略性发展规划，同时也规划了到 2020 年我国信息化建设的趋势和发展方向。

2016 年 7 月 27 日中共中央办公厅、国务院办公厅印发《国家信息化发展战略纲要》（以下简称《纲要》）。《纲要》作为对《2006—2020 年国家信息化发展战略》的调整与升级，为未来 10 年国家信息化发展提供了规范和指导。《纲要》强调，要围绕"五位一体"总体布局和"四个全面"战略布局，牢固树立创新、协调、绿色、开放、共享的发展理念，贯彻以人民为中心的发展思想、以信息化驱动现代化为主线、以建设网络强国为目标，着力增强国家信息化发展能力、提高信息化应用水平、优化信息化发展环境，让信息化造福社会、造福人民，为实现中华民族伟大复兴的中国梦奠定坚实基础。《纲要》要求，坚持"统筹推进、创新引领、驱动发展、惠及民生、合作共赢、确保安全"的基本方针，提出网络强国"三步走"的战略目标：到2020年，核心关键技术部分领域达到国际先进水平，信息产业国际竞争力大幅提升，信息化成为驱动现代化建设的先导力量；到2025年，建成国际领先的移动通信网络，根本改变核心关键技术受制于人的局面，实现技术先进、产业发达、应用领先、网络安全坚不可摧的战略目标，涌现一批具有强大国际竞争力的大型跨国网信企业；到21世纪中叶，信息化全面支撑富强民主文明和谐的社会主义现代化国家建设，网络强国地位日益巩固，在引领全球信息化发展方面有更大作为。《纲要》指出，增强发展能力、提升应用水平、优化发展环境，是国家信息化发展的三大战略任务，包括14项具体工作内容。增强发展能力，重点是发展核心技术、夯实基础设施、开发信息资源、优化人才队伍、深化合作交流；提升应用水平，主要是落实"五位一体"总体布局，对培育信息经济、深化电子政务、繁荣网络文化、创新公共服务、服务生态文明建设作出了安排，并首次将信息强军的内容纳入信息化战略；优化发展环境，强调要保障信息化有序健康安全发展，明确了信息化法治建设、网络生态治理和维护网络空间安全的主要任务。

十八大明确提出："坚持走中国特色新型工业化、信息化、城镇化、农业现代化道路，推动信息化和工业化深度融合、工业化和城镇化良性互动、城镇化和农业现代化相互协调，促进工业化、信息化、城镇化、农业现代化同步发展。"近年来我国国民经济和社会信息化建设发展迅速，信息化建设整体发展态势呈现出更加注重应用、实效以及与经济和社会协调发展的特征。具体表现在以下几个方面：我国信息产业国际竞争力不断提升；信息技术在财政、金融、工商、税务、海关、外贸等政府管理部门日益发挥重要作用，在城市建设、劳动就业、社会保障、科教文化、医疗卫生、抗灾应急等社会服务领域的应用日益广泛；企业信息化步伐不断加快，特别是中小企业信息化建设热情日益高涨，电子商务在各行业的贸易商谈、合同签订、生产经营、供应采购、产品销售和对外贸易等环节发挥着越来越重要的作用；信息技术在农业领域的应用得到了进一步重视，各级政府和企业整合多种信息资源，积极开展面向"三农"的市场和科技信息服务。预计，未来几年，伴随我国经济的持续高速增长及各行各业自身的快速发展，信息化投入的增长将会获得更加坚实的物质基础，我国信息化建设将在国民经济各领域更加全面有序地展开。

1.1.1　我国政务信息化的现状与发展

1. 我国政务信息化现状

2012年5月5日，国家发展和改革委员会印发《"十二五"国家政务信息化工程建设规划（发改高技［2012］1202号）》（以下简称《规划》）。该《规划》分现状和形势、总体要求、重点任务、保障措施4部分。主要目标是：通过实施国家政务信息化工程，到"十二五"末期，形成统一完整的国家电子政务网络，基本满足政务应用需要；初步建成共享开放的国家基础信息资源体系，支撑面向国计民生的决策管理和公共服务，显著提高政务信息的公开程度；基本建成国家网络与信息安全基础设施，网络与信息安全保障作用明显增强。

　　"十一五"时期，我国政务信息化建设快速推进，信息化水平不断提高。经过多年努力，围绕各级政务部门的办公自动化、重要领域和重点业务信息化、网络与信息安全基础设施保障开展的一系列信息化工程建设取得了实质性进展，金盾、金关、金财、金税、金审、金农等近百个重大信息化工程项目陆续建成，相关业务信息系统顺利投入运行，各级政务网站成为信息公开、网上办事、便民服务的重要渠道，对于强化科学民主决策，保障政务部门高效运转，推动信息化和工业化深度融合，保障信息安全，促进经济社会发展发挥了重要作用。

　　近几年来，在政府办公自动化和重点业务系统建设取得显著成绩的基础上，我国各地区、各部门的政务信息化建设迅速进入了统筹规划、加快推进的新阶段。主要体现在以下几个方面：

　　1）我国政府门户网站的建设进程不断加快。到 2014 年 6 月，我国政府域名（GOV. CN）注册量达到 56009 个，截至 2015 年 7 月 7 日，全国的政府网站共 85980 个，其中地方 82674 个，国务院部门 3216 个。

　　2）业务应用系统建设不断健全和完善。2002 年，国务院 17 号文件明确提出"十二金"的概念。该文件指出，要加快 12 个重要业务系统建设：继续完善已取得初步成效的办公业务资源系统、金关、金税和金融监督（含金卡）四个工程，促进业务协同、资源整合；启动和加快建设宏观经济管理、金财、金盾、金审、社会保障、金农、金质和金水八个业务系统工程建设；业务系统建设要统一规划、分工负责，分阶段推进。业界把这 12 个重要业务系统建设统称为"十二金"工程。这些"金"工程的实施为我国政务信息化建设推进奠定了基础。在《规划》中明确提出："在继续加快推进金盾、金关、金财、金税、金审、金农等重要信息系统建设的基础上，重点建设保障和改善民生、维护经济社会安全、提升治国理政能力等方面的重要信息系统。"规划提出将开展以下国家重点信息系统建设：全民健康保障信息化工程、全民住房保障信息化工程、全民社会保障信息化工程、药品安全监管信息化工程、食品安全监管信息化工程、安全生产监管信息化工程、市场价格监管信息化工程、金融监管信息化工程、能源安全保障信息化工程、信用体系建设信息化工程、生态环境保护信息化工程、应急维稳保障信息化工程、行政执法监督信息化工程、民主法制建设信息化工程和执政能力建设信息化工程，并明确提出了建设目标和具体建设内容。

　　3）我国政府部门基础信息库建设已陆续展开。如包括"人口基础信息库""法人单位基础信息库""自然资源和地理空间基础信息库"和"宏观经济数据库"这四大战略性信息库的"四库"工程建设全面展开，实现信息资源建设统一规划，为实现资源共享奠定基础，这也为我国政府信息资源共享工程建设奠定基础。近年来，国家重视非物质文化遗产保护工作，随着国家和各级政府相关法令、措施的出台，非物质文化遗产资源数据库的建设已经成为国家和地方各级政府非物质文化遗产保护的重要途径与方式，国内已经初步建立起一批非物质文化遗产资源数据库。

　　4）全国各地方政府部门政务信息化建设取得了明显成效，乡镇和县级政务信息化建设也逐步开展，如云南省政务信息化建设已深入到乡镇一级政府。

　　5）我国政务信息化基础性工作进一步加强，各项规章制度建设和立法工作已取得了一定进展，电子政务培训工作已经开展并取得了明显成效。

2. 政务信息化对政府管理创新的作用

众所周知，绝大多数企事业单位和政府，都采用层层授权的金字塔式的管理模式。从管理的角度看，这种模式的好处是容易控制全局，但底层和中层人员与上级之间的信息反馈往往不畅通，高层了解底层的信息除了通过的直接下属（中层管理者）外，就需要自己亲自了解。亲自了解往往很困难，而通过中层管理人员则有一个信息反馈的效率和成本问题。无疑，单位的信息化能提高效率，节省成本。

根据我国国情确立我国的电子政务建设框架是至关重要的。我国政府通过吸收国外在电子政务领域的最新研究成果和对我国当前电子政务建设的深入研究，提出了一套三位一体的电子政务理论框架。该框架是从政府基本职能出发而划分的基本建设任务：政府的内部基本职能是行政决策，因此，政务信息化的任务是在内部建立以为领导依法决策服务为中心的"行政决策系统"；政府的外部基本职能是公众服务，因此，政务信息化的任务是在外部建立为社会、公众履行政府职能的"公众服务系统"。同时，政府职能决定了应用体系的性质：政府行政决策过程为涉密过程，政务信息化所建立的"行政决策系统"必须是一个可保守国家秘密的"涉密决策系统"；社会公众服务过程是一个公开过程，政务信息化所建立的为公众服务的系统必须是公开、透明的"公众服务系统"。所谓"三网一库"的建设架构包括内网（办公业务网）、专网（办公业务资源网）、外网（政府公众信息网）及资源数据库。"三网一库"建设架构的重大意义在于，办公自动化不再是手段，也不仅是一个技术系统，每项办公自动化应用都是在全球信息时代电子政务的一块基石，是实现电子政务的、具有革命性的政府数字化重建、再造过程。其次，"三网一库"将是我国政府的行政决策、指挥系统，是国民经济与社会发展重要信息上传和国家行政决策下达的中枢系统之一，具有强规范性和指导性，是有机构成社会信息化体系的"纲"。"三网一库"连接了副省级以上的全国各地方政府首脑机关和国务院各部委及其下属机构的办公部门，是国家重要信息上传政府领导和重大决策下达社会、公众的主渠道之一，同时提供了中央政府和地方政府间以及部门之间统一的行政决策业务通信和应用平台，形成了跨地域、跨机构的网上虚拟政府框架。基于"三网一库"框架建立的多地方、多部门协同运行的综合业务应用系统，将稳步使行政决策系统和行政业务系统有机整合，促进业务优化，推动机构改革，最终迈向电子政务。"三网一库"提供了重要信息上传和重大行政决策下达的标准、规范和接口，有利于社会各类信息系统"接轨"、有机整合和健康有序地发展，能起到纲举目张的重要作用，进而加速国民经济信息化和社会信息化进程。

政府部门实现了政务信息化，对政府的管理工作主要起到以下作用：

1）建立统一的办公自动化（OA）平台，确保各部门公文流转、文件传递、信息共享的数字化、网络化和无纸化，实现了部门内部、部门之间、部门与领导之间网上无障碍的沟通与交流，明显提高了政府的工作效能。通过OA系统，优化政府办公业务流程，使政府部门的流程更加规范和合理，岗位职责更加明确，从而使得以往办公中经常出现的互相推诿的情况大大减少。另一方面，公文查询和督办更加方便，领导和经办人员不但可以通过输入关键字查询有关的公文，还可查询公文的流转情况，如公文当前的位置和状态，以及每一个经办人处理公文的时间等相关信息。

2）推进行政业务网络化，将办事程序规范化、科学化和流程化，逐步实现政府内部业务流优化和计算机网络化。政府内部业务流的计算机网络化是政府实现对用户服务信息化的基础，在政务信息化建设中以政府的业务流为主线，以 OA 系统建设与应用为基础。

3）利用政府信息网站强化政民沟通渠道，提高政府公信力。政府可利用政府信息网站推行政务公开，向企业和市民宣传介绍政府工作动态、政策法规与办事程序，同时，还可开设"政府信箱"或"留言板"，收受和处理企业或市民反映的情况和问题，达到政府与企业或群众的沟通目的。通过信息网络，政府部门处理事情的进展情况（除部分需要保密外）都可在网上公开，市民可对政府部门的办事过程和效率进行监督，增强群众对政府服务的满意度，进一步密切党和政府与人民群众的联系。

4）发挥信息化手段的监督功能，加强廉政建设。

3. 我国政务信息化建设的发展趋势

2012 年 5 月 5 日国家发展和改革委员会印发的《"十二五"国家政务信息化工程建设规划》对加强顶层设计、主要目标及共用共享机制等 3 方面提出了具体要求。《规划》针对国家政务信息化建设提出的主要目标及重点任务：通过实施国家政务信息化工程，到"十二五"末期，形成统一完整的国家电子政务网络，基本满足政务应用需要；初步建成共享开放的国家基础信息资源体系，支撑面向国计民生的决策管理和公共服务，显著提高政务信息的公开程度；基本建成国家网络与信息安全基础设施，网络与信息安全保障作用明显增强；基本建成覆盖经济社会发展主要领域的重要政务信息系统，治国理政能力和依法行政水平得到进一步提升。为实现主要目标，《规划》重点从构建国家电子政务网络、深化国家基础信息资源开发利用、完善国家网络与信息安全基础设施、推进国家重要信息系统建设等 4 个方面明确了 24 项具体重点任务，内容涉及电子信息内（外）网平台，人口（法人、空间地理、宏观经济、文化）信息资源库，网络信息安全及保障设施，以及汇集全民健康、住房保障、社保、食品、药品、生产、市场、金融、能源、信用、生态、应急维稳、执法监督、民主法制和执政能力等多方面的信息化一体工程。今后一个时期，我国政务信息化的发展趋势如下：

1）政务信息化在促进行政管理体制改革方面的作用将进一步显现。政务信息化作为行政管理体制改革的动力机制，将与行政管理体制改革紧密结合，把政务信息化的推进战略放在政府改革战略的大局中，实行管理导向型的推进策略，在深化行政体制改革，推动政府职能转变和政府管理创新，降低行政成本，塑造精简、高效的政府，以及在经济建设、政治建设、文化建设、和谐社会建设中发挥更加积极的作用，并取得明显成效。

2）政务信息化、一体化建设将进一步加快。按照"一体化的基础设施建设，多元化的业务应用"方针，推动地方政务信息化建设，将政府信息系统的各个组成部分整合为一个有机整体，统筹规划、整体推进。重视政府的整合和集成与应用系统的整合集成，制约政务信息化建设与发展的各业务系统之间不能协同共享应用系统和信息资源的瓶颈将被打破，加快建设与整合资源统一的政府信息系统内外网络平台，消除"信息孤岛"，最大限度地实现资源共享，规避因重复建设、各自为政可能带来的巨大浪费和潜在风险，提高政府工作效率。

3）政府信息系统的大规模应用将普遍展开。为提高行政效率、降低行政成本、改进政府工作、方便人民群众，在改善公共服务、加强社会管理、强化综合监管、完善宏观调控等领域，加快推进相应业务信息系统建设和推广，并不断深化应用，增强对各种突发性事件的监控、决策和应急处置能力、市场的监管能力和宏观调控决策的有效性和科学性。国家还将在农业科技、劳动就业、社会保障、远程教育、公共卫生、法律援助等信息服务和政府在线办事等应用领域加大推动力度，并取得实质性进展。

4）政务信息化为公众服务的宗旨将进一步强化。政府信息系统的建设和应用将充分体现以人为本的理念，建设以公众为中心的服务型政府，这是我国政务信息化的终极价值取向，也是政务信息化实施和应用工作取得实效的关键。

5）政务信息化建设中将强调政府信息资源开发利用和共享度的进一步加强。强调政府信息资源开发利用的规划和相关标准的制定与实施，按照提高政府监管能力和公共服务水平的要求，加快全局性、基础性数据库和各重点业务系统数据库的建设与完善，以数据为中心，进一步清理相关部门间协同的业务流程和信息流程。

6）政务信息化建设和应用的法律法规体系、配套的规章制度和政策措施将不断完善。网络和信息安全体系基本建立并发挥保障作用，建成统一的安全监控和保障体系框架；政务信息化建设的绩效评估体系初步建立并作为推动和监督政务信息化建设的重要手段；政务信息化培训工作不断强化，公务员和领导人员的思想认识以及应用技能需要不断提高。

随着信息技术的发展，特别是移动通信技术、云平台技术的不断进步，未来电子政务发展将更加突出以下几点：

1）积极建设包容性政府。未来政府的电子政务将按照"一体两翼"发展模式（以"政府网站"为主体，以微博为主的社交媒体，以微信和 APP 为主的移动互联网应用）向"一体多翼"的发展模式转变，社交元素与其他应用的融合成常态。

2）建设云服务型的服务型政府（智慧型阶段）。平台型政府要通过云服务实现；通过资源整合，促进政府向扩展型/服务型政府转型，大幅度提升公共管理的服务水平和创新力。

3）建设支持"自服务"型的政府。政府 + 生态自助：以 Web 2.0 为手段，提供 Web 2.0 的支撑服务。调动一切社会各方面的积极因素：政府服务与社会自我服务的结合，民众的积极参与，实现有效互动。

4）建设数据服务型政府。开放数据是电子政务走向生态化的标志，大大提高了政务信息资源的社会化利用水平，以较低的成本提供了多元化、创新型的服务，又扩展了社会参与公共治理的规模和深度。政府变成为数据服务型的政府，构建数据服务生态。

1.1.2　企业信息化的现状与发展

1. 我国企业信息化的现状

我国企业信息化的现状主要表现为"大中型企业纵深发展，中小型企业快速起步"。企业信息化在我国信息化领域起步较早，尤其是大中型企业，包括金融、电信、汽车等行业的信息化已经取得了阶段性成果并逐步进入了成熟阶段，主要表现为设立了信息化管理机构、实现了办公自动化、基本完成了企业基础网络及财务管理信息系统的建设。有关数据显示，我国 92.5% 的大型企业建设了企业内部网，76.3% 的企业使用了财务管理软件，73.8% 的企业建设了客服中心系统，20% 的企业建设了制造管理系统，12.5% 的企业建设了客户关系管理系统，11.3%的企业建设了供应链管理系统。近年来，中小企业的信息化意识有了一定提高，但发展水平参差不齐。我国首次中小企业信息化抽样调查（2010 年）结果显示，中国80.4%的中小企业具有互联网接入能力，其中44.2%的企业已经将互联网用于企业信息化。当前，中小企业信息化具有宽广和深刻的内容，其中管理信息化是一个重要方面。如何运用信息技术增强企业的管理和技术创新能力，如何制定企业信息化发展战略来提升企业的核心竞争力，如何把信息化系统融入日常的生产管理、产品研发等工作，从而为企业带来效益，是信息化建设者们所面临的重要课题。中小型企业信息化建设工作这几年来发展较为迅速，企业办公逐步实现自动化、网络化。

2. 我国企业信息化发展领域

当前，新一轮科技革命和产业变革正在兴起，党中央、国务院审时度势，制订出"互联网＋"行动计划，推动云计算、大数据、物联网、移动互联网等与现代制造业相结合，推动电子商务、文化创意、互联网金融等产业融合发展。

（1）新形势下我国企业信息化推进工作的重要性

当前，为寻求新的经济增长点，德国提出了"工业4.0"，美国在先进制造领域不断加大投入，其目的都是要抓住机遇，利用信息技术对社会经济发展的拉动作用，提升经济发展质量，在新一轮科技革命中抢占先机，保持在国际竞争中处于优势地位。我国经济进入新常态，党中央在十八大中明确提出要推动新型工业化、信息化、城镇化和农业现代化协同发展的要求，其中信息化是关键。我国企业信息化是推动信息化发展的重要内容，在新形势下更为突出。从领域看，新一代信息技术引领的科技革命正在兴起，网络制造、智能装备、新能源、新材料、众筹众包等新业态、新模式方兴未艾，产业形态、结构布局、生产方式和竞争模式的更迭变化速度加快。从结构看，绝大部分传统产业已趋饱和，产能过剩问题十分突出，迫切需要利用云计算、大数据、物联网、移动互联网、机器人等信息技术对传统产业加以改造，进一步挖掘和提升传统产业的发展潜力。在新常态下，消费、投资、出口需求发生了变化，需要重塑经济增长的内生动力，通过优化要素结构，更多地依靠知识、信息和人力资本，更多地依靠技术进步和制度变革，更多地依靠创新驱动来发展经济，催生更多新的经济增长点。在此形势下，积极推进我国企业信息化建设就显得尤为重要。

（2）推进我国企业信息化工作的几个重点领域

在未来企业信息化建设中要积极推动云计算、大数据、物联网、移动互联网与现代制造业结合，促进电子商务、文化创意、互联网金融等产业融合发展。未来，我国企业信息化推进工作紧紧围绕这一工作任务，依托企业信息化推进工程，利用互联网和信息技术破解制约企业发展的难题，改善和优化企业发展环境，把着力提升企业工业化和信息化融合能力、更好发挥企业在产业链和创新链中的作用放在更加突出的位置。

我国企业信息化建设面临的重点领域如下：

1）加快推进智能制造。积极实施"中国制造2025"，以工业互联网和自主可控的软硬件产品为支撑，发展智能装备，推动智能制造。大力发展高档数控机床、工业控制系统、工业机器人等，创新个性化定制、网络众包、云制造等新型制造模式。积极引导和支持中小企业参与产业链，打造创新链，推动生产制造过程的智能化和网络化，提高产品质量和协作配套能力。

2）实施"互联网＋"行动计划。推动互联网在现代制造业深化应用和融合发展，促进开源软件、3D 打印、创客空间、众包众筹等新技术、新模式与传统产业有机结合。运用云计算、大数据、移动互联网等信息技术，为中小企业的研发、管理、生产、营销和物流等核心业务提供信息化服务。

3）为大众创业、万众创新搭建平台。利用互联网，为推动大众创业、万众创新创造更加便捷、更加有利的条件。进一步强化政府的公共服务，丰富和完善市场化和社会化服务，推动基于互联网的信息服务和中小企业公共服务体系建设，促进满足个性化、多样化需求的众创、众筹、众包等新模式、新业态发展。继续探索互联网金融业支持小微企业发展的做法和经验，打造资金链，为产业发展和中小企业创新加油助力，为推动大众创业、万众创新提供支持和服务。

1.1.3　我国信息资源建设的现状与发展

在当今经济发展中，信息资源与能源、物质材料资源同等重要，构成生产建设中不可缺少的三大要素，信息在经济社会资源结构中具有不可替代的地位，已成为现代经济全球化背景下国际竞争的一个重点。加强信息资源开发建设、提高利用水平，是推动我国社会经济全面发展的重要途径，是增强我国综合国力和国际竞争力的必然选择。加强信息资源开发利用，有利于促进我国经济增长方式的根本转变，建设资源节约型社会。2016 年 7 月 27 日中共中央办公厅、国务院办公厅印发的《国家信息化发展战略纲要》对我国信息资源建设提出战略性的发展规划，体现出我国政府对信息资源建设的重视和发展战略眼光。

1. 我国信息资源建设的现状

从 2004 年中共中央办公厅、国务院办公厅发布《关于加强信息资源开发利用工作的若干意见（中办发［2004］34 号）》到《2006—2020 年国家信息化发展战略》《国家信息化发展战略纲要》以及《"十二五"国家政务信息化工程建设规划》等都对有计划地开发和利用信息资源给出了明确要求和具体任务。由于国家高度重视信息资源的开发和利用工作，我国信息资源无论是政务信息资源的开发，还是公益信息资源的开发利用，都得到前所未有的发展。

（1）政务信息资源开发利用

政务信息资源的开发利用紧紧围绕政务公开、重大基础信息库和重点业务应用系统的建设，取得了积极进展，主要体现在以下几个方面：

1）国土资源基础数据库的建设推进国土资源大数据应用。2006 年初，我国投入经费最多、工程量最大、技术最复杂、历经时间最长、应用前景最广泛的基础地理数据库——国家基础地理信息系统 1:50000 数据库建设工程通过验收。工程建成 1:50000 的数据库，包括数字栅格地图、数字高程模型、核心地形要素、地名、土地覆盖、数字正射影像及相应的元数据等 7 个子数据库和整体集成管理系统，数据覆盖全国陆地范围，合 24218 幅 1:50000 地形图，数据总量达 5.3TB。完成了全国 1:200000 数字地质图空间数据库建设，1:50000 数字地质图空间数据库也已完成 800 幅建库工作；建成了统一规范的国土资源综合统计基础数据库，完成历年综合统计数据的大规模整理和标准化入库工作。国土资源基础数据库的建设为中央各部门电子政务建设提供了大量基础地理信息数据和技术支持，完善了基础地理信息网络服务系统，编制出版了各种电子地图，为公众服务的水平进一步提高。目前，国土资源数据库建设基本完成，并发挥重要作用，2016 年 7 月 4 日国土资源部公布《国土资源部关于印发促进国土资源大数据应用发展实施意见的通知（国土资发〔2016〕72 号）》，明确提出"到 2018 年底，在统筹规划和统一标准的基础上，丰富与完善统一的国土资源数据资源体系。初步建成国土资源数据共享平台和开放平台，实现一定范围的数据共享与开放。各级国土资源主管部门在国土资源形势分析、决策支持和信息服务等领域的大数据应用取得初步成效。"和"到 2020 年，国土资源数据资源体系得到较大丰富与完善。国土资源数据实现较为全面的共享和开放。基于数据共享的国土资源治理能力不断提高，基于数据开放的公共服务能力全面提升。国土资源大数据在资源监管和公共服务等领域得到广泛应用。国土资源大数据产业新业态初步形成。"

2）公安系统信息资源云平台开发利用全面展开。在以往公安信息资源建设的基础上，近年来，全国各级公安机关大力推动信息资源汇聚共享，积极探索云计算大数据技术与公安业务的结合与应用，推动了警务工作创新发展，促进了公安信息化提质升级。信息技术快速发展，为公安信息化发展创造了新的条件。云计算、大数据技术的发展，为建立公安信息资源服务体系、加强公安内外部信息资源汇集整合及关联分析带来了方便。

3）中国自然灾害灾情信息化建设取得重大进展。民政部从 2005 年年初全面启动"中国自然灾害灾情数据库"的建设，旨在通过调查、收集、整理新中国成立以来自然灾害灾情和救灾数据，为国家自然灾害评估、灾害应急响应以及减灾防灾的计划和决策提供服务。该数据库的数据来源除了民政部门外，还包括水利、国土资源、地震和气象等部门的自然灾害相关数据以及社会经济数据。目前，该数据库已经开始广泛收集和整理各类数据。国家自然灾害灾情管理系统是基层开展灾情信息采集、处理、分析等工作的基础业务平台，于 2009 年 6 月 1 日正式在全国上线运行。系统包括中央、省、地、县、乡 5 级，功能从中央至乡镇逐级简化，涵盖信息收集、整理、分析、产品制作、查询统计、勘误以及系统使用监测与评价等方面。针对各级用户的业务特点和操作技能水平，各级系统功能侧重有所不同：中央和省级用户侧重于对灾情信息的审核和分析；省级以下用户侧重对灾情信息的收集、整理和报送。

（2）信息资源的公益性开发利用

农业、科技、教育、卫生、社会保障、档案等领域信息资源的公益性开发利用取得了较大进展，为提高政府公共服务能力、推动社会和谐提供了重要保障。信息资源的公益性开发利用主要体现在以下几个方面：

1）农业信息资源的开发利用，积极为解决"三农"问题服务。农业部建立了近 40 个覆盖农业生产、农产品市场和农业资源等重要内容的信息采集系统，并在全国率先启动了农产品市场监测预警系统，对小麦、玉米、稻谷、大豆、棉花、糖料、油料等主要农作物产品的生产、进出口、价格、供求形势及世界农产品市场态势进行跟踪监测分析，为引导农民的生产活动服务。各地农业部门也积极与有关媒体联合，开辟信息发布窗口，努力扩大信息服务范围。许多地区的农民根据农业信息平台了解相关信息，制订农业生产计划，推销自己的农产品，引入新品种、新技术发展生产。农业信息资源的开发利用推动了农业的发展，使农业发展与市场的需求更加紧密。

2）科研信息化建设推进我国科研资源的共享和成果的有效转化。2005 年 7 月，科技部、国家发改委、财政部、教育部等部委联合发布《"十一五"国家科技基础条件平台建设实施意见》并加以实施，搭建了由研究实验基地和大型科学仪器设备共享平台、自然科技资源共享平台、科学数据共享平台、科技文献共享平台、成果转化公共服务平台和网络科技环境平台等六大平台为主体框架的国家科技基础条件平台，为各类科技创新活动提供良好环境，使全社会都能享受到科技进步的成果。这些平台的建设与进一步完善使我国的科技领域的资源得到进一步的整合，并能充分得到利用，提高我国科技领域资源的利用率、科技研发能力和成果的转化率。

3）专利信息资源开发利用取得进展。近几年来，我国在专利信息系统建设方面，开发了"数据资源存储系统"和"生物序列数据库"，并对"中西药检索系统"进行了整合。各地方专利局根据当地的产业优势和产业发展的需要建立了相应的专利数据库，为当地产业发展做出了贡献。

4）就业信息资源开发利用积极为高等学校学生就业服务。为了切实解决高校学生就业难，创建和谐稳定的就业环境，教育部建设了中国高校毕业生就业服务信息网。该网于 2005 年初步形成了横向与有关部委、行业协会、社会人才网站共同开拓就业渠道，纵向与各省级高校就业网站共享学生信息的支撑体系，共同为高校学生的就业服务，而且该网站各类就业服务信息含量逐步扩大，服务方式和内容不断拓展。当前，教育部和各省市有关部门及大部分高校都建立了高校毕业生就业信息服务网站，有关行业部门及一些社会人才服务机构也建有包含为毕业生就业服务内容的网站。据不完全统计，全国上述类型网站共有 3000 余家，其中教育部系统约 1000 家。这些网站的就业信息资源开发利用最大化促进了高校毕业生充分就业。

5）国家积极推进教育资源建设。在早期教学资源建设的基础上，为适应新形势的发展需要，教育部于 2012 年 3 月出台《教育信息化十年发展规划（2011—2020 年）》，明确提出实施"优质数字教育资源建设与共享行动"计划，提出"实施优质数字教育资源建设与共享是推进教育信息化的基础工程和关键环节。到 2015 年，基本建成以网络资源为核心的教育资源与公共服务体系，为学习者可享有优质数字教育资源提供方便快捷服务"，并提出未来的主要建设任务是"① 建设国家数字教育资源公共服务平台。建设教育云资源平台，汇聚百家企事业单位、万名师生开发的优秀资源。建设千个网上优质教育资源应用交流和教研社区，生成特色鲜明、内容丰富、风格多样的优质资源。提供公平竞争、规范交易的系统环境，帮助所有师生和社会公众方便选择并获取优质资源和服务，实现优质资源共享和持续发展。② 建设各级各类优质数字教育资源。针对学前教育、义务教育、高中教育、职业教育、高等教育、继续教育、民族教育和特殊教育的不同需求，建设 20000 门优质网络课程及其资源，遴选和开发 500 个学科工具、应用平台和 1500 套虚拟仿真实训实验系统。整合师生需要的生成性资源，建成与各学科门类相配套、动态更新的数字教育资源体系。建设规范汉字和普通话及方言识别系统，集成各民族语言文字标准字库和语音库。③ 建立数字教育资源共建共享机制。制订数字教育资源技术与使用基本标准，制订资源审查与评价指标体系，建立使用者网上评价和专家审查相结合的资源评价机制；采用引导性投入，支持资源的开发和应用推广；制定政府购买优质数字教育资源与服务的相关政策，支持使用者按需购买资源与服务，鼓励企业和其他社会力量开发数字教育资源、提供资源服务。建立起政府引导、多方参与的资源共建共享机制。"

6）图书情报资料信息资源建设发展迅速。隶属于国家图书馆的中国国家数字图书馆（http：//www. nlc. cn/）于 2000 年 4 月 18 日正式运营，通过多年的建设，到 2015 年底，国家图书馆数字资源总量达到 1160.98TB，丰富的资源受到全国各类读者的青睐，2015 年点击数达到 145072 万人次。自 2012 年 5 月开始，读者在中国国家数字图书馆网站上注册并登录，即可检索或者下载中国国家图书馆的免费数字资源。注册过程：登录中国国家图书馆的网站http：//nlc. gov. cn/，单击"登录注册"进行注册，并通过手机或邮箱激活。我国各级各类图书馆也相应成立了电子阅览室等，提供电子图书资料的查阅服务。

7）档案管理数字化，有利推进档案资源开发利用工作。自国家档案局 2004 年发布《关于加强档案信息资源开发利用工作的意见》以来，全国各级档案部门采取多种形式开展档案信息资源开发利用工作。其工作主要体现在：对原始档案资料进行专题研究和编撰出版；以信息技术为手段对原始档案进行数字化加工和处理，开发档案资料数据库；利用档案网站发布开放档案信息，为社会各界提供档案信息服务；建立现行文件查询利用中心，为广大人民群众提供现行文件服务，推进政府信息公开。2016 年 4 月 1 日国家档案局印发《全国档案事业发展"十三五"规划纲要（档发〔2016〕4 号）》，对档案管理数字化建设提出了更加明确的要求："① 持续推进数字档案馆建设。积极响应数字中国建设，加快推进信息技术与档案工作深度融合。到 2020 年，全国地市级以上国家综合档案馆要全部建设成具有接收立档单位电子档案、覆盖馆藏重要档案数字复制件等功能完善的数字档案馆；全国 50% 的县建成数字档案馆或启动数字档案馆建设项目；全国省级、地市级和县级国家综合档案馆馆藏永久档案数字化的比例，分别达到 30% ~60%、40% ~75% 和 25% ~50%。编制数字档案馆业务系统功能需求标准；采用大数据、智慧管理、智能楼宇管理等技术，提高档案馆业务信息化和档案信息资源深度开发与服务水平；开展企业示范数字档案馆建设，建成一批具有国际先进水平的企业数字档案馆；适时启动国家级电子（数字）档案馆系统项目建设。② 加快提升电子档案管理水平。积极参与国家政务信息化工程建设，制定相关标准和规范，明确各类办公系统、业务系统产生的电子文件归档范围和电子档案的构成要求；加强对业务系统电子文件归档管理，通过推进电子会计档案管理促进电子政务和电子商务文件归档管理工作；制定和完善信用、交通、医疗等相关领域的电子数据归档和电子档案管理的标准和规范；在有条件的部门开展电子档案单套制（即电子设备生成的档案仅以电子方式保存）、单轨制（即不再生成纸质档案）管理试点；探索电子档案与大数据行动的融合；研究制定重要网页资源的采集和社交媒体文件的归档管理办法；加强电子档案长期保存技术研究与应用；扶持中西部地区档案信息化建设项目。③ 加快档案信息资源共享服务平台建设。实施国家数字档案资源融合共享服务工程。建立开放档案信息资源社会化共享服务平台，制定档案数据开放计划，落实数据开放与维护的责任；优先推动与民生保障服务相关的档案数据开放；积极探索助力数字经济和社会治理创新的档案信息服务；拓宽通过档案网站和移动终端开展档案服务的渠道。"

2. 我国信息资源建设的发展趋势

《关于加强信息资源开发利用工作的若干意见》中明确提出我国信息资源建设的基本原则：①统筹协调——正确处理加速发展与保障安全、公开信息与保守秘密、开发利用与规范管理、重点突破与全面推进的关系，综合运用不同机制和措施，因地制宜、分类指导、分步推进，促进不同领域、不同区域的信息资源开发利用工作协调发展；②需求导向——紧密结合国民经济和社会发展需求，结合人民群众日益增长的物质文化需求，重视解决实际问题，以利用促进开发，实现社会效益和经济效益的统一；③创新开放——坚持观念创新、制度创新、管理创新和技术创新，充分利用国际国内两个市场、两种资源，鼓励竞争，扩大交流与合作；④确保安全——增强全民信息安全意识，建立健全信息安全保障体系，加强领导、落实责任，综合运用法律、行政、经济和技术手段，强化信息安全管理，依法打击违法犯罪活动，维护国家安全和社会稳定。该基本原则是未来一段时间我国信息资源建设遵循的基本原则和要求。在《意见》中提出了我国信息资源建设发展趋势主要体现在以下几个方面：

1）加强政务信息资源的开发利用，建立健全政府信息公开制度。加快推进政府信息公开，充分利用政府门户网站、重点新闻网站、报刊、广播、电视等媒体以及档案馆、图书馆、文化馆等场所，为公众获取政府信息提供便利。加强政务信息共享，根据法律规定和履行职责的需要，明确相关部门和地区信息共享的内容、方式和责任，制定标准规范，完善信息共享制度。规范政务信息资源社会化增值开发利用工作，对具有社会和经济价值、允许加工利用的政务信息资源，鼓励社会力量进行增值开发利用。提高宏观调控和市场监管能力，加强金融、海关、税务、工商行政管理等部门的信息资源开发利用工作，对经济信息进行采集、整合、分析，为完善宏观调控提供信息支持。合理规划政务信息的采集工作，明确信息采集工作的分工，加强协作、避免重复、降低成本，减轻社会负担。加强政务信息资源管理，制定政务信息资源分级分类管理办法，建立健全采集、登记、备案、保管、共享、发布、安全、保密等方面的规章制度，推进政务信息资源的资产管理工作。

2）加强信息资源的公益性开发利用和服务，支持和鼓励信息资源的公益性开发利用。政务部门结合工作特点和社会需求，主动为企业和公众提供公益性信息服务，积极向公益性机构提供必要的信息资源。建立投入保障机制，支持重点领域信息资源的公益性开发利用项目。增强信息资源的公益性服务能力，加强农业、科技、教育、文化、卫生、社会保障和宣传等领域的信息资源开发利用。加大向农村、欠发达地区和社会困难群体提供公益性信息服务的力度。促进信息资源公益性开发利用的有序发展，明晰公益性与商业性信息服务的界限，确定公益性信息机构认定标准并规范其服务行为，形成合理的定价机制。妥善处理发展公益性信息服务和保护知识产权的关系。

3）促进信息资源市场繁荣和产业发展，加快信息资源开发利用市场化进程。积极发展信息资源市场，发挥市场对信息资源配置的基础性作用。促进信息资源产业健康快速发展，研究制定促进信息资源产业发展的政策和规划。鼓励文化、出版、广播影视等行业发展数字化产品，提供网络化服务。加强企业和行业的信息资源开发利用工作，推进企业信息化，发展电子商务，鼓励企业建立并逐步完善信息系统，在生产、经营、管理等环节深度开发并充分利用信息资源，提供竞争能力和经济效益。建立行业和大型企业数据库，健全行业信息发布制度，引导企业提高管理和决策水平。依法保护信息资源产品的知识产权，加大保护知识产权的执法力度，严厉打击盗版侵权等违法行为。健全著作权管理制度，建立著作权集体管理组织。完善网络环境下著作权保护和数据库保护等方面的法律法规。建立和完善信息资源市场监管体系，适应数字化和网络化发展形势，建立健全协调一致、职责明确、运转有效的监管体制，完善法律法规和技术手段，强化信息资源市场监管工作。

1.1.4　我国信息化发展战略

2016 年 7 月 27 日中共中央办公厅、国务院办公厅印发《国家信息化发展战略纲要》，为未来 10 年国家信息化发展提供规范和指导。信息技术加速与各领域技术深度融合，引发了经济社会发展的深刻变革。

1．我国信息化发展的战略目标

1）到 2020 年，固定宽带家庭普及率达到中等发达国家水平，第三代移动通信（3G）、第四代移动通信（4G）网络覆盖城乡，第五代移动通信（5G）技术研发和标准取得突破性进展。信息消费总额达到 6 万亿元，电子商务交易规模达到 38 万亿元。核心关键技术部分领域达到国际先进水平，信息产业国际竞争力大幅提升，重点行业数字化、网络化、智能化取得明显进展，网络化协同创新体系全面形成，电子政务支撑国家治理体系和治理能力现代化坚实有力，信息化成为驱动现代化建设的先导力量。

互联网国际出口带宽达到 20 Tbit/s，支撑“一带一路”建设实施，与周边国家实现网络互联、信息互通，建成中国—东盟信息港，初步建成网上丝绸之路，信息通信技术、产品和互联网服务的国际竞争力明显增强。

2）到 2025 年，新一代信息通信技术得到及时应用，固定宽带家庭普及率接近国际先进水平，建成国际领先的移动通信网络，实现宽带网络无缝覆盖。信息消费总额达到 12 万亿元，电子商务交易规模达到 67 万亿元。根本改变核心关键技术受制于人的局面，形成安全可控的信息技术产业体系，电子政务应用和信息惠民水平大幅提高。实现技术先进、产业发达、应用领先、网络安全坚不可摧的战略目标。

互联网国际出口带宽达到 48 Tbit/s，建成四大国际信息通道，连接太平洋、中东欧、西非北非、东南亚、中亚、印巴缅俄等国家和地区，涌现一批具有强大国际竞争力的大型跨国网信企业。

3）到 21 世纪中叶，信息化全面支撑富强民主文明和谐的社会主义现代化国家建设，网络强国地位日益巩固，在引领全球信息化发展方面有更大作为。

2．我国信息化发展的战略重点

1）推进国民经济信息化，推进面向“三农”的信息服务。利用公共网络，采用多种接入手段，以农民普遍能够承受的价格，提高农村网络普及率。整合涉农信息资源，规范和完善公益性信息中介服务，建设城乡统筹的信息服务体系，为农民提供适用的市场、科技、教育、卫生保健等信息服务，支持农村富余劳动力的合理有序流动。利用信息技术改造和提升传统产业，促进信息技术在能源、交通运输、冶金、机械和化工等行业的普及应用，推进设计研发信息化、生产装备数字化、生产过程智能化和经营管理网络化。充分运用信息技术推动高能耗、高物耗和高污染行业的改造。推动供应链管理和客户关系管理，大力扶持中小企业信息化。加快服务业信息化。优化政策法规环境，依托信息网络，改造和提升传统服务业。加快发展网络增值服务、电子金融、现代物流、连锁经营、专业信息服务、咨询中介等新型服务业。大力发展电子商务，降低物流成本和交易成本。鼓励具备条件的地区率先发展知识密集型产业。引导人才密集、信息化基础好的地区率先发展知识密集型产业，推动经济结构战略性调整。充分利用信息技术，加快东部地区知识和技术向中西部地区的扩散，创造区域协调发展的新局面。

2）推行电子政务，改善公共服务。逐步建立以公民和企业为对象、以互联网为基础、中央与地方相配合、多种技术手段相结合的电子政务公共服务体系。重视推动电子政务公共服务延伸到街道、社区和乡村。逐步增加服务内容，扩大服务范围，提高服务质量，推动服务型政府建设。加强社会管理。整合资源，形成全面覆盖、高效灵敏的社会管理信息网络，增强社会综合治理能力。协同共建，完善社会预警和应对突发事件的网络运行机制，充分利用云计算和大数据技术，增强对各种突发性事件的监控、决策和应急处置能力，保障国家安全、公共安全，维护社会稳定。强化综合监管。满足转变政府职能、提高行政效率、规范监管行为的需求，深化相应业务系统建设。围绕财政、金融、税收、工商、海关、国资监管、质检、食品药品安全等关键业务，统筹规划、分类指导，有序推进相关业务系统之间、中央与地方之间的信息共享，促进部门间业务协同，提高监管能力。建设企业、个人征信系统，规范和维护市场秩序。完善宏观调控。完善财政、金融等经济运行信息系统，提升国民经济预测、预警和监测水平，增强宏观调控决策的有效性和科学性。

3）建设先进网络文化，加强社会主义先进文化的网上传播。牢牢把握社会主义先进文化的前进方向，支持健康有益文化，加快推进中华民族优秀文化作品的数字化、网络化，规范网络文化传播秩序，使科学的理论、正确的舆论、高尚的精神、优秀的作品成为网上文化传播的主流。改善公共文化信息服务。鼓励新闻出版、广播影视、文学艺术等行业加快信息化步伐，提高文化产品质量，增强文化产品供给能力。加快文化信息资源整合，加强公益性文化信息基础设施建设，完善公共文化信息服务体系，将文化产品送到千家万户，丰富基层群众文化生活。加强互联网对外宣传和文化交流。整合互联网对外宣传资源，完善互联网对外宣传体系建设，不断提高互联网对外宣传工作整体水平，持续提升对外宣传效果，扩大中华民族优秀文化的国际影响力。建设积极健康的网络文化。倡导网络文明，强化网络道德约束，建立和完善网络行为规范，积极引导广大群众的网络文化创作实践，自觉抵御不良内容的侵蚀，摒弃网络滥用行为和低俗之风，全面建设积极健康的网络文化。

4）推进社会信息化，加快教育科研信息化步伐。提升基础教育、高等教育和职业教育信息化水平，持续推进农村现代远程教育，实现优质教育资源共享，促进教育均衡发展。构建终身教育体系，发展多层次、交互式网络教育培训体系，方便公民自主学习。建立并完善全国教育与科研基础条件网络平台，提高教育与科研设备网络化利用水平，推动教育与科研资源的共享。加强医疗卫生信息化建设。建设并完善覆盖全国、快捷高效的公共卫生信息系统，增强防疫监控、应急处置和救治能力。推进医疗服务信息化，改进医院管理，开展远程医疗。统筹规划电子病历，促进医疗、医药和医保机构的信息共享和业务协同，支持医疗体制改革。完善就业和社会保障信息服务体系。建设多层次、多功能的就业信息服务体系，加强就业信息统计、分析和发布工作，改善技能培训、就业指导和政策咨询服务。加快全国社会保障信息系统建设，提高工作效率，改善服务质量。推进社区信息化。整合各类信息系统和资源，构建统一的社区信息平台，加强常住人口和流动人口的信息化管理，改善社区服务。

5）完善综合信息基础设施，推动网络融合，实现向下一代网络的转型。优化网络结构，提高网络性能，推进综合基础信息平台的发展。加快改革，从业务、网络和终端等层面推进"三网融合"。发展多种形式的宽带接入，大力推动互联网的应用普及。推动有线、地面和卫星等各类数字广播电视的发展，完成广播电视从模拟向数字的转换。应用光电传感、射频识别等技术扩展网络功能，发展并完善综合信息基础设施，稳步实现向下一代网络的转型。建立和完善普遍服务制度。加快制度建设，面向老少边穷地区和社会困难群体，建立和完善以普遍服务基金为基础、相关优惠政策配套的补贴机制，逐步将普遍服务从基础电信和广播电视业务扩展到互联网业务。加强宏观管理，拓宽多种渠道，推动普遍服务市场主体的多元化。

6）加强信息资源的开发利用，建立和完善信息资源开发利用体系。加快人口、法人单位、地理空间等国家基础信息库的建设，拓展相关应用服务。引导和规范政务信息资源的社会化增值开发利用。鼓励企业、个人和其他社会组织参与信息资源的公益性开发利用。完善知识产权保护制度，大力发展以数字化、网络化为主要特征的现代信息服务业，促进信息资源的开发利用。充分发挥信息资源开发利用对节约资源、能源和提高效益的作用，发挥信息流对人员流、物质流和资金流的引导作用，促进经济增长方式的转变和资源节约型社会的建设。加强全社会信息资源管理。规范对生产、流通、金融、人口流动以及生态环境等领域的信息采集和标准制定，加强对信息资产的严格管理，促进信息资源的优化配置。实现信息资源的深度开发、及时处理、安全保存、快速流动和有效利用，基本满足经济社会发展优先领域的信息需求。

7）提高信息产业竞争力，突破核心技术与关键技术。建立以企业为主体的技术创新体系，强化集成创新，突出自主创新，突破关键技术。选择具有高度技术关联性和产业带动性的产品和项目，促进引进消化吸收再创新，产学研用结合，实现信息技术关键领域的自主创新。积聚力量、攻克难关，逐步由外围向核心逼近，推进原始创新，力争跨越核心技术门槛，推进创新型国家建设。培育有核心竞争能力的信息产业。加强政府引导，突破集成电路、软件、关键电子元器件、关键工艺装备等基础产业的发展瓶颈，提高在全球产业链中的地位，逐步形成技术领先、基础雄厚、自主发展能力强的信息产业。优化环境，引导企业资产重组、跨国并购，推动产业联盟，加快培育和发展具有核心能力的大公司和拥有技术专长的中小企业，建立竞争优势。加快"走出去"步伐，鼓励运营企业和制造企业联手拓展国际市场。

8）建设国家信息安全保障体系，全面加强国家信息安全保障体系建设。坚持积极防御、综合防范，探索和把握信息化与信息安全的内在规律，主动应对信息安全挑战，实现信息化与信息安全协调发展。坚持立足国情，综合平衡安全成本和风险，确保重点，优化信息安全资源配置。建立和完善信息安全等级保护制度，重点保护基础信息网络和关系国家安全、经济命脉、社会稳定的重要信息系统。加强密码技术的开发利用。建设网络信任体系。加强信息安全风险评估工作。建设和完善信息安全监控体系，提高对网络安全事件应对和防范能力，防止有害信息传播。高度重视信息安全应急处置工作，健全完善信息安全应急指挥和安全通报制度，不断完善信息安全应急处置预案。从实际出发，促进资源共享，重视灾难备份建设，增强信息基础设施和重要信息系统的抗毁能力和灾难恢复能力。大力增强国家信息安全保障能力。积极跟踪、研究和掌握国际信息安全领域的先进理论、前沿技术和发展动态，抓紧开展对信息技术产品漏洞、后门的发现研究，掌握核心安全技术，提高关键设备装备能力，促进我国信息安全技术和产业的自主发展。加快信息安全人才培养，增强国民信息安全意识。不断提高信息安全的法律保障能力、基础支撑能力、网络舆论宣传的驾驭能力和我国在国际信息安全领域的影响力，建立和完善维护国家信息安全的长效机制。

9）提高国民信息技术应用能力，造就信息化人才队伍。提高国民信息技术应用能力，强化领导干部的信息化知识培训，普及政府公务人员的信息技术技能培训。配合现代远程教育工程，组织志愿者深入老少边穷地区从事信息化知识和技能服务。普及中小学信息技术教育。开展形式多样的信息化知识和技能普及活动，提高国民受教育水平和信息能力。培养信息化人才。构建以学校教育为基础、在职培训为重点、基础教育与职业教育相互结合、公益培训与商业培训相互补充的信息化人才培养体系。鼓励各类专业人才掌握信息技术，培养复合型人才。

1.2 OA 的基本概念与发展历程

1.2.1 OA 的基本概念

1. "办公室的故事"

故事一：王先生是报社的一名记者，他每天早晨走进办公室，打开计算机，边收电子邮件边处理当日要发的稿子，然后将稿件从内部公共平台上发给美编进行版面设计、出样版。发版的空间他进入报社内部信息发布系统，浏览当日工作须知，并填好近日的采访或会议活动，报告自己的行程，也与同事共享近日的业界动态。王先生的"办公室的故事"就是让工作时间升值、让工作过程"无纸化"。

故事二：李先生是位某公司的技术人员，他想了解公司某项产品的全部信息，通过安装在计算机上的技术导航图，关于此产品的特性、相关解决方案及开发指南等一并汇集到王先生眼前。看了这些内容，王先生还想了解开发此类产品的技术难点，只需单击屏幕上的某个问答按钮，基于全球的技术问答库中的许多技术专家会及时给出答案。

故事三：刘小姐是某公司的人事主管，每天上班时一打开计算机，工作中与她常联系的人便呈现出来，谁没在线，谁有事想与刘小姐商讨，均一目了然。刘小姐只需按一个键，便可与在线的某人取得联系，并在网上与其进行视频交流。如果事情处理完，刘小姐可以查看与该部门相关的其他部门，如行政办公室、财务部等的信息，它们很快就会动态地显示出来。

以上描绘的是在现代办公室中应用 OA（Office Automation，现代办公自动化）系统的情景及发生在现代办公室中的故事，20 世纪 60 至 70 年代产生的 OA 的设想如今已经实现。

OA 作为电子政务和企业信息化的核心功能之一，越来越受到人们的关注和大力推广应用。人们普遍使用计算机来提高个人工作效率，但是在需要许多人一起协同工作的现代工作环境中，人们更需要提高整体工作效率。利用网络通信技术及先进的网络应用平台，建设一个安全、可靠、开放、高效的信息网络和办公自动化、信息管理电子化系统，为管理部门提供现代化的日常办公条件及丰富的综合信息服务，实现档案管理自动化和办公事务处理自动化，以提高办公效率和管理水平，实现企业各部门日常业务工作的规范化、电子化、标准化，增强文书档案、人事档案、科技档案、财务档案等档案的可管理性，实现信息的在线查询、借阅，最终实现无纸化、移动化办公。

OA 是一个极大的概念，目前，无论是办公设备公司，还是系统集成公司，都大力推出自己的 OA 产品，包括 OA 办公设备、OA 软件等。可见，办公自动化中内容庞大，那么，首先我们来探讨一个问题，即什么是办公？

办公实际就是文件的制作、修改、传递、签订、保存、销毁、存档的全过程。那么随着文件处理的这一流程，就需要使用各种各样的设备。随着计算机网络技术的进步，办公自动化网络的建设也得到了大力推广。

（1）传统办公模式

传统的办公模式主要以纸介质为主，工作流程如图 1-1 所示，在信息革命的浪潮中，显然已经远远不能满足高效率、快节奏的现代工作和生活的需要。如何实现信息处理的自动化和办公的无纸化逐步得到了人们的重视。

图 1-1 传统办公模式

OA 提了多年，但效果并不明显，人们还是停留在单机字处理和表格处理的所谓 OA 的初级阶段。信息的交流和共享以及团队的协同运作等无法完美的实现，由于手段的落后限制了工作的效率的提高。

（2）网络化办公模式

互联网的迅猛发展，为信息的交流和共享、团队的协同运作提供了技术的保证，同时也预示着网络化办公时代来临，如图 1-2 所示。

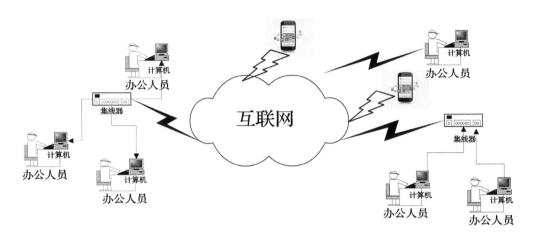

图 1 - 2　网络化办公模式

在现有的 OA 系统或大型信息管理系统中，组织的业务流程或者是文件流程都是核心功能。企事业单位办公主要是一个文件流转的过程，所有的办公事务都可以抽象成一个数据库表单，其具体的工作流程可以从该表单中体现出来。

谈到 OA，往往人们就会联想到各种 Office 之类的软件，若是这样的话仅体现了以数据处理为中心的第一代 OA 的概念。若能联想到的是 E-mail、文档数据库管理、目录服务或是群组协同工作，其对 OA 的理解已经进入了以网络为基础、以工作流为核心的第二代 OA；若已经认为它应该是能够在网上实时交流、信息可以广泛集成的平台，其对 OA 的了解和认识已经进入到以知识管理为核心的第三代 OA；随着技术的发展，OA 也发展到第四代，其系统是建立在智能化的基础上，强调知识学习和决策分析等。

不可否认，当前所谈的 OA，无论是其外延还是内涵，都与十几年前的 OA 发生了很大的变化，主要体现在办公的领域扩展了，由一个办公室扩展到多个人机联网的领域，再扩展到局域网、广域网，甚至是整个 Internet、云平台和移动互联网等；办公要处理的内容复杂和丰富了，既有传统结构的数据，又对数据经过加工处理之后形成的信息，也有把信息提炼和升华的知识，还有文字、图形、图像和声音等多媒体信息；办公的自动化程度大大增强了，既能处理多媒体信息，又能对它们进行任意的传输、控制和管理；办公的效率大大提高了，办公套件的功能越来越强，网络的应用软件越来越完善，网络外联设备的速度越来越快，带宽越来越宽。

随着信息技术的进步与发展以及知识经济时代的到来，OA 已经超越了传统局限于办公室的范畴。对 OA 的定义目前也有很多种，如是将现代化办公和计算机网络功能结合起来的一种新型的办公方式，是当前新技术革命中一个非常活跃和具有很强生命力的技术应用领域，是信息化社会的产物等。通过网络，组织机构内部的人员可跨越时间、地点协同工作，通过 OA 系统所实施的交换式网络应用，使信息的传递更加快捷和方便，从而极大地扩展办公手段，实现办公的高效率。

随着技术的发展，以及使用人员的办公方式和习惯、管理思想的变化，对于 OA 的定义也在不断变化着，在技术发展过程中的每一个阶段，也赋予 OA 不同的内容和新的内涵，而且，不同行业、不同角度、不同层次的人员对 OA 的看法和理解也各有不同。

2. OA 的基本含义

目前来说，OA 的定义不是很统一，可以从不同的角度来了解 OA 的基本含义：

1）从 OA 的功能角度来看，OA 是一个组织除了生产控制之外的一切信息处理与管理的集合。它面向不同层次的使用者，呈现不同的功能表现：对于企业高层领导而言，OA 是决策支持系统（DSS），其运用科学的数学模型（方法模型和知识模型等），结合组织内部/外部的信息为条件，为企业领导提供决策参考和依据；对于中层管理者而言，OA 是信息管理系统（IMS），其利用组织的各业务环节提供的基础"数据"，加工处理成有用的管理"信息"，把握业务进程，降低经营风险，提高经营效率；对于普通员工而言，OA 是事务/业务处理系统，其为办公室人员提供良好的办公手段和环境，使之准确、高效，愉快的工作。

2）从网络的性质来看，OA 可定位于内部网（Intranet）、外网、移动网络和云平台等。

3）从办公性质来看，OA 应定位于数字化、智能化办公。

4）从信息化建设的角度来看，OA 应是信息化建设的基础。

归纳上面的论述可知，OA 是指一切可满足于企事业单位的、综合型的、能够提高单位内部信息交流、共享、流转处理效率的各种信息化设备和应用软件的集合；它不是孤立存在的，而是与企事业单位其他各类管理系统（如行政管理系统、人力资源管理系统、客户关系管理系统、销售管系统、企业资源计划系统、财务系统、销售会员管理系统等）密切相关、有机整合。一个独立存在的 OA 系统生命力及作用是薄弱的。这也是目前最全面、最被认可的 OA 的概念。

OA 系统建设的本质是提高决策效能为目的的。通过实现 OA，或者说实现数字化和智能化办公，可以优化现有的管理组织结构，调整管理体制，在提高效率的基础上增加协同办公能力，强化决策的一致性，最后实现提高决策效能的目的。

OA 的基础是对管理的理解和对信息的积累。技术只是实现 OA 的手段。只有对管理及管理业务有着深刻的理解，才会使 OA 有用武之地，只有将办公过程中生成的信息进行有序化积累，沉淀，OA 才能真正发挥作用。

OA 的灵魂是软件（OA 软件），硬件只是实现 OA 的环境保障。数字化办公的两个明显特征是授权和开放，通过授权确保信息的安全和分层使用，使得数字化办公系统有可以启用的前提，通过开放，使得信息共享成为现实。

1.2.2　OA 的发展历程

1972 年，靠磁心存储技术起家的美籍华人科学家王安博士开办的王安公司研制成功了半导体文字处理机，两年后，又推出这种计算机的第二代，成为当时美国办公室中必备的设备。公司同时推出了 2200 文字处理系统（Word Processing System），从此 WPS 一词正式出现。WPS 把王安公司推向了事业的顶峰，使办公自动化发展到一个崭新的阶段。这时的王安公司，在生产对数计算机、小型商用计算机、文字处理机以及其他办公室自动化设备上，都走在时代的前列。1985 年 3 月，Intel 公司推出了集成度为 27.5 万个晶体管的 80386 微处理器，1989 年推出了集成度为 120 万个晶体管的 80486 微处理器，1995 年又推出了集成度为

510 万个晶体管的 80586（即 Pentium）微处理器。由于微处理器速度和性能的不断提高，使个人计算机（PC）走向辉煌，为办公自动化创造了更加有利的硬件环境。

IBM 于 1981 年推出的个人计算机之所以受到世人青睐，很重要的原因之一是操作系统有了长足的进步。首先是微软为 IBM 开发了 MS-DOS 操作系统，然后 1985 年微软单独开发了视窗操作系统 Windows，1994 年 IBM 推出了 OS/2 Warp，1995 年 8 月微软推出了 Windows 95，1998 年又升级为功能更加强大的 Windows 98 以及后来的 Windows 2000 等。在这些争奇斗艳的操作平台上，Lotus 公司首先推出了著名的表格处理软件 Lotus 1-2-3；合并到 IBM 后，又先后开发了 Lotus 1-2-3 Office、Office Pro 等办公套件。操作系统的更新换代和办公套件的不断升级，为 OA 提供了越来越多的功能，包括文字处理、电子表格、数据库、幻灯片制作等，创造了非常有利的软硬件环境。

从 OA 软件的发展历程来看，随着计算机技术的进步，其功能、应用领域和概念外延不断衍生、扩大与提高，迄今为止，已经历了 4 个发展阶段。

1. 第一代 OA 系统（1980 年～1999 年）

第一代 OA 系统是在 20 世纪 80 年代中期至 90 年代中期，以个人计算机、办公套件为主要标志，实现了数据统计和文档写作电子化，即将办公信息载体从原始纸介质方式转向 bit（位）方式。第一代 OA 系统是以数据为处理中心的传统 MIS 系统，其最大特点是基于传统的关系型数据库的应用，以结构化数据为存储和处理对象，强调对数据的计算和统计能力，采用的是字符型界面。其不足之处是客户机负担过重，管理、维护及培训费用较高，无法在一个组织内部的局域网上建立统一的集成办公平台，而且系统自适应差，只局限于内部信息的管理等方面。

2. 第二代 OA 系统（2000 年～2005 年）

从 20 世纪 90 年代中期开始的第二代 OA 系统以网络技术和协同工作技术为主要特征，实现了工作流程自动化，即将收发文从传统的手工方式转向工作流自动化方式。第二代 OA 系统是以工作流为中心，彻底改变了早期的不足之处。OA 系统的主要任务是组织内部各种消息（办公信息、文件及函件等）的发布与传递、工作流的管理、档案资料的管理，同时也承担与信息服务系统进行双向信息交互的任务。它涉及的技术包括协同工作、文档数据库、工作流管理、安全控制、多媒体、视频会议及数据库等。通过该系统，用户可以采用全双向及多媒体形式获取和发布信息，通过与 Internet 的互联，实现办公活动不受时间和空间的限制，从而提高组织管理工作运行的效率和质量。

与第一代 OA 系统相比，第二代 OA 系统有 3 个显著特点：以网络为基础，强调协同工作，把工作流作为实现业务自动化的技术手段。

在实际工作中，由于网络可满足人们更高的信息共享的需求，使得组织能够实现将越来越多、越来越广泛的外界信息和组织内部知识的进行积累，并在它们之间的不断交互与碰撞中让知识获得再生和增值。同时，由于网络的应用使其信息资源实现共享，因此，OA 不应只是人际办公的计算机化，而要融入新的管理方式，要融知识管理于 OA 中，为领导层、办公室、人力资源部门及业务部门提供全新、高效的工作模式。在这样的背景和需求下，第三代 OA 系统应运而生。

3. 第三代 OA 系统（2005 年~2010 年）

1996 年世界"经济合作与发展组织"（Organization for Economic Cooperation and Development, OECD）在《科学技术和产业展望》报告中首先提出了"以知识为基础的经济"概念，人们把它归纳为知识经济（Knowledge Economic）。知识经济的建立和发展主要指发展科学技术、教育以及创新、应变能力、生产率和技能素质为主要内涵的知识管理（Knowledge Management）。事实上，知识经济时代的办公已经不再是简单的文件处理和行政事务处理，其行政办公的主要目的在于达到整个组织的最终目标，这就需要依靠先进的管理思想、方法和手段。从这个意义上说，办公实际上是一个管理的过程。由于电子商务时代的组织事务处理对象瞬息万变，这就要求作为组织与机构日常业务处理基础平台的办公自动化系统，能够提供足够的灵活应变和开放交互能力。在办公管理中，工作人员之间最基本的联系是沟通、协调和控制，这些基本要求在以知识管理为核心的 OA 系统中都将得到更好的满足。我们所说的知识管理，实际上是一种系统，是帮助组织发现知道什么，如何定位拥有专门知识的人，如何传递这些知识，以及如何有效利用知识的系统。通过利用先进的协作技术，能够在恰当的时间，将正确的知识传给正确的人，帮助组织提高整体业务水平。

第三代 OA 系统是融信息处理、业务流程和知识管理于一体的应用系统。它以知识管理为核心，提供丰富的学习功能与知识共享机制，确保使用者能随时随地根据需要向专家学习、向企业现有知识学习，使员工在办公自动化系统中的地位从被动向主动转变，并因此提高组织运作效率，从而在提升每个员工创造能力的过程中，大大提高组织与机构的整体创新和应变能力。

作为第三代 OA 系统的核心概念，知识管理实际上是一种信息化应用系统，它以组织网络和信息系统为基础，帮助组织发现和组织已经获取的信息，定位于拥有专门技能的人，通过协作和组织培训传递这些知识，让整个组织中的人员能有效利用知识，建立知识门户和快速响应系统。

（1）知识管理的概念

安德鲁·卡内基曾说过："在一个组织内，唯一不能被替代的资产是组织的知识和它的人员。"知识正在成为推进一个组织持续性发展的原动力，尤其当前社会已经迈入知识经济时代，与工业经济时代不同，它的特征是社会生产能力和商品过剩，竞争异常激烈、客户需求变化频繁，对组织的应变能力、决策能力和创新能力都提出了更高的要求。因此推动社会发展的主要力量不再是传统的自然资源、资本和劳动力，而是知识。

什么是知识管理呢？斯维拜（Karl E Sverby）从认识论角度对知识管理的定义："利用组织的无形资产创造价值的艺术。"知识首先不同于传统的资产，它更多地以"无形"的形式存在，例如人的经验、心得以及所掌握的技能等。然而，无形的知识却是无价的，知识管理就是要用科学的方式获取、组织、分享、更新、创新这些知识，从而在组织中成为管理运营的智慧资本，给组织带来价值。通俗地讲，知识管理是指在恰当的时间，将正确的知识传给合适的人，让他们采取最恰当的行动，以避免重复错误和重复工作。

值得一提的是，这里所提到的知识有两种形式：显性知识和隐性知识。显性知识是指存储在信息系统中的已经表述出来的结构化或半结构化的信息内容；隐性知识是指专家的知识和员工头脑中具有的实践经验、思想和思维方法。

知识管理是一种全新的经营管理模式，它要求组织将知识视为企业最重要的战略资源，把最大限度地掌握和利用知识作为提高组织竞争力的关键。从实践的层面上来说，知识管理一方面需要及时获取存在于组织内外部的各种信息、数据、文档等，另一方面还需要对与知识相关的活动进行充分的管理和支持，这就需要把知识本身、使用知识的人、传播知识的活动等各方面的资源协调统一起来。

（2）知识管理的基本要素

了解了知识管理的基本概念后，我们来了解知识管理所包含的基本要素：

1）知识来源。从内容上来分类，知识包括各种技能、专业、事实、能力、法则、规律等；从存在的形态来分类，知识包括显性知识（各种数据、文档、材料等）和隐性知识（人头脑中的思维方式、专业知识、掌握的技能技巧等）。

2）存储知识。知识的存储包括存储的场所、存储的形式、组织的方式等。

3）共享知识。知识的共享从另一个角度来说就是知识的分发、传播，让知识的使用者可以最大限度地获取知识，从而使知识通过共享实现自身价值。

4）利用知识。知识的利用就是要让知识在获取的同时，转化为人员的技能、能力，以及组织的智慧资本。

（3）OA 对知识管理的支撑

第三代 OA 系统为知识管理的上述要素提供了相应的管理工具。

1）知识的获取。除了现成的文档资料外，知识更多存在于日常业务活动的过程中，并不断地产生和更新。因此，OA 应扩大其对组织管理的涵盖面，深入组织的运营，同时将知识管理贯穿于组织运作的各个环节，让组织可以随时随地地关注、跟踪和攫取业务过程中产生的知识，并进行及时的记录，而不必从头撰写文档或单纯地以文档的形式展现。例如，对一个客户从获得信息到签单的销售过程可以很方便地随时被记录，签单结束后便可自动形成知识库的一部分；另外就是 OA 也可以进一步扩展成为搜索、整合和组织各种外部信息的平台，并将其中的信息转化为知识供访问者共享。

2）知识的整理。知识的原始形态是杂乱无章的，因此需要对各种结构化和非结构化的知识进行有序管理。这包括提供对各种形式文档资料的存储，对各种数据和信息的转化，提供可高度定义的知识目录，提供可细分的、多角度的共享权限安全设定，提供各种知识展现平台，以及提供知识与知识之间的关联等。

3）知识的分发。完成了知识的获取和整理后，更加需要将这些有价值的知识通过各种手段进行广泛的传播，让应该知道的人员及时获得其所需的知识，并将知识转化为技能和能力，并服务于组织。这一传播是可以采取多种形式的，如内外网站、组织新闻、电子期刊、相关文档、知识订阅、交流社区、即时通信、网络学校、视频会议、工作流程等；传播分发的对象可以为某个部门的人员，也可以为整个企业或外部的合作伙伴等。

4）知识的利用。一个组织的知识更为重要的是促进人员有效地对知识进行汲取，并对知识的转化进行评估和分析。这包括知识的查询，如 OA 系统能提供出色的信息检索功能、知识关联、知识地图等使组织在业务过程中可以迅速地获得需要查找的信息；学习评估和考核，提供各种学习和测验工具；知识分析和统计，从各种角度分析知识的结构、内容以及被阅读的情况，判别知识的价值和人员的趋向等。

5）知识的创新。知识被汲取并加以利用后，又会在实践中产生新的知识。因此，知识管理还需要利用创建、沟通、交流等手段让新的知识显性化，补充到原有的知识体系中，并重新进入知识获取、存储、共享、利用、创新的新一轮循环，以实现知识的不断更新和积累。这包括在日常工作中随时和便利地创建新知识；新知识能够迅速进入原有的知识体系；与人力资源管理相结合，对知识积累的考核和激励；突破组织界限，进行动态的灵活的沟通交流，联合内外部的知识力量等。

知识管理是一个组织信息集成的一个必然趋势，是自然演进的过程，它应该渗透于信息系统建设的方方面面，并在其中得到融合与体现。建立以知识管理为核心的办公自动化，可以使组织投资具有可持续性和可发展性。从知识管理的平台来看，新一代 OA 系统将围绕整个的知识管理过程，提供内容管理、知识检索、知识推送、知识创建、知识激励、知识分析等一系列的工具，同时将知识管理从狭隘的文档管理扩展到企业的整个业务管理和运作环节中，并与其紧密地融合在一起，从而以知识管理有效的提升个人和组织的能力！

（4）第三代 OA 系统的突出特点

第三代 OA 系统的突出特点是实时通信、实时交流。以知识管理为核心的第三代 OA 系统，其具有以下几个明显的特征：

1）功能丰富、来源丰富的数据信息处理功能。面向知识管理的 OA 系统应充分集成各种信息数据，这些数据不仅包括电子邮件信息，而且还包括文件系统中的文件、传统的关系型数据库数据、数据仓库中的数据，甚至是 Internet 上的数据。

2）充分利用各种协同工作手段。包括多线程讨论、文档共享、电子邮件及一些辅助工具提供在线及时共享应用等，除此之外，还应该提供不同层面的信息共享方式，包括移动通信设备的支持、手机的 WAP 接入访问、PDA 的支持、统一消息为基础的提醒功能以及信息的传真功能。

3）OA 系统起到知识管理的平台与门户作用。面向知识管理的 OA 系统逐步把知识管理原则与实践融入每个员工的日常工作中去。

（5）知识型 OA 平台

知识型 OA 可构建企业的以下几种平台：

1）企业通信平台。建立企业范围内的电子邮件和网络通信系统，包括 Web Mail、网络会议、实时通信、手机短信、WAP 和传真自动收发，使企业内部通信与信息交流快捷流畅，并且与 Internet 邮件互通。

2）行政办公平台。实现办公事务的自动化处理，通过公文流转改变企业传统纸质公文办公模式，企业内外部的收发文、呈批件、文件审批、档案管理、报表传递、会议通知等均采用电子起草、传阅、审批、会签、签发、归档等电子化流转方式，真正实现无纸化办公。

3）信息发布平台。为企业的信息发布、交流提供一个有效的场所，使企业的规章制度、新闻简报、技术交流、公告事项及时传播，使企业员工能及时感知企业发展动态。

4）协同工作平台。通过实时通信、在线感知、团队协同等，将企业的传统垂直化组织模式转化为基于项目或任务的"扁平式管理"矩阵模式，使普通员工与管理层之间的距离缩小，提高企业工作人员协作能力，最大限度地释放人的创造力。

5）知识管理平台。实现知识的沉淀、共享、学习、应用和创新，整个组织能够积累基于战略的核心知识资产，为高层管理提供决策支持和信息情报；业务部门能够结合流程开发出各种方法和模板，通过基于业务的知识流按图索骥，提升执行力；员工能够根据自己的岗位随时随地使用自己或他人日常工作的积累，对工作做出指导与帮助、提升工作的绩效。

6）激情管理平台。从企业文化建设着手，提高员工工作激情，营造一个相互帮助、相互理解、相互激励、相互关心的共同工作氛围，从而稳定员工工作情绪，激发员工工作热情，形成一个共同的工作价值观，进而产生合力，实现共同目标。

7）信息集成平台。现代企业中已存在的管理信息系统、客户关系管理系统、企业资源计划系统、财务系统等存储着企业一些经营管理业务数据，OA 系统能把企业的业务数据集成到工作流系统中，使得系统界面统一、账户统一，业务间通过流程进行紧密集成。

4. 第四代 OA 系统（2010 年 ~ ）

随着组织流程的固化和改进、知识的积累和应用、技术的创新与提升，OA 也将会进一步发展，进入智能化时代。所谓办公业务决策智能化，即在组织的已有数据和知识的基础之上，能够智能创造、挖掘新知识，用于业务决策、日常管理等，形成自组织、自学习、自进化的组织管理体制。该阶段中，人工智能、专家系统的思想将应用在组织办公和管理领域中。全新的"智能型 OA"成为未来的发展方向，该阶段 OA 更关注组织的决策效率，提供决策支持、知识挖掘、商业智能等服务。

5. 未来 OA 的发展

未来 OA 的发展都会有如下几个明显特征：

1）门户导向。未来 OA 更加强调人性化，强调易用性、稳定性、开放性，强调对于众多信息来源的整合，强调构建可以拓展的管理支撑平台框架。著名的协同商务之父 Jim Hepplemann 在 1996 年提出，以人为本的协同工作将成为今后衡量企业是否真正具有竞争力的核心。所以 OA 更加强调人与人沟通、协同的便捷性，改变目前"人去找系统"的现状，实现"系统找人"的全新理念。

2）业务导向。加强与业务的关联，在基于企业战略和流程的大前提下，通过类似"门户"的技术对业务系统进行整合，使得企业资源管理、客户关系管理、供应链管理等系统中的结构化的数据通过门户能够在管理支撑系统中展现出来；使得业务流程和管理流程逐步整合，实现企业数字化、知识化和虚拟化。

3）知识驱动。以知识管理为核心理念，建立知识和角色的关联通道，让合适的角色在合适的场景、合适的时间里获取合适的知识，充分发掘和释放人的潜能，并真正让企业的数据、信息转变为一种能够指导人行为的能力。

4）移动办公。随着 3G 移动网络的部署，办公已经进入了移动时代。手机办公或者叫移动办公，是利用无线网络实现办公的技术。它将原有办公系统上的 OA 功能迁移到手机。移动办公系统具有传统办公系统无法比拟的优越性，它使业务员摆脱时间和场所局限，随时随地进行与企业业务平台沟通，有效提高管理效率，推动企业效益增长。手机办公也涵盖了手机移动执法和手机移动商务。

5）云平台 OA 系统。云平台 OA 系统运用现代 IT 技术，使软件功能、数据资源被多个主机分担，系统更加稳定，更易维护。系统采用服务器云端部署，信息存储量大且安全可靠，不仅可以提供手机端办公，还能轻松进行 PC 端管理，随时随地高效办公。相比传统的 OA 软件更加人性化、智能化，运用加密文件来保障组织的数据安全。通过采用云 OA，组织减少了 IT 方面的开支和 IT 人员的配置，最大限度地提高内部管理水平，让组织摆脱 OA 的 IT 属性，更加专注于 OA 的管理属性，更容易提高其办公管理水平。

1.3　OA 系统的基本组成、技术及应用发展

1.3.1　OA 系统的基本组成

一个 OA 系统主要由现代办公设备，计算机（包括移动终端）、网络通信设备及系统软件，OA 软件及所需其他软件，办公人员等构成。

（1）现代办公设备

现代办公设备指各类在办公中所需要的设备，如传真机、复印机、打印机、数码照相机、扫描仪、视频会议相关设备等。

（2）计算机、网络设备及系统软件

主要包括服务器、计算机、交换机、路由器、防火墙、无线网络设备等设备构成。系统软件包括网络管理软件（云平台管理软件）、操作系统、数据库管理系统等软件。

（3）OA 软件及所需其他软件

OA 软件是 OA 系统中的核心。国内 OA 软件很多是基于 Lotus Domino/Notes 平台，由于其独到的体系结构，已经成为一个事实上的标准平台。该平台是一个集文档数据库、邮件系统、动态 Web 信息发布、可视化集成开发环境于一体的基础平台，适合处理办公协作流程中产生的非结构化文档信息，并可以利用灵活的邮件机制在人、部门之间传递文档。同时，集成开发环境提供的模板化开发方式，缩短了项目开发周期也为用户节省了投资。

还有一部分 OA 厂商是基于 Microsoft 平台开发的。由于 Microsoft 产品线分工细致，要建立这样一套 OA 软件需要 Microsoft Exchange 提供文档传递功能、Microsoft SQL Server 提供内容存储、Microsoft Windows 提供 Web 服务功能，再加上各种各样的开发工具，这就要求开发人员必须具有较深的技术背景才能承担一项 OA 软件的开发项目。

Internet 技术发展，使得 OA 软件的结构由早期的 C/S（客户端＋服务器）向 B/S（浏览器＋Web 服务器）转变，并朝云平台移动方向发展。结构的变化进一步提高了办公效益，特别是实现了远程办公和移动办公。目前 B/S 结构的 OA 软件已成为主流产品。

作为一个组织在构建了一个 OA 系统后，其应用软件也必不可少，特别是字处理软件、工作流管理软件、Web 和搜索引擎、E-mail、数据库等是必不可少。

1）字处理软件。目前市场上比较流行的字处理软件主要有 Microsoft 公司的 Office、金山公司的 WPS Office、联想公司的幸福 Office；北京红旗 2000 公司的 RedOffice、Corel 公司的 Word Perfect、Red Hat 公司的 Do Office 以及苹果公司的 Office 等。这些字处理软件有的支持 Windows 平台，有的支持 Linux 平台或其他操作系统平台。作为今后工作的需要，建议读者

多接触不同的字处理软件及多种操作系统。

2）工作流管理软件。工作流（Workflow）是指业务在点到点（对应于人与人或某项工作到某项工作）之间的流动和处理。一般的公文流转都是采用工作流的方式来运作的，如文件传阅、收发文、审批、请示报告等。公文在 OA 系统中采用工作流管理软件来实现其自动流传，通常 OA 软件开发商会将工作流程的设计工作交由用户自己完成，用户可根据自己办公流程来完成公文流传的设计，实现公文流传自动化。在工作流管理方面，Lotus Domino 开发平台占有主导地位，国内也有许多软件公司开发了工作流管理软件，在 OA 系统中得到很好的应用。

在 OA 软件中工作流程的管理功能是组织与组织间应用集成的工具，主要用于管理、优化组织的办公流程。通过工作流管理系统，组织内部员工可随时随地进入已预先设定好的个性化信息及组织内外的各类应用和服务。通常 OA 软件为方便用户，会事先设定一些具有普遍意义的工作角色及相关的信息、应用流程。而用户可根据需要进行个性化的设定和配置，以满足特殊工作角色的需要，从而实现电子公文流转、电子签名、数字认证、远程审批等，最终达到理顺运作关系、密切企业内部合作关系以及提高流程柔性的目的。与此同时，作为公文流转必不可少的一个过程，文件的撰稿人发出文件以后，先送部门经理进行审查，合格后再送到上级主管批准。在这个审批阅的过程中，所有的阅读环节都会在文件中留下智能标记。由于采用了电子化的方式处理工作流，与传统的纸张操作相比，每个请求都被可靠地保存而不会丢失。因此，上级领导可以看到下级的文件起草修改过程，下级在最后收到文件的时候也可看到上级对于文件的修改。同时，完全电子化的工作流保证了企业运作的规范化和透明化。通过对内部以及外部业务处理采取电子化管理运作，有效提高组织效率；工作流程管理同时也提供了可定制的浏览和报告的功能，用户可以对工作流的关键信息进行任意的定义以获得特定的报表。

3）E-mail。E-mail 是目前在 Internet 中以及在 OA 中最为广泛的一种应用，是人们交流沟通最为有效的手段。目前 E-mail 软件很多，如微软的 Outlook 等，在 Linux 系统上常用的是 Sendmail 邮件系统。其中，世纪永联的 For-mail 采用分布式体系结构，可以实现负载动态均衡，还可通过增加机器提高系统支持的用户容量和反应速度。它不仅提供了 WebMail 功能，而且还提供 POP、SMTP、IMAP4 和 WAP 等收发支持功能。好的 E-mail 软件应具有高可靠性、高可用性、可扩展性和可管理性、安全性（包括垃圾邮件的防范），这也是选择 E-mail 软件的基本条件。

4）数据库。数据库是 OA 系统中一个重要的组成部分，在 Windows 平台下主要有 SQL Server、Access 等，在 Linux 环境下的数据库可分为自由软件类数据库和商业类数据库两类。自由软件类数据库主要有 PostgreeSQL、MySQL，商业类数据库有 Oracle、DB2、Sybase、Informix 等。

值得一提的是，上述各种应用软件在使用时还应考虑在 Windows、Linux 或其他操作系统平台上的实施效果，针对不同的操作系统平台选择不同的软件。此外，与其相关的还有图像处理、语音识别、非键盘输入等软件，这些软件也是 OA 系统中十分重要的，它们能极大提高办公效率。

（4）办公人员

办公过程是一种知识劳动的过程，而知识劳动永远不可能全盘自动化。因此，人（管理者和使用者）是 OA 系统中不可缺少的组成部分，而且是一个重要的组成部分。

1.3.2　OA 系统的技术发展趋势

随着 OA 应用内容的不断扩展，OA 技术也在不断发展，从过去的 Basic + 文件系统到 VB + Access、Delphi + Oracle 等，到目前基本形成了三大主流技术，而这三大主流技术也在不断发展变化中。同时，移动 OA 技术和云平台 OA 技术的发展也将成为主流技术。

（1）微软的 . NET + 关系型数据库（RDB）技术

微软公司以其功能强大、易用的 Office 套件占领了绝大多数办公桌面应用，受到广大办公人员的喜爱，而基于 . NET + RDB 的办公平台则以简单、灵活、易用的特点同样获得了广泛的市场。

（2）Sun 的 Java + RDB 技术

Sun 公司开发的 Java（J2EE 标准）以其开放性、与平台无关性引领着技术发展方向，并迅速在各类应用系统中得到广泛应用与推广，在 OA 市场领域不断扩大。

（3）IBM 的 Lotus Domino 技术

Lotus 公司自 1989 年推出以电子邮件、协同、非结构文档处理、安全机制见长的 OA 系统和开发平台 Lotus Domino，到目前共拥有 1. 18 亿用户，一度成为 OA 的标准应用与成功的开发平台。

然而随着 OA 应用的内涵不断丰富，Domino 也显现出一些明显的弱点，与技术原理相同的 . NET/Java 相比较（以 OA 应用为前提），后者更类似 3GL 工具，应用功能的实现需要更多的开发或集成，应用的成熟需要不断地进行功能沉淀与积累；而 Domino 更像 4GL 工具，提供了业界领先的协同工具、企业级文档处理、文档级安全控制机制、大量的应用模板，使其更擅长办公应用支撑，也正因为如此，今天许多 OA 软件的开发商仍然采用该开发平台，但其面对大量结构化业务信息处理时则显得明显不足。

通过与 . NET + RDB 以及 Java + RDB 技术平台进行比较可以看出，当组织规模比较大、应用环境比较复杂（应用系统多、平台杂）时采用 J2EE 技术更为合适，选择 J2EE + Domino 构建 OA 平台，很好地满足了以知识管理为核心、以实时协作为技术支撑手段，以统一的知识门户为展现方式的 OA 需求。其整个解决方案基于面向服务的应用（SOA）设计理念，遵循 J2EE 标准，以门户为应用框架，融结构化数据、非结构化数据处理于一体，支持分布式协同计算、信息集成和业务流程集成。

（4）移动 OA 技术

近年来，APP（手机应用程序）的发展如火如荼，已成为人们生活和工作中不可或缺的工具。在 OA 软件行业，一线的 OA 厂商们都非常重视移动互联网技术的发展，并纷纷开发了自己的移动应用，包括各种手机 OA、移动 OA 等，发展速度在整个管理软件行业都是领先的。例如，有些 OA 软件研发团队开发了运行在智能手机等移动终端的 OA 办公系统，经过几代产品的研发，技术已非常成熟，其移动 OA 采用 APP 客户端的形式，包括 Android 和 iOS 两种版本，可以运行在各种主流的智能手机上。

移动 OA 的 APP 中集成了用户常用的功能，包括信息中心、审批中心、公文收文、公文发文、日程、文档、通信录、会议和考勤等，使用户不再完全依赖于 PC，真正实现了随时、随地的移动办公。在人性化设计上，APP 也具有很多亮点。比如信息推送功能，当 OA 系统中有新的审批、通知和会议等信息时，系统会自动将信息同步推送到手机端，使得信息接收没有延迟，而且避免了大量的数据刷新操作，既降低了 OA 服务器的压力，又最大限度地节省了手机流量，节省用户资费。

（5）云平台 OA

云平台 OA 是基于云计算技术基础上的 OA 管理系统在线使用的应用模式，是云时代对 OA 系统的需求。近年来，各种云软件层出不穷，如云网盘、云杀毒以及云端软件等。云平台 OA 是 OA 软件平台发展的主要领域和方向，我国的 OA 厂商都在大力开发云平台 OA 系统，积极推进其在企事业单位和政府部门的应用。

1.4　OA 软件的作用与基本功能

1.4.1　OA 软件的作用

OA 软件在办公管理过程中主要的作用体现在以下几个方面：

1）极大地提高工作效率。组织使用了 OA 办公平台后，工作人员可通过该系统完成办公过程中的所有工作，不用拿着各种文件、申请、单据在各部门跑来跑去，等候审批、签字、盖章，这些都可在办公网络平台上进行。而且，随着移动 OA 的推行，人们办公可以随时随地进行，极大地提高工作效率。

2）节省管理成本。在传统办公体系中，管理工作中的各类报告从收集数据到报告的形成都需要花费大量的时间，而使用了 OA 平台可以很容易地获得所需要的数据和相关信息，同时所形成的报告可在网络中自动的流传，并完成审批等一系列的工作，这样极大地节约了时间和纸张，从而达到节省管理成本和提高管理工作效率。

3）规范单位和部门的管理。组织通过建立 OA 平台将一些弹性太大、不够规范的工作流程变得井然有序，比如公文会签、计划日志、用款报销等工作流程审批都可在网上规范进行。同时由于使用了 OA 系统，所有的初始数据和原始数据的收集整理都可以规范化，通过初始数据的规范化以及流程的规范化，使其单位和部门的管理规范化。

4）提高组织的竞争力和凝聚力。在传统办公系统中普遍存在员工与上级领导沟通不畅的问题，一方面是信息的流通存在问题，信息不能共享造成信息的不对称；另一方面是沟通渠道不通畅，员工与上级之间、员工与员工之间等没有一个有效的沟通渠道。使用了 OA 平台后，员工可共享组织的信息，通过网络平台与上级沟通更加方便，信息反馈畅通，为发挥员工的智慧和积极性提供了舞台。无疑，企事业的单位的内部的凝聚力将大大增强。

5）使决策变得迅速科学。在传统的办公系统中由于信息不能共享、信息处理滞后，使得决策者在决策时没有足够的决策信息作为支撑，造成决策时的盲目性、缺乏科学性。而使用了 OA 平台后，高层决策不再是在不了解情况、缺乏数据的环境下做出决策，而是以数据和真相为依据做出的科学的决策。

OA 应该作为企事业单位除了生产控制之外的信息处理与管理的集合。对于组织的领导来说，OA 是决策支持系统，能够为领导提供决策参考和依据；对于中层管理者而言，OA 是信息管理系统；对于普通员工，OA 则是事务/业务处理系统。OA 能够为组织的管理人员提供良好的办公手段和环境，使之准确、高效的工作。

近年来，随着网络技术的迅速发展及应用的普及，通过利用先进的网络通信技术，实现 OA 的解决方法，被称为网络 OA 解决方案。目前的 OA 已由传统的局域网内互联互通上升到了支持移动办公、远程办公管理等更广阔的领域，将极大提高一个组织的管理水平及办公效率。

1.4.2　OA 软件的基本功能

目前较为流行的 OA 软件都具备以下几个基本功能：

1）个人信息管理（PIM，Personal Information Management）功能。该功能主要完成办公人员个人信息的管理工作，包括个人电子邮件管理、日程安排、通信录等模块。

2）信息发布和内容管理（Content Management）功能。该功能主要完成组织对内和对外的信息发布与管理工作，包括信息发布、全文检索、门户管理、投票调查等模块。

3）文件共享和文档管理功能。在办公业务过程中对文件资料的共享和强化文档资料管理是一项重要工作，是规范管理和提高办公效益的重要基础。大多数 OA 软件中文件管理采取分为个人文件和共享文件两个目录，个人文件提供用户存放私人文件，为该用户独享；共享文件下的文件将可供其他人使用（根据系统管理员的授权权限）。

4）讨论和公告管理功能。在办公业务活动中办公人员相互间需要进行有效信息沟通，在 OA 平台中能提供一个最为有效和多方位的沟通渠道，即组织内部的 BBS。该 BBS 提供了一个员工网上讨论的园地，用户界面和操作基本上和 Internet 上的 BBS 相同。在 BBS 上的讨论邮件可被所有人员阅读，并可提供该邮件的回复功能，从而解决了以往讨论渠道单一、讨论时间受限的状况，为组织内部的讨论建立了更为广泛的空间，而且不受时间的限制。

5）公文管理功能。在办公业务活动中人们面临大量的公文处理业务，需要完成公文的日常管理，如收发公文、档案管理等。通常 OA 软件均能根据办公业务活动过程中的需要，提供类似收文管理、发文管理、档案管理、借阅管理等一批现成的功能模板，完成对公文的管理工作，而且该功能与工作流程管理相结合，构成一个完整的公文流传体系，优化了公文处理的程序和提高了公文处理效率。

6）档案管理功能。档案管理针对在办公过程中不断产生的发文、收文、会议情况、活动安排等文件和政策法规进行归档管理工作。在 OA 软件中，结合办公业务过程中产生的各种文档资料进行分类归档管理的功能，并提供快速搜索档案资料的功能，为员工查询档案资料提供快捷方法，提高资料的利用率。

7）办公事务管理功能。在办公业务过程中需要组织各类会议，而网上现代报告平台（OA 系统）提供组织会议室资源的管理，能合理安排会议地点、时间以及通知相关人员参会，即完成对会议的管理工作；可根据组织的车辆资源进行有效的管理，合理安排车辆出行，提高后勤服务的能力；有的 OA 软件还提供对办公设备的管理功能等。

8）工作流程管理功能。一个好工作流程是提高一个组织管理工作效率的基本保障，通常组织对其工作流程设计都有自己的具体要求，因此在 OA 软件中提供了工作流程设计的功能，让用户自己完成工作流程的设计。OA 软件中的工作流程管理功能模块除提供组织工作流程的设定外，还提供根据所设定的工作流程，对工作流程以及公文流传的具体管理。

9）系统安全维护管理功能。OA 软件涉及组织的重要数据和信息，作为一个办公信息的管理软件，完成系统安全管理具体维护工作是一项基本的功能要求。各 OA 软件均有系统安全维护功能，以便使用者能有效对系统进行安全维护管理工作。

10）与企业其他系统协同功能。目前，企业信息化建设开展较为深入，很多企业已经安装有 ERP（企业资源计划）等管理系统。OA 系统有接口与这些系统对接或整合，实现协同工作。

1.5　OA 系统存在的问题及 OA 系统的新需求

1.5.1　传统 OA 系统存在的问题

传统 OA 系统的应用是基于文件系统/关系型数据库系统，以文档数据为存储和处理对象，强调对文档数据的计算和统计能力，缺乏对于协作型工作的处理能力，而办公过程主要是群组协作过程，如收发文、日常报销流程等。现阶段，OA 逐渐走向以知识管理和智能化为核心的全新时代。它建立在组织的 Intranet 平台之上，旨在帮助组织实现动态的内容和知识管理，实现从现有的"工作流应用系统"到更高级的"决策智能系统"，即基于知识管理的 OA 系统的转变。

在推广以"知识管理"为核心的全新 OA 系统的同时，不能不面对这样一个事实，即目前的 OA 系统还存在着很多问题。每个组织对 OA 系统都有不同方面的需求：组织如何面对随之而来的信息安全问题？系统如何保障组织用户资料的保密性？OA 系统如何与用户现有的系统进行连接？OA 系统与 ERP 等系统或其他管理系统之间存在着数据接口问题？组织内部的工作流怎样设计和管理更为科学和符合组织的需要？等等。

由于在实施管理过程中各组织有着不同的需求，这种不同需求也就导致 OA 到目前为止还没有出现一个大家都遵循的标准。OA 要求规范性非常强，如果没有一整套有关标准和评价的指标体系，OA 的管理方、需求方、开发方和评测方之间就缺乏一个共同的依据和基础，也就很难真正做到相互密切配合。因此，为使我国 OA 规范化地发展，国家从 2005 年开始公布和实施相关的标准。如果所有的厂商都遵循这个标准进行开发，所有的用户都在这个统一的标准之下享受更多的应用与服务，那么我国的 OA 市场将会更繁荣，我国社会信息化的推进工作将更加迅速，同时我国的 OA 软件相关产业发展的步伐也将会更大。

1.5.2　对 OA 系统的新需求

随着知识经济时代的到来，社会进步正在不断加速，各类组织迫切需要一个可以实现内外资源整合的高效的信息系统，从而提升其管理水平。对 OA 系统的需求具体表现在以下几个方面：

1）需要一个高效的协同管理工作平台。能够将组织管理中的业务活动、管理活动及活动产生的信息在组织、部门和个人之间进行及时高效、有序可控、全程共享的沟通和处理。

2）需要一个有效的知识资产管理平台。传统的组织管理往往重视人、财、物这些有形的物质资产管理，忽视了知识资产的管理，而现代组织管理需要借助知识管理工具对组织内外的知识进行有效的获取、提炼、共享、应用、学习和创新，以提高员工的素质和技能、执行力，从而提高组织的管理水平和竞争力。

3）需要个性化的系统访问门户。传统的 OA 功能比较单一，员工容易使用，随着功能的不断扩展，员工对功能的需求也不尽相同，这就要求系统必须具有人性化设计，能够根据不同员工的需要进行功能组合，将合适的功能放在合适的位置给合适的员工访问，实现真正的人本管理。

4）需要一个良好的组织文化管理平台。开放的社会造就了开放的社会人，组织规模的不断扩大，导致领导与员工、员工与员工间的直接沟通机会越来越少。组织需要构建新的文化环境，便于员工相互沟通、增进了解、发现思想倾向并及时加以引导。

5）需要一个集中的信息整合呈现平台。办公系统是组织内使用面最广泛、使用频率最高的信息系统，希望能够通过办公系统实时、直观地了解到组织的运营状况（如生产、营销、财务等信息数据），同时有效地解决组织内"信息孤岛"问题。

6）需要一个灵活的业务流程整合平台。当组织面临客户不断提出端到端（End to End）的服务时，员工办公环境将会越来越复杂，因此需要将日常工作活动、管理活动、业务活动有机的结合，以快速响应客户需求，同时减少不必要的重复工作，将管理流程与业务流程进行有效的整合。

7）需要能够随时随地办公的平台。由于移动网络技术的发展，为能更方便地处理公务，人们更加希望能用移动设备进入办公系统完成公务的处理。

8）需要资源整合利用。随着组织的不断发展办公管理相关资源分布在不同的地方，需要对这些资源进行合理的整合利用，实现共享。

9）需要提供移动互联网技术。移动终端的大量普及，人们希望办公能在移动终端上实现，方便办公人员，并能及时处理相关事宜。

1.6 我国 OA 的发展方向及策略

OA 在我国自 20 世纪 70 年代开始发展，到 90 年代中期大致经历了 3 个阶段：第一个阶段的主要标志是办公过程中普遍使用现代办公设备，如传真机、打字机、复印机等；第二个阶段的主要标志是办公过程中普遍使用计算机和打印机进行文字处理、表格处理、文件排版输出和人事财务等信息的管理；第三个阶段的主要标志是办公过程中网络技术的普遍使用，这一阶段在办公过程中通过使用网络，实现了文件共享、网络打印共享、网络数据库管理等工作。

自 20 世纪 90 年代中期至今，互联网技术在我国迅速发展和普及，引发出 Intranet、Extranet、Internet、政府上网工程、企业上网工程、电子政务、电子商务、电子管理、政府内部网、企业网、数字神经系统和数字化办公等一系列新概念。面对这些新概念，再提 OA 也许会让很多人感到迷惑，有人认为 OA 这个概念已经不适应信息化发展的需要，在本书中我们暂且认为这一个阶段为 OA 发展的新阶段。这一个阶段的主要标志应为互联网技术的普遍使用，互联网已经应用到办公业务之中，而且发挥着巨大作用。

1.6.1　新时期 OA 建设的内涵和外延

在新的时期，基于多年 OA 建设经验和互联网技术的发展，人们对 OA 的认识也越来越深入。从网络的性质来看，OA 应定位于内部网（Intranet）；从办公性质来看，OA 应定位于数字化办公；从信息化建设的角度来看，OA 应是信息化建设的基础。

OA 建设的本质是以提高决策效能为目的。通过实现 OA，或者说实现数字化办公，可以优化现有的管理组织结构，调整管理体制，在提高效率的基础上，增加协同办公能力，强化决策的一致性，最后实现提高决策效能。

OA 的基础是对管理的理解和对信息的积累，技术只是办公自动化的手段。任何一个组织只有对管理及相关业务有着深刻的理解，才会使 OA 有用武之地；只有将办公过程中生成的信息进行有序化积累、沉淀，OA 才能在组织管理中发挥作用。

OA 的灵魂是 OA 软件，而硬件设施只是实现 OA 的环境保障。数字化办公的两个明显特征是授权和开放，通过授权确保信息的安全和分层使用，使得数字化办公系统有可以启用的前提，通过开放使得信息共享成为现实。

OA 建设与现阶段政务信息化工程之间的关系：政务信息化工程一直是近几年政府以及 IT 界关注的热点之一。政务信息化工程是由于互联网的普及，政府部门把一些政府信息发布到 Internet 上，进而在网上建立与老百姓沟通的渠道，以实现政府公开和政府行为接受监督的目的。政务信息化实际就是要建立一个政府的 OA 系统。

1.6.2　我国 OA 的发展趋势

我国 OA 的发展方向应该是数字化办公，所谓数字化办公即几乎所有的办公业务都在网络环境下实现。通过近几年的发展实践，证明在我国企事业单位实施 OA 系统是切实可行的。其主要体现在从技术发展角度来看，特别是互联网技术、网络安全技术和软件理论及技术的发展，使得实现数字化办公成为可能。但在实施的过程中还存在一些问题，主要体现在从管理体制和工作习惯的角度来看，全面的数字化办公还有一段距离，首先数字化办公必然冲击现有的管理体制，使现有管理体制发生变革，而管理体制的变革意味着权力和利益的重新分配；另外管理人员原有的工作习惯、工作方式和法律体系有很强的惯性，短时间内改变尚需时日。我国企事业单位在实施 OA 的过程中，还需要逐步解决上述的问题。

OA 在我国的发展趋势可归纳为以下几个方面：

1）人性化。未来 OA 的门户更加强调人性化，强调易用性、稳定性、开放性，强调人与人沟通、协作的便捷性，强调对于众多信息来源的整合性，强调构建可以拓展的管理支撑平台框架，让合适的角色在合适的场景、合适的时间里获取合适的知识，充分发掘和释放人的潜能，并真正让组织的数据、信息转变为一种能够指导人行为的能力。

2）无线化。利用新技术，使移动 OA 协同应用成为未来发展的主要方向。信息终端应用正在全面推进融合，4G 无线移动技术的应用使融合了计算机技术、通信技术、互联网技术的移动设备将成为个人办公必备信息终端，在此载体上的移动 OA 协同应用将是管理的巨大亮点，实现组织管理者无处不在、无时不在的实时动态管理，这将给传统 OA 带来重大的提升。

3）智能化。随着网络和信息技术的发展，用户在进行业务数据处理时，面对越来越多的数据，如果办公软件能帮助用户做一些基本的商业智能分析工作，帮助用户快速地从这些数据中发现一些潜在的商业规律与机会，提高用户的工作绩效，将对用户产生巨大的吸引力。在微软的 Office 2007 版本中已经提供了一些基本的商业智能的功能，如通过不同颜色显示数据的大小和按照进度条来反应数值的大小等，未来会有更多的这方面功能。另外办公软件还有一些其他的发展趋势，今后 OA 软件本身将更加智能化，如可自定义邮件、短信规则、强大的自我修复功能、人机对话、影视播放、界面更加绚丽多彩等。

4）协同化。近年来不少企事业单位都建立自己的办公系统，并用了财务管理软件，还陆续引入了进销存、ERP、SCM（供应链管理）、HR（人力资源管理）、CRM（客户关系管理）等系统。这些系统在提升组织管理效率的同时，也会形成组织的信息孤岛，无法形成整合效应来帮助企业更高效管理和决策。因此，能整合各个系统、协同这些系统共同运作的集成软件成了大势所趋，而且也越来越受企事业单位的欢迎。未来的 OA 系统将向协同办公平台方向发展，即能把企业中已存在的 MIS 系统、ERP 系统、财务系统等存储的企业经营管理业务数据集成到工作流管理系统中，使得系统界面统一、账户统一，业务间通过流程进行紧密集成，将来还将与电子政务中的公文流转、信息发布、核查审批等系统实现无缝集成协同。因此，协同理念和协同应用将更多地被纳入 OA 中，实现从传统 OA 到现代协同 OA 的转变。强调协同，不仅仅是 OA 内部的协同，而应该是 OA 与其他多种业务系统间的充分协同、无缝对接。

5）通用化。通用 OA 系统是 OA 技术不断发展进步的结果，正如 Windows 最终替代了DOS 系统，其更强的通用性、适应性以及适中的价格，更符合用户的广泛需求，从而创造了大规模普及的充分条件。通用 OA 系统显然更符合未来软件技术发展潮流。通用化应具有行业化某些特性，而不是空泛粗浅的通用化，能结合行业的应用特点、功能对口需求。未来OA 的应用推广将更为迅捷有效。

6）门户化。OA 是一种企业级跨部门运作的基础信息系统，可以连接企业各个岗位上的各个工作人员，可以连接企业各类信息系统和信息资源。在基于企业战略和流程的大前提下，通过类似"门户"的技术对业务系统进行整合，使得 ERP、CRM、PDC 等系统中的结构化的数据能通过门户在管理支撑系统中展现出来，提供决策支持、知识挖掘、商业智能等一体化服务，实现企业数字化、知识化、虚拟化。

7）网络化。在日新月异的网络和信息时代，如何能将现有的 OA 系统与互联网轻松地衔接将是 OA 未来主要发展趋势。如 Google 推出了在线文档处理软件和电子表格软件，实现了网上办公的无缝衔接；在现行的 Office 套件中，用户可直接搜索到与其工作相关的网络上的资源、可在 Office 软件中直接撰写自己的博客（Blog），并将其发送到网上的博客空间中，实现移动办公。这给国内 OA 软件开发商指明未来一个前进方向，如何将现有的 OA 系统与互联网有效地衔接互动，将决定自己的竞争力以及市场地位。

1.6.3 我国 OA 的发展策略

根据我国 OA 建设的现状和存在的问题，为使我国 OA 建设走上健康、快速发展的轨道，应采取如下对策：

　　1）在组织实施方面，从传统的工业项目管理体制转向专业化和产品化实施体制，确保系统的运行维护和系统持续的升级，走合作与分工并举的道路。由此可造就一批以办公自动化为业务核心的、规模较大的专业软件公司。

　　2）构建数字化办公的基本框架。实现数字化办公既不同于传统的 OA，也不同于 MIS 的建设，它的结构是 Intranet 网的结构，它的构建思路是自上而下的，即首先把整个内部网看成是一个整体，这个整体的对象是网上所有用户，它必须有一个基础，我们称这个基础为内网平台，就好像 PC 必须有一个操作系统为基础一样。内网平台负责所有用户对象的管理、负责所有网络资源（含网络应用）的管理、网络资源的分层授权、网络资源的开放标准和提供常用的网络服务（如邮件、论坛、导航、检索和公告等）。在平台的基础之上，插接各种业务应用（可理解为传统的 MIS），这些应用都是网络资源。用户通过统一的浏览器界面入网，网络根据用户的权限提供相应的信息、功能和服务，使用户在网络环境下办公。

　　3）进一步完善数字化办公的技术思路。实现数字化办公必须有良好的技术支持，考虑到数字化办公的授权和开放这两个特点，首选技术应该是互联网技术及标准（如 Web、HTML、ML、TCP/IP、Object Web 等），在此基础上选择与发展潮流吻合的技术。现在还在流行的技术并不能代表未来一定能够流行，因此，要选择未来发展前景较好的技术，同时考虑技术的标准化程度高，开放程度好的技术。在技术结构方面，以 B/S 结构体系为主，最终用户界面统一为浏览器，应用系统全部在服务器端，是标准的三层结构体系。系统负载轻、开放性好，维护及升级方便。同时，由于移动终端用户不断增加，APP 技术的应用以及云平台 OA 的应用等均是近年来 OA 系统主要应用技术。实现数字化办公离不开工作流技术，目前比较流行的是以邮件系统为基础的工作流技术（如 Lotus Notes、MS Exchange 等），或叫群件技术。现在随着 Web 技术的发展，基于 Internet 模式下的工作流软件也越来越多，这种类型的工作流直接使用消息传递中间件作为消息传递手段，无须使用专用的邮件系统做消息平台。这样整个工作流软件负载轻、开放性好、维护方便，并且易于和网上其他业务系统结合。该技术也和电子商务所使用的技术方向是一致的，因此基于 Web 的工作流软件将在未来的数字化办公领域占主导地位。

　　4）在系统设计方面，考虑到我国 OA 的现状，应采用生命周期法和快速原型法相结合，在已有产品的基础上，以快速原型法为主。在实施方面，遵循统一规范和分步实施的原则。

　　5）在设计思想方面，从传统的面向业务的设计转向面向用户的设计，即将设计的着眼点放在用户对象身上，设计视角范围是整个内部网，在此基础之上进行相关业务设计，将面向对象的思想引入到系统设计中去。

　　6）在实现方法方面，从传统的结构化设计转向采用复杂适用系统（CAS）理论进行实现，即从一般的业务需求中抽象出关键的复杂适应系统。该系统能够适应环境变化，系统使用越久，积累的有价值的东西就越多。

1.6.4　OA 系统的实施过程

　　OA 系统涉及单位的各个部门，实施起来有一定的难度，可将实施过程分为以下几个阶段，每个阶段的工作分重点逐步开展。

（1）系统需求调研阶段

办公自动化系统虽然有开发建设周期短、见效快的特点，但仍建议不要急于实施。在推广应用前进行细致的需求调研工作，对系统真正应用和发挥系统的作用大有帮助。

对各相关部门进行需求调研，在调研过程中仔细听取和记录各部门提出的信息需求、业务流程需求、建议和意见，了解办公人员的想法，确定系统要投入使用的主要功能模块，落实功能模块的责任部门、责任人，特别是信息和数据采集点的责任人和责任要求。调研结束后，将调研结果仔细整理归档，并提交给用户确认，直到得到了用户以及相关负责人的认可。

经过与各个部门的走访和初步沟通，能够了解到各部门办公方面最迫切的需求，并在调研的过程中把办公系统的主要功能做简单介绍，使各部门对办公自动化有一定的了解，在开始推广应用前就得到各部门的初步认可，充分调动所有人员使用系统的积极性。

（2）系统开发实施阶段

调研结束后，进入系统的开发实施阶段，主要进行工作如下：

1）基于调研结果以及各功能模块的工作量大小，制定《××办公自动化系统开发实施方案》，将一些主要模块如个人办公、公文系统、信息总汇、公务系统作为首要的开发实施模块，并制定相关的培训计划和实施方案，为工作的进一步开展奠定基础。

2）根据开发实施方案，对各主要模块进行仔细的开发实施工作。同时，组织相关人员对已实现基本功能的模块进行仔细和全面的测试，对个人办公系统中的主要模块，如邮件系统、日程安排、通信录、出差管理和组织论坛、信息总汇等进行反复的测试，并将测试时发现的问题总结提交给开发人员进行修改和完善，然后将修改后的结果做进一步测试，直到问题解决为止。

3）在对公文系统、公务系统的基本功能实现以后，组织几次小范围的培训工作，针对各模块的主要使用部门，在培训的同时，向参加培训的人员进一步了解了模块的操作要求以及功能的细化等，并整理成文提交确认，再对各相关模块进行进一步完善。

4）组织协调各部门的系统管理员进行系统使用培训。此次培训的主要内容为各模块功能介绍以及主要模块的使用等。这次培训是一次普及性的培训，通过各部门计算机应用比较熟练的人员，带动各部门开始接触 OA 系统，使其作为一种新鲜工作方式的代表获得广泛的关注，为系统投入正式运行做好了铺垫。

（3）系统试运行阶段

正常情况下，在系统的试运行阶段，电子邮件、信息发布等模块运行情况良好，使用人员越来越多，范围越来越广泛。在此基础上，可征集各部门在使用中出现的新的使用需求，增加部分功能模块的深化应用。此阶段可以组织进行系统的进一步推广使用培训，组织和协调整个企业范围内的职工参加培训，详细讲解系统的各功能模块的操作方法和使用规范，为系统的正式运行奠定基础。有些具有一定应用难度的模块，如公文流转、部门业务流转，可视各部门接受的情况，把一部分工作流程正式转移到系统中，并通过制度、规定的配合明确模块的功能和在系统中应用的程度。

OA 系统的应用是不断深入的。随着人员应用水平的不断提高，对系统的要求会越来越高，可随着应用逐步扩展新的功能。

1.7　办公设备

1.7.1　办公设备的基本定义和分类

1. 办公设备的定义

办公设备泛指与办公室相关的设备。办公设备有广义概念和狭义概念的区分。广义的办公设备泛指所有可以用于办公室工作的设备和器具，这些设备和器具在其他领域也被广泛应用，包括电话、程控交换机、小型服务器、计算器等。狭义的办公设备指多用于办公室处理文件的设备，如传真机、打印机、复印机、投影仪、扫描仪、计算机、便携式计算机、考勤机、碎纸机、装订机等。

2. 办公设备的基本分类

（1）根据使用对象分类

根据使用对象的不同，可将办公设备分为以下两类：

1）普通办公设备。主要是指几乎在所有办公室都使用一些办公通用的设备，如传真机、打印机、复印机等。

2）专业办公设备。主要是指一些部门或组织根据自身办公要求的特点而使用的一些专用设备，如邮局、银行、金融、财务、铁路、航空、建筑工程等机构和部门使用的有特殊构造和要求的各种非标准尺寸（纸张幅面）的票据打印机、POS 机（可传输信息和打印票据）、货币清分机、ATM 及打印机等。

（2）根据功能和用途分类

根据办公设备的功能和具体用途，大致可分为文件输入及处理设备、文件输出设备、文件传输设备、文件整理设备、文仪器材和网络设备等。每一类设备又都包括多种产品，以下列举的只是其中的主要设备或常用设备。

1）文件输入及处理设备：计算机、文件处理机、打字机、扫描仪等。

2）文件输出设备：可分为文件复制设备和文件打印设备。

3）文件复制设备包括：制版印刷一体化速印机和油印机、小胶印机、重氮复印机（晒图机）、静电复印机、数字式多功能一体机、数码印刷机、轻印刷机、喷墨复印机等。

4）文件打印设备包括：激光打印机、喷墨打印机、针式打印机和绘图机等。

5）文件传输设备：传真机、计算机、电传机等。

6）文件储存设备：缩微设备、硬盘等。

7）文件整理设备：分页机、裁切机、装订机、打孔机、折页机、封装机等。

8）文仪器材：收款机/POS 机、刻字机、点钞/验钞机、中/英文打字机、除湿机、打印服务器、空气净化器、手写输入设备、扫译笔、激光条码扫描枪等。

9）网络设备：网络适配器、路由器、交换机、调制解调器等。

随着技术进步和由于办公室工作细化而对产品不断提出新的要求，各类新型办公设备产品层出不穷，更新换代速度也越来越快。但是，大多数办公设备属于以机电为基础的耐用设备，所以在各类办公室中多种类型、多代设备同时服务于办公的现象比较常见，因此，在学习办公设备过程中，要能够通过设备操作使用说明书了解该设备的主要功能和具体操作方法，要注意培养使用不同办公设备的能力。

1.7.2 办公设备的发展趋势

由于办公室工作不断细化，对办公设备不断提出新的要求，各类新型办公设备产品层出不穷，更新换代速度也越来越快。随着技术的不断发展，办公设备近年来发展变化较快。办公设备发展的趋势主要体现在以下几个方面：

1）办公设备数字化。办公公文等相关资料数字化是现代办公自动化的主要基础，因此，办公设备要全面数字化，这也是办公设备与计算机等设备连接的前提。

2）办公设备多功能一体化。为充分发挥办公设备的作用，减少办公设备在办公室的占用空间和提高办公设备的使用效率，人们对办公设备的多功能化提出相应的要求，一台设备往往希望具有多种功能，如同时可以网络打印、复印、传真、电邮、扫描的机器越来越受到办公人员的欢迎。

3）办公文件彩色化。越来越多的办公文件是以图文混排的方式进行排版印制的，且人们的视觉越来越挑剔，黑白的文件已无法满足办公需要，同时对文档的色彩的要求也越来越高。所以，彩色喷墨打印机、彩色激光打印机、彩色热升华打印机、彩色数码复印机等成为办公文印市场的新宠，同时，对设备的色彩度等要求越来越高。

4）办公设备的高速化。由于工作的节奏不断加快，办公人员越来越珍惜时间，这就对文档印制设备提出快速的要求。在实际办公过程中需要大批量的印制公文，这就要求公文印制设备能够高速完成，从而，对设备提出高速化要求。同时，在办公过程中为提高办公效率，对办公设备也要求处理速度要快，以满足办公要求。

5）办公设备网络化。现今的 OA 的主要标志就是其工作环境的网络化。人们工作或办公越来越依赖网络，同样，办公设备也将朝着网络化方向发展。

🅱 思考题

1. 谈谈你对 OA 的理解和认识。
2. OA 系统分为几个发展阶段？每个发展阶段有什么特点？
3. 以知识管理为核心的第三代 OA 系统有什么突出特点和显著特征？
4. 简述 OA 系统的基本组成。
5. 简述 OA 系统的基本功能。
6. 简述实施 OA 系统的基本过程。
7. 简述什么是办公设备。
8. 简述办公设备的发展趋势。
9. 试针对办公设备网络化设想需要体现具体的功能。
10. 小论文：通过网络收集资料，论述我国信息化建设现状及发展的趋势（不少于 1500 字）。
11. 小论文：通过网络收集资料，论述我国 OA 建设现状及发展的趋势（不少于 1500 字）。
12. 小论文：提供市场调研，论述办公设备的发展历程和未来发展的趋势（不少于 1500 字）。

第 2 章　信息技术基础

学习目标:
1) 掌握计算机网络与 Internet 的基础知识。
2) 掌握信息安全的概念及知识。
3) 掌握计算机网络安全的相关知识。
4) 掌握 OA 系统完全保密的相关知识。
5) 了解云技术。
6) 了解移动通信技术。
7) 了解云 OA 和移动 OA。

2.1　计算机网络与 Internet 基础

2.1.1　计算机网络的定义

从资源共享的角度定义计算机网络:以能够相互共享资源的方式连接起来,并各自具备独立功能的计算机系统的集合。

从物理结构的角度定义计算机网络:在协议的控制下,由若干计算机、终端设备、数据传输设备和通信控制处理器等组成的系统。

目前普遍认可的计算机网络的定义:计算机网络是地理上分散的、具有独立功能的多个计算机系统通过通信设备和线路连接起来,且以功能完善的网络软件(网络协议、信息交换方式及网络操作系统等)实现网络资源共享的系统。

2.1.2　计算机网络的分类

按网络的作用范围及计算机之间的距离,可将计算机网络分为如下几种:

(1) 广域网 (Wide Area Network, WAN)

也称远程网,是由相距较远的局域网或城域网互联而成,通常除了计算机设备以外还要涉及一些电信通信方式,主要包括以下几种类型:

1) 公用电话网 (Public Switched Telephone Network, PSTN)。传输速率为 9600bit/s ~ 28.8kbit/s,需要异步 Modem 和电话线,投资少,安装调试容易,常用作拨号访问方式,现已基本被淘汰。

2) 综合业务数字网 (Integrated Service Digital Network, ISDN)。传输速率为 128kbit/s 的基本带宽接口,使用普通电话线但需要互联网服务提供商 (ISP) 提供相关的业务,采用数字传输,具有来电显示功能,拨通时间短,费用约为普通电话的 4 倍。

3) DDN 专线（Leased Line）。传输速率为 64kbit/s～2.048Mbit/s（E1 标准），需要配备同步 Modem，采用 EIA/TIA-232 标准（V.24 和 V.35 两种），点对点的连接方式，结构不够灵活。

4) X.25。传输速率为 9600bit/s～64kbit/s，采用冗余校验纠错，可靠性高，但速度慢，延迟大。

5) 帧中继（Frame Relay）。传输速率为 64kbit/s～2.048Mbit/s（E1 标准），采用一点对多点的连接方式，分组交换技术以及独特的 Bursty 技术（在传输信息量大的情况下可以超越传输线速率）。

6) Cable 方式。即充分利用有线电视网络未使用的带宽，因为目前电视信号的传输是双向的，用户可以点播节目，因此电视网络适合于网络数据传输。

7) 光纤入户。目前最常采用的是 FTTx + LAN（光纤 + 局域网）方式，实现高速传输。

8) 无线接入。最灵活的网络接入方式，成本低又满足接入的要求。

（2）城域网（Metropolitan Area Network，MAN）

地理范围从几十公里到上百公里，通常覆盖一个城市或地区。

（3）局域网（Local Area Network，LAN）

在一个较小地理范围内的各种计算机网络设备互连在一起的通信网络，可以包含一个或多个子网，通常局限在几千米的范围之内。

按照网络的拓扑结构和传输介质，局域网通常可划分为以太网（Ethernet）、令牌环网（Token Ring）、光纤分布式数据接口（FDDI）、异步传输模式（ATM）等，其中最常用的是以太网。

2.1.3 计算机网络的功能及特点

一般网络都具有以下一些功能和特点：

（1）数据通信

该功能用于实现计算机与终端、计算机与计算机之间的数据传输，这是计算机网络的最基本的功能，也是实现其他功能的基础。

（2）资源共享

1) 数据共享：可供共享的数据主要是网络中设置的各种专门数据库中的数据资源。

2) 软件共享：可供共享的软件包括各种语言处理程序和各类应用程序等资源。

3) 硬件设备共享：可供共享的硬件可以是网络中高性能的计算机，也可以是网络中的打印机或者是磁盘阵列等硬件资源。

（3）负荷均衡和分布处理

1) 负荷均衡：网络中的负荷被均匀地分配给网络中的各计算机系统，而不是只由一两台计算机完成工作，这有利于提高所有计算机资源的利用率。

2) 分布式处理：在具有分布处理能力的计算机网络中，将任务分散到多台计算机上进行处理，由网络来完成对多台计算机的协调工作。该技术的关键是要协调好多台计算机之间的工作顺序，能有效提高整个网络的资源利用率。

（4）提高系统的可靠性和可用性

计算机网络一般都属分布式控制方式，由于在网络上所有的工作均是分配在各台计算机上的，同时资源也是分配在不同的计算机上，如果有单个部件或少数计算机失效，网络可通过不同路由来访问这些资源，对整个系统正常工作并不造成太多影响，保证了系统能够正常运转，提高了系统的可靠性和可用性。

（5）综合信息服务

网络的一大发展趋势是多维化，即在一套系统上提供集成的信息服务，包括来自政治、经济等各方面资源，甚至同时还提供多媒体信息，如图像、语音、动画等。在多维化发展的趋势下，许多网络应用的新形式不断涌现。

1）电子邮件：这是目前用得最多的网络交流方式之一。

2）网上交易也称为电子商务，即通过网络直接完成交易结算，这就要求网络的安全性比较高，才能保证信息的完全。

3）视频点播：这是一项较新的娱乐或学习应用，通常在智能小区、酒店或学校应用较多。它的形式跟电视选台有些相似，不同的是节目内容是通过网络传递的，而且节目内容是数字化的，通过一台视频点播系统对客户端的点播请求给予回应，并将所点播的节目送给终端用户。

4）联机会议：也称为视频会议，顾名思义就是通过网络开会。它与视频点播的不同在于所有参与者都需主动向外发送图像，为实现数据、图像、声音实时同传，对网络的传输速率提出了更高的要求。这在当今的 OA 中扮演重要角色，提高了组织的工作效率，降低了组织的管理成本。

2.1.4　网络的组成及拓扑结构

1．网络的逻辑组成

从逻辑功能上看，计算机网络由以下两部分组成：

1）资源子网。资源子网代表着网络的数据处理资源和数据存储资源，由主计算机、智能终端、磁盘存储器、工业控制监控设备、I/O 设备、各种软件资源和信息资源等组成，负责全网数据处理和向网络用户提供资源及网络服务。

2）通信子网。通信子网是由负责数据通信处理的通信控制处理器（Communication Control Processor，CCP）和传输链路组成的独立的数据通信系统，承担着全网的数据传输、加工和变换等通信处理工作。

2．网络的拓扑结构

网络的拓扑结构是指网络中通信线路和节点的几何结构，它不但可以表示整个网络的结构外貌，而且也反映了网络中各个实体之间的关系。

计算机网络拓扑结构可分为如下几种：

（1）总线型拓扑结构

总线型拓扑结构采用单根传输线作为传输介质，所有站点都通过相应的硬件接口直接连接到传输介质（或称为总线）上，其结构如图 2-1 所示。

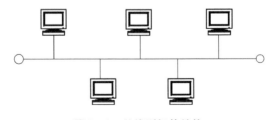

图 2-1　总线型拓扑结构

优点：增加、删除节点比较容易实现，易于网络的扩充；网络的某个节点发生故障时不会导致全网瘫痪，可靠性较高。

缺点：故障诊断和隔离困难；终端必须是智能的。

（2）环形拓扑结构

环形拓扑结构的网络由中继器和连接中继器的点到点的链路组成一个闭合环，其结构如图 2-2 所示。

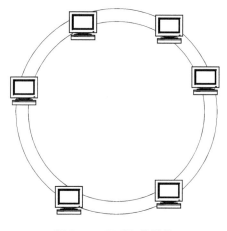

图 2-2　环形拓扑结构

特点：传输方向是单向的。

优点：网络实现简单；电缆长度短；不需要接线盒；适用于光缆。

缺点：灵活性小，增加新工作站困难；非集中式管理，诊断故障十分困难。

（3）星形拓扑结构

星形拓扑是由中央节点和通过点到点的链路接到中央节点的各站点组成，其结构如图 2-3 所示。

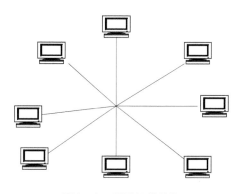

图 2-3　星形拓扑结构

优点：中央节点和中间接线盒都放在一个集中的场所，可方便地提供服务和重新配置；每个连接只接入一个设备，当连接点出现故障时不会影响整个网络；故障易于检测和隔离，可以很方便地将有故障的站点从系统中删除；访问协议简单。

缺点：由于每个站点直接和中央节点相连，需要大量的电缆且布线复杂；过于依赖中央节点，当中央节点发生故障时，整个网络不能工作。

（4）树形拓扑结构

树形拓扑结构是由总线型拓扑结构演变而来。在这种拓扑结构中，有一个带分支的根，每个分支还可以延伸出子分支，其结构如图2-4所示。

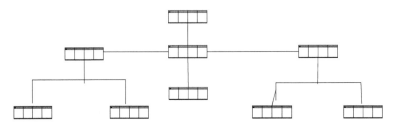

图2-4　树形拓扑结构

优点：树型拓扑结构的优缺点大多和总线型拓扑结构的优缺点相同，但也有特殊之处，例如这种拓扑结构易于扩展，因为其分支还可延伸出子分支，所以要加入新的节点或分支很容易；易于故障隔离，如果某一分支上的节点发生故障，很容易将此分支和整个网络隔离开来。

缺点：对根的依赖太大，如果根发生故障，则整个网络不能正常工作。这种拓扑结构的可靠性问题和星形拓扑结构相似。

（5）网状拓扑结构

网状拓扑结构中每一个节点都与其他节点一一直接互连，其结构如图2-5所示。

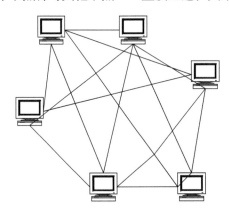

图2-5　网状拓扑结构

这种连接方法主要是利用冗余的连接，实现节点与节点之间的高速传输和高容错性能，以提高网络的速度和可靠性。

这种拓扑结构主要用在网络结构复杂、对可靠性和传输速率要求较高的大型网络中，如Internet等，在局域网络中很少使用。

2.1.5　局域网基本技术

OA系统是建立在一个局域网平台上的，因此对于使用OA系统的人员来说，需要对局域网的概念、组成等相关技术有一个较为全面的了解。

1. 局域网的特点

（1）局域网（LAN）的基本定义

1）从硬件角度定义：局域网是电缆、网卡、工作站、服务器和其他连接设备的集合体。

2）从软件角度定义：局域网在网络操作系统（NOS）的统一指挥下，提供文件、打印、通信和数据库等服务功能。

3）从体系结构来定义：局域网由一系列层和协议标准所定义。

综上的定义，可将局域网理解为将小区域内的各种通信设备互连在一起的通信网络。

（2）局域网的4个特点

从上面的定义可以看出局域网具有以下4个特点：

1）这里指的小区域可以是一栋建筑物内、一个校园或者大至数千米直径的一个区域。

2）这里指的数据通信设备是广义的，包括计算机、终端和各种外部设备。

3）传输的误码率低，可达 $10^{-8} \sim 10^{-11}$。

4）整个网络为某个单位或部门所有，仅供该单位内部使用。

2. 局域网的组成

计算机网络由硬件系统、网络软件系统和数据通信系统组成，如图 2-6 所示。

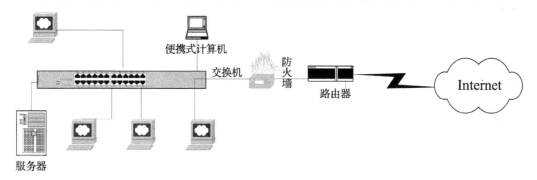

图 2-6 典型的计算机网络图

（1）主机（Host）

1）服务器（Server）。服务器是向所有客户机提供服务的机器，装备有网络的共享资源。对网络服务器的基本要求：高速度、大容量和高安全性。

2）客户机（Client）。客户机也称为工作站（Working Station），是网络用户直接处理信息和事务的计算机。

（2）网络适配器

网络适配器也称为网络接口卡（Network Interface Card，NIC），如图 2-7 所示。通常被做成插件的形式插入到计算机的一个扩展槽中，故也被称作网卡。计算机通过网络适配器与网络相连。

图 2-7 网络适配器

（3）传输介质

传输介质是通信网络中发送方和接收方之间的物理通路。

1）双绞线。双绞线是由按规则螺旋结构排列的两根绝缘线组成，如图 2 - 8 所示，又可分为屏蔽双绞线（STP）和非屏蔽双绞线（UTP）两种。双绞线成本低、易于铺设，既可以传输模拟数据也可以传输数字数据，但是抗干扰能力较差。

2）同轴电缆。同轴电缆由外层圆柱导体、绝缘层、中心导线组成，如图 2 - 9 所示，可分成基带同轴电缆和宽带同轴电缆两种。基带同轴电缆的特征阻抗为 50Ω，只用于传输数字信号。宽带同轴电缆中常见的是 75Ω 电缆，用于不使用频分多路复用（FDM）技术的高速数字信号发送和模拟信号发送，此时称为单通道宽带。由于宽带网有多个信道，可支持数据、语音、图形和图像等信号同时在网上传输。

3）光缆。用光纤做成的光缆，是由缆芯、包层、吸收外壳和保护层四部分组成，如图 2 - 10 所示。光纤可分为单模光纤（Single Mode Fiber）和多模光纤（Multiple Mode Fiber）两类。光纤的直径小、质量轻、频带宽、误码率低，此外，还有不受电磁干扰、保密性好等一系列优点。在要求传输速率很高（如超过 100Mbit/s）、抗干扰性极好的局域网的主干网络中，越来越多地采用光缆。

图 2 - 8 双绞线   图 2 - 9 同轴电缆   图 2 - 10 光缆

4）无线信道。目前常用的无线信道有微波、卫星信道、红外线和激光信道等。

（4）网络互联设备

1）中继器（Repeater）。中继器工作在物理层，如图 2 - 11 所示。中继器的主要作用是避免干线上传输信号衰减而失真，对传输信号实现整形和放大，并按原来的传输方向重新发送数据，可以延长干线距离，扩展局域网覆盖范围。

2）集线器（Hub）。集线器又称集中器，是多口中继器，如图 2 - 12 所示。把它作为一个中心节点，可用它连接多条传输媒体。其优点是当某条传输媒体发生故障时，不会影响到其他的节点。集线器分为无源集线器（Passive Hub）、有源集线器（Active Hub）和智能集线器。

3）网桥。网桥工作于数据链路层，如图 2 - 13 所示。它要求两个互联网络在数据链路层以上采用相同或兼容的网络协议。网桥可分为本地网桥和远程网桥，本地网桥又分为内部网桥和外部网桥。网桥的基本功能包括隔离网络、过滤和转发信息。

图 2 - 11 中继器   图 2 - 12 集线器   图 2 - 13 网桥

4）路由器。路由器工作在网络层，如图 2-14 所示。它要求网络层以上的高层协议相同或兼容，用来实现不同类型的局域网互联，或者用它来实现局域网与广域网互联。路由器分类如下：按路由器安装的位置划分，可分为内部路由器和外部路由器；按路由器支持的协议划分，可分为单协议路由器和多协议路由器；按路由器的状况划分，可分为静态路由器和动态路由器。路由器可以实现网络层以下各层协议的转换。它除了具备网桥的全部功能外，还有路由选择功能。

5）网关。网关亦称网间协议转换器，工作于传输层、会话层、表示层和应用层，如图 2-15 所示。网关不仅具有路由器的全部功能，同时还可以完成因操作系统差异引起的通信协议之间的转换。网关可用于局域网与局域网、局域网与大型机以及局域网与广域网的互联。

6）交换机。交换机是一种新型的网络互联设备，它将传统的网络"共享"传输介质技术改变为交换式的"独占"传输介质技术，提高了网络的带宽，如图 2-16 所示。交换机与交换式集线器有很大的区别，前者可工作在数据链路层，也有的高档交换机工作于网络层，后者工作于物理层。交换机端口的工作速度高于集线器端口工作的速度。

图 2-14　路由器　　　　　图 2-15　网关　　　　　图 2-16　交换机

7）调制解调器（Modem）。调制解调器将待发送的数字信号转换成代表数据的一系列模拟信号，并利用模拟信道对信号进行载波传输，这个过程通常称为调制。在数据接收方，调制解调器将接收到的模拟信号还原成数字信号，供计算机处理，这个过程被称为解调。

调制解调器按工作方式划分有异步调制解调器和同步调制解调器两类，按使用场合划分有卫星调制解调器、微波调制解调器、光纤调制解调器以及音频调制解调器等。例如，音频调制解调器是用户利用公用电话网驳接 Internet 的常用接入设备，又分为外置式调制解调器和内置式调制解调器，如图 2-17 所示。

a）　　　　　　　　　　　　　　b）

图 2-17　调制解调器

a）外置式调制解调器　　b）内置式调制解调器

（5）软件系统

软件系统主要包括通信协议、网络操作系统和相关的应用软件等。

1）通信协议。局域网通信协议用以支持计算机与相应的局域网相连，支持网络节点间正确有序地进行通信。

2）网络操作系统。网络操作系统在服务器上运行，是使网络上各计算机能方便而有效地共享网络资源，为网络用户提供所需的各种服务软件和有关规程的集合。网络操作系统不仅要具有普通操作系统的功能，还要具备 6 个特征：网络通信、共享资源管理、提供网络服务、网络管理、互操作和提供网络接口。

3）应用软件。局域网应用软件是构建在局域网操作系统之上的应用程序，它扩展了网络操作系统的功能。

3. 局域网组网常用技术

局域网拓扑结构的选择是组建网络的关键之一。拓扑结构决定了网络的布局和传输介质的访问控制方式，而传输介质在决定网络中信号传输速率的同时，也提供了相关接口标准。在局域网组网中经常采用以下技术（有关这些技术进一步的讨论请详见局域网技术类的教材或书籍）：

1）以太网（Ethernet）。以太网是局域网中采用的最通用的通信协议标准，始于 20 世纪 70 年代早期，是一种传输速率为 10Mbit/s 的常用局域网（LAN）标准。在以太网中，所有计算机被连接一条同轴电缆上，采用具有冲突检测的载波感应多处访问（CSMA/CD）方法，采用竞争机制和总线拓扑结构。基本上，以太网由共享传输媒体，如双绞线或同轴电缆和多端口集线器、网桥或交换机构成。在星形或总线型配置结构中，集线器/交换机/网桥通过电缆使得计算机、打印机和工作站彼此之间相互连接。

2）交换式以太网（Switching Ethernet）。交换式以太网是在传统以太网基础上发展起来的帧交换技术。交换式以太网不需要改变网络其他硬件，包括电缆和用户的网卡，仅需要用交换式交换机改变共享式 Hub，节省用户网络升级的费用，并可在高速与低速网络间转换，实现不同网络的协同。目前大多数交换式以太网都具有 100Mbit/s 的端口，通过与之相对应的 100Mbit/s 的网卡接入到服务器上，暂时解决了 10Mbit/s 的传输速率瓶颈，成为网络局域网升级时首选的方案。它同时提供多个通道，比传统的共享式集线器提供更多的带宽。传统的共享式 10/100Mbit/s 以太网采用广播式通信方式，每次只能在一对用户间进行通信，如果发生碰撞还得重试，而交换式以太网允许不同用户间进行传送，比如，一个 16 端口的以太网交换机允许 16 个站点在 8 条链路间通信。特别是在时间响应方面的优点，使的局域网交换机倍受青睐。它以比路由器低的成本提供了比路由器更宽的带宽和更高的传输速率。

3）异步传输模式（Asynchronous Transfer Mode，ATM）。ATM 是在分组交换基础上发展起来的一种传输模式，在这一模式中，信息被组织成信元，因为包含来自某用户信息的各个信元不需要周期性出现，这是它区别于其他传输模式的一个基本特征，所以把这种传输模式，称为异步传输。这里的"异步"不是指数字通信过程中的不同步，而是指不需要对发送方的信号按一定的步调（同步）进行发送。ATM 信元是固定长度的分组，并使用空闲信元来填充信道，从而使信道被分为等长的时间小段。每个信元共有 53 个字节，分为两个部分。前面 5 个字节为信头，主要完成寻址的功能；后面的 48 个字节为信息段，用来装载来自不同用户、不同业务的信息。话音、数据、图像等所有的数字信息都要经过切割，封装成统一格式的信元在网络中传递，并在接收端恢复成所需格式。由于 ATM 技术简化了交换过程，去除了不必要的数据校验，采用易于处理的固定信元格式，从而使传输时延减小，交换速率大大高于传统的数据网，适用于高速数据交换业务。另外，对于如此高速的数据网，ATM 网络采用了一些有效的业务流量监控机制，对网上用户数据进行实时监控，把网络拥塞发生的可能性降到最小。

4）光纤分布数据接口（Fiber Distributing Data Interface，FDDI）。光纤由于其众多的优越性，在数据通信中得到了日益广泛的应用，用光纤作为媒体的局域网技术主要就是 FDDI。FDDI 以光纤作为传输媒体，它的逻辑拓扑结构是一个环，更确切地说是逻辑计数循环环（Logical Counter Rotating Ring），它的物理拓扑结构可以是环形、带树形或带星形的环。FDDI 的数据传输速率可达 100Mbit/s，覆盖的范围可达几公里。FDDI 可在主机与外设之间、主机与主机之间、主干网与 IEEE 802 低速网之间提供高带宽和通用目的的互联。FDDI 采用了 IEEE 802 的体系结构，其数据链层中的 MAC 子层可以在 IEEE 802 标准定义的 LLC 下操作。FDDI 数据传输速率达 100Mbit/s，采用 4B/5B 编码，要求信道媒体的信号传输率达到 125Mbaud。FDDI 网最大环路长度为 200km，最多可有 1000 个物理连接。若采用双环节结构时，站点间距离在 2km 以内，且每个站点与两个环路都有连接，则最多可连接 500 个站点，其中每个单环长度限制在 100km 内。

5）100Base-T 快速以太网。100Base-T 通过在整体上提高传输速度来改善以太网的传输能力，但仍然采用的是与 10Base-T 类似的协议标准——IEEE 802.3u。

6）千兆位高速以太网。千兆位以太网在主干网的传输速率达到每秒千兆位的能力。继 10Mbit/s 以太网标准后，100Mbit/s 的快速以太网在 20 世纪 90 年代中后期飞速发展，成为当时局域网连接主要应用的网络技术。但是在高速宽带连接中面对 ATM 和 FDDI 技术的挑战，只能达到 2 节点中最大距离 101m、100Mbit/s 的响应速度的百兆快速以太网已经显得吃力了。

1998 年初，千兆以太网联盟由 3Com、Cisco、Sun、Extreme Networks、Intel、Nortel 及 World Wide Packets 等公司与组织发起组成。该联盟当时的主要目的是推广普及 10G 技术，并协助 IEEE 802.3 制定标准。千兆以太网标准为两种主要采用 62.5μm 的多模光纤定义了两个线路长度，即 160MHz × km 带宽的光纤距离为 220m，200MHz × km 带宽的光纤距离为 275m。此外，主要的 50μm 光纤连接距离在草案中也作了细化，400MHz × km 和 500MHz × km 带宽的光纤距离分别为 500m 和 550m。1000Base-SX 单模光纤的连接距离从 300m 增加到 500m。千兆以太网保留了 IEEE 802.3 标准和以太网标准帧格式以及 802.3 IEEE 管理的对象规格。因此，用户能够在保留现有应用程序、操作系统、IP、IPX 及 AppleTald 等协议以及网络管理平台与工具的同时，方便地升级至千兆位以太网。另外，由于千兆以太网支持光纤媒介，使用交换式光纤分布式数据接口的用户也能够较为容易升级至千兆的速度。这极大地增加了提供给用户的带宽，同时保护了原有的光纤线缆上的投资。经过国际千兆以太网协会多年的努力工作后，千兆以太网产品已经具备了非常成熟及完善的技术标准。世界上几家著名的网络技术公司，都推出了自己的千兆以太网产品，同时经过厂商不断提高生产技术，降低生产成本，当前的千兆产品和 FDDI 及 ATM 设备相比已经具备了很高的性能价格比。以太网标准的出现极大地推进了今天的网络技术的发展，到千兆以太网的出现则将网络的速率和带宽发展推至了一个更高的新标准。到今天，千兆以太网仍在不断完善和改进，应用范围也日益广泛。

2.1.6　无线网络技术简介

1．无线网络基本概念

无线网络（Wireless Network，简称 WLAN）是采用无线通信技术实现通信和资源共享的网络。无线网络既包括允许用户建立远距离无线连接的全球语音和数据网络，也包括为近距离无线连接进行优化的红外线技术及射频技术。它与有线网络的用途十分类似，最大的不同在于传输媒介，即利用无线电技术取代网线，因此可以和有线网络互为备份。

目前无线网络主要采用以下 3 种技术：

1）微波通信。利用微波进行通信，容量大、质量好并可传至很远的距离，因此是国家通信网的一种重要通信手段，也普遍适用于各种专用通信网。由于微波的频率极高，波长又很短，其在空中的传播特性与光波相近，也就是直线前进，遇到阻挡就被反射或被阻断，因此微波通信的主要方式是视距通信。由于地球曲面的影响以及空间传输的损耗，一般说来，超过视距以后需要中继转发，即大约每隔 50km，就需要设置中继站，将微波信号放大转发而延伸，这种通信方式也称为微波中继通信或称微波接力通信。长距离微波通信干线可以经过几十次中继而传至数千公里仍可保持很高的通信质量。

2）红外线通信。利用红外线来传输信号的通信方式，称为红外线通信。红外线波长范围为 $0.70\mu m \sim 1mm$，其中 $300\mu m \sim 1mm$ 区域的波也称为亚毫米波。大气对红外线辐射传输主要的影响是吸收和散射。红外通信技术不需要实体连线，简单易用且实现成本较低，因而广泛应用于小型移动设备互换数据和电器设备的控制中，如便携式计算机、PDA、移动电话之间或与台式计算机之间进行数据交换，电视机、空调器的遥控等。由于红外线的直射特性，红外通信技术不适用于传输障碍较多的地方，这种场合下，一般选用 RF 无线通信技术或蓝牙技术。红外通信技术多数情况下传输距离短、传输速率不高。

3）激光通信。激光通信技术与无线电通信原理相似，即先将声音信号调制到激光束（激光具有亮度高、方向性强、单色性好、相干性强等特征）上，然后把带有声音信号的激光发送出去，再用接收装置把音像信号检出来。激光通信按其应用范围可以划分为光纤通信和无线激光通信两类。激光通信技术由于其单色性好、方向性强、光功率集中、难以窃听、成本低、安装快等特点，而引起各国的高度重视。激光通信的应用主要有以下几个方面：地面间短距离通信；短距离内传送传真和电视信号；由于激光通信容量大，可做导弹靶场的数据传输和地面间的多路通信；通过卫星全反射的全球通信和星际通信，以及水下潜艇间的通信。2014 年 6 月 6 日，美国航天局宣布，该机构利用激光束把一段高清视频从国际空间站传送回地面，成功完成一种可能根本性改变未来太空通信的技术演示。

以上所述的技术均以大气作为传输介质，其中微波通信用途最广，目前的卫星网就是一种特殊形式的微波网络，它利用地球同步卫星作为中继站来转发微波信号，一个同步卫星可以覆盖地球 1/3 以上的表面，3 个同步卫星就可以覆盖地球表面上全部通信区域。

2．无线网络分类

1）无线个人局域网（Wireless Personal Area Network，WPAN）。无线个人局域网是在小范围内相互连接数个装置所形成的无线网络，通常是个人可及的范围内，如蓝牙连接耳机及便携式计算机。ZigBee 也提供了无线个人网的应用平台。

2）无线区域网（Wireless Regional Area Network，WRAN）。无线区域网是便捷的数据传输系统，它利用射频（Radio Frequency，RF）技术构成的局域网络，使得无线局域网络能利用简单的存取架构让用户透过它达到信息随身化，方便信息交流。

3）无线城域网。无线城域网是连接数个无线局域网的无线网络形式。无线城域网的推出是为了满足日益增长的宽带无线接入（BWA）市场需求。虽然多年来 802.11x 技术一直与许多其他专有技术一起被用于 BWA，并获得很大成功，但是 WLAN 的总体设计及其提供的特点并不能很好地适用于室外的 BWA 应用。当其用于室外时，在带宽和用户数方面将受到限制，同时还存在着通信距离等其他一些问题。

3．无线局域网组网

无线局域网组网通常通过无线 AP（Access Point，接入点）构建无线网络，其中的无线 AP 是用于无线网络的无线交换机，也是无线网络的核心。无线 AP 是移动计算机用户进入有线网络的接入点，主要用于宽带家庭、大楼以及园区内部，典型距离覆盖几十米至上百米，目前主要技术为 802.11 系列。大多数无线 AP 还带有接入点客户端模式，可以和其他 AP 进行无线连接，延展网络的覆盖范围。通过 PCMCIA 无线网卡或 USB 无线网卡，使得用户在办公区、会议室、会客室、展示厅及休息区都可以无线上网，为移动办公创造了条件。

一般的无线 AP，其作用有两个：一是作为无线局域网的中心点，供其他装有无线网卡的计算机通过它接入该无线局域网；二是通过对有线局域网络提供长距离无线连接，或对小型无线局域网络提供长距离有线连接，从而达到延伸网络范围的目的。

无线 AP 也可用于小型无线局域网进行连接，从而达到拓展的目的。当无线网络用户足够多时，应当在有线网络中接入一个无线 AP，从而将无线网络连接至有线网络主干。无线 AP 在无线工作站和有线网络主干之间起网桥的作用，实现了无线与有线的无缝集成。无线 AP 既允许无线工作站访问网络资源，同时又为有线网络增加了可用资源。

2.1.7　Internet 概述

1．Internet 概述

Internet 是 20 世纪末人类最成功的发明之一，是目前世界上规模最大、用户最多、信息最全、影响最广的计算机网络。Internet 规范的中文译名叫因特网，其本身不是一种具体的单个物理网络，而是通过路由器和 TCP/IP 协议簇进行数据通信，把分布在不同地区的各种广域网和局域网连接在一起，形成跨越世界范围的庞大的互联网络。Internet 起源于美国，20世纪 60 年代初美国国防部高级研究计划署（Advanced Research Projects Agency，ARPA）组织了名为 ARPAnet 的军用计算机实验网络的研究。自 1982 年美国国防部把 TCP/IP 作为网络标准正式生效以来，就把以数百万台计算机分割的 650 张网连成一张大网，从而形成了今天的互联网。中国于 1994 年 4 月连入 Internet。

2. Internet 的有关概念

（1） TCP/IP

1） TCP/IP 的基本概念。TCP/IP 是一种网际互联通信协议，其目的在于通过它实现网际间各种异构网络和异种计算机的互联通信。TCP/IP 的核心思想是：对于 ISO 7 层协议，把千差万别的底层协议（物理层和数据链路层）有关部分称为物理网络，而在传输层和网络层建立一个统一的虚拟逻辑网络，以这样的方法来屏蔽或隔离所有物理网络的硬件差异，包括异构型的物理网络和异种计算机在互联网上的差异，从而实现普遍的连通性。TCP/IP 实际上是一组协议（称为协议簇），它包括上百个各种功能的协议。

2） TCP/IP 协议簇模型。TCP/IP 协议簇把整个协议分成以下 4 个层次：

① 应用层。应用层是 TCP/IP 协议簇的最高层，Internet 在该层的协议主要有文件传输协议（FTP）、远程终端访问协议（Telnet）、简单邮件传输协议（SMTP）和域名服务协议（DNS）等。

② 传输层。传输层提供一个应用程序到另一个应用程序之间端到端的通信，Internet 在该层的协议主要有传输控制协议（TCP）、用户数据报协议（UDP）等。

③ 网络层。网络层解决了计算机到计算机通信的问题，Internet 在该层的协议主要有互联网协议（IP）、网间控制报文协议（ICMP）、地址解析协议（ARP）等。

④ 网络接口层。网络接口层负责接收 IP 数据报，并把该数据报发送到相应的网络上。从理论上讲，该层不是 TCP/IP 协议簇的组成部分，但它是 TCP/IP 的基础，是各种网络与 TCP/IP 的接口。

3） 常用 TCP/IP 协议簇中的协议。常用 TCP/IP 协议簇中的协议主要有以下几个：

① 互联网协议（Internet Protocol，IP）。IP 是一个无连接的协议，经它处理的数据在传输时是没有保障、不可靠的。

② 传输控制协议（Transmission Control Protocol，TCP）。TCP 定义了两台计算机之间进行可靠传输时交换的数据和确认信息的格式，以及计算机为了确保数据的正确到达而采取的措施。该协议是面向连接的，可提供可靠的、按序传送数据的服务。TCP 采用的最基本的可靠性技术包括 3 个方面：确认与超时重传、流量控制和拥塞控制。

③ 用户数据报协议（User Datagram Protocol，UDP）。UDP 也是建立在 IP 之上，同 IP 一样提供无连接数据报传输。UDP 本身并不提供可靠性服务，相对 IP，它唯一增加的能力是提供协议端口，以保证进程通信。虽然 UDP 不可靠，但 UDP 效率很高。

④ 远程终端访问协议（Telecommunication Network，Telnet）。远程终端访问协议提供一种非常广泛的、双向的、8 字节的通信功能。该协议提供的最常用的功能是远程登录。

⑤ 文件传输协议（File Transfer Protocol，FTP）。文件传输协议用于控制两个主机之间的文件交换。

⑥ 简单邮件传送协议（Simple Mail Transfer Protocol，SMTP）。Internet 中的电子邮件传送协议是一个简单的面向文本的协议，用来有效、可靠地传送邮件。

⑦ 域名服务协议（Domain Name Service，DNS）。DNS 是一个域名服务的协议，它提供

了域名到 IP 地址的转换服务。

4）TCP/IP 的数据传输过程。TCP/IP 的基本传输单位是数据报（Datagram）。TCP 负责把数据分成若干个数据报，并给每个数据报加上报头（就像给一封信加上信封），报头上有相应的编号，以保证数据接收端能将数据还原为原来的格式。IP 在每个报头上再加上接收（接收端）主机的地址，使数据能找到自己要去的地方（就像在信封上要写明收信人地址一样）。如果传输过程中出现数据丢失、数据失真等情况，TCP 会自动要求数据重新传输，并重组数据报。总之，IP 保证数据的传输，TCP 保证数据传输的质量。

（2）Internet 的地址

尽管 Internet 中连接了无数的服务器和个人计算机，但它们并不是处于杂乱无章的无序状态，而是每一台主机都有唯一的地址，作为该主机在 Internet 上的唯一标志。

1）定义：Internet 采用一种全局通用的地址格式，为全网的每一个分支网络和每一台主机都分配一个唯一的地址，称为 IP 地址。

2）结构：IP 地址由两部分组成，一个是物理网络上所有主机通用的网络地址（网络 ID），另一个是网络上主机专有的主机（节点）地址（主机 ID）。

3）分类：IP 地址分成五类，即 A 类、B 类、C 类、D 类和 E 类，其中 A 类、B 类、C 类地址经常使用，称为 IP 主类地址，它们均由两部分组成；D 类和 E 类地址被称为 IP 次类地址。

① A 类地址：分配给规模特别大的网络使用。具体规定如下：32 位地址域中第一个 8 位为网络标识，其中首位为 0，其余 24 位均作为接入网络主机的标识。

② B 类地址：分配给一般的大型网络使用。具体规定如下：32 位地址域中前两个 8 位为网络标识，其中前两位为 10，其余 16 位均作为接入网络主机的标识。

③ C 类地址：分配给小型网络使用。具体规定如下：32 位地址域中前三个 8 位为网络标识，其中前三位为 110，其余 8 位均作为接入网络主机的标识。

④ D 类地址：用于多点广播。

⑤ E 类地址：保留以后使用，它是一个实验性网络地址。

4）IP 地址的表示：采用 32 位二进制位即 4 个字节表示 IP 地址，也可以用 4 组十进制数字来表示，每组数字取值范围为 0～255，组与组之间用圆点"."作为分隔符。

（3）Internet 的域名系统

为了解决用户记忆 IP 地址的困难，Internet 提供了一种域名系统（Domain Name System，DNS），为主机分配一个由多个部分组成的域名。采用层次树状结构的命名方法，使得任何一个连接在 Internet 上的主机或路由器都可以有一个唯一的层次结构的名字，即域名（Domain Name）。域名由若干部分组成，各部分之间用圆点"."作为分隔符。它的层次从左到右，逐级升高，其一般格式是"计算机名. 组织机构名. 二级域名. 顶级域名"。

1）顶级域名：域名地址的最后一部分是顶级域名，也称为第一级域名。顶级域名在 Internet 中是标准化的，并分为 3 种类型：国家顶级域名；国际顶级域名；通用顶级域名。

2）二级域名：在国家顶级域名注册的二级域名均由该国自行确定。我国将二级域名划分为"类别域名"和"行政区域名"。

3）组织机构名：域名的第三部分一般表示主机所属域或单位。

4）主机名：每一台接入 Internet 的计算机均有一个唯一的计算机名称。

域名和 IP 地址存在对应关系，当用户要与 Internet 中某台计算机通信时，既可以使用这台计算机的 IP 地址，也可以使用域名。由于网络通信只能标识 IP 地址，所以当使用主机域名时，域名服务器通过域名服务协议，会自动将登记注册的域名转换为对应的 IP 地址，从而找到这台计算机。例如，云南民族大学的一台主机的域名为 www. ynni. edu. cn，其含义为：该机位于中国（cn）、教育科研网（edu）、云南民族大学（ynni）、主机名为 www。

表示机构的域名及其含义见表 2 - 1。

表 2 - 1　表示机构的域名

域　　　名	说　　　明
com	商业机构
edu	教育机构
gov	政府机构
mil	军事机构
net	网络机构
org	其他组织机构

表示地理位置的域名及其含义见表 2 - 2。

表 2 - 2　表示地理位置的域名

域　　　名	国家或地区	域　　　名	国家或地区
uk	英国	us	美国
fr	法国	de	德国
at	奥地利	cn	中国
tw	台湾地区	hk	香港地区
jp	日本	au	澳大利亚

（4）统一资源定位器

统一资源定位器（Uniform Resource Locator，URL）是将各种计算机资源归类、编组，并提供各种 Internet 服务的一种有效方式，它能使用户方便地指明想要获取服务的类型以及服务器和文件的地址。

1）URL 的结构。常见的 URL 结构包括要求提供服务的类型（资源类型）、主机域名（服务器地址）、端口、文件的路径和文件名。例如，http://home. netscape. com/home/welcome. html，其中 http 表示要求获得 WWW 服务器上的 HTML 文件，含有指定文件的主机名为 "home. netscape. com"，而该文件在这台主机上的路径和文件名为 "home/welcome. html"。

2）常见服务类型如下。

http：定义使用超文本传输协议（HTTP）访问 WWW 页。

news：定义一个 usenet 讨论组。

ftp：定义远程 FTP 主机上一个文件或文件目录。

file：定义用户本地主机上的一个文件或文件目录。

gopher：定义一个 gopher 菜单或说明。

telnet：定义其他计算机的注册地址。

wais：定义被称为广域信息服务器的信息源。

mailto：定义某个人的电子邮件地址。

（5）Internet 提供的服务

1）环球信息网（World Wide Web，WWW）。又称为万维网，简写为 W3、WWW 或 Web。它是基于 Internet 提供的一种界面友好的、极强互动功能的信息服务，用于检索和阅读连接到 Internet 上服务器的有关内容。该服务利用超文本（Hypertext）、超媒体（Hypermedia）等技术，允许用户通过浏览器（如 IE、Google Chrome、360 安全浏览器等）检索 Internet 中的计算机上的文本、图形、声音以及视频文件。WWW 服务器的作用是整理、存储各种 WWW 资源，并响应客户端软件的请求，把客户所需资源送到客户端。

WWW 是近几年来在 Internet 中发展最快的一种服务，它通过超级文本向用户提供全方位的多媒体信息。

2）电子邮件（E-mail）。电子邮件是 Internet 上使用最多的一种服务，即利用 Internet 来收发电子形式的信件。电子邮件服务器为每一个用户设立一个电子邮箱，用户收到的邮件就存放在该邮箱中，可随时查看、删除或转发信件。

电子邮件的特点是速度快、价格低、方便、一信多发、邮寄多媒体以及自动定时邮寄等。

电子邮件地址为"用户名@ 主机域名"，如 mayongta@ 163. com。

3）网络电话（Internet Phone）。基于 Internet 的信息传递，将声音转化为数字信号，传送到对方后再还原为声音信号的通信手段。

4）文件传输（FTP）。FTP 网站可以让用户连接到远程计算机上，查看并可下载上面的丰富文件资源，包括各种文档、技术报告、学术论文，以及各种公用、共享、免费软件。目前使用 FTP 最大的问题是，必须预先知道所需文件在哪个 FTP 文件服务器上。

5）远程登录（Telnet）。用户利用网络进入远程计算机直接操纵，用户端计算机相当于远程计算机的一个显示输入端，既可把远程计算机上的开放资源下载到本地，又可将本地信息复制到远程计算机中。

6）新闻组（Usenet）。Usenet 是利用计算机网络，提供使用者专题讨论服务。目前 Usenet 中有数千个新闻组服务器，每个服务器又包括成千上万个新闻组（News Groups），其中包罗了许多世界上参与者最多、质量高的讨论区。

7）电子公告牌（BBS）。BBS（Bulletin Board Service）是 Internet 上的一种电子信息服务系统。它提供一块公共电子白板，每个用户都可以发布信息或提出对某一问题的看法。大部分 BBS 由教育机构、研究机构或商业机构管理。像日常生活中的黑板报一样，电子公告牌按不同的主题、分主题分成很多个布告栏，布告栏的设立依据是大多数 BBS 使用者的要求和喜好，使用者可以阅读他人关于某个主题的最新看法（几秒钟前别人刚发布过的观点），也可以将自己的想法毫无保留地贴到公告栏中。同样地，别人对你的观点的回应也是很快的（有时候几秒钟后就可以看到别人对你的观点的看法）。如果需要单独进行交流，也可以将想说的话直接发到某个人的电子信箱中。BBS 连入方便，可以通过 Internet 登录，也可以通过电话网拨号登录。

8）在线聊天。在线聊天是 Internet 中非常普及的一种社交功能，目前常见的即时通信工具有 QQ、微信等。

9）电子数据交换（EDI）。电子数据交换是计算机网络在商业中的一种重要的应用形式。它以共同认可的数据格式，在贸易伙伴的计算机之间传输数据，代替了传统的贸易单据，从而节省了大量的人力和财力，提高了效率。

10）联机会议。利用计算机网络，人们可以通过个人计算机参加会议讨论。联机会议除了可以使用文字外，还可以传送声音和图像。

2.1.8　Internet 接入技术

1. 骨干网和接入网的概念

宽带网络一般是指宽带互联网，即为使用户实现传输速率超过 2Mbit/s、24 小时连接的非拨号接入而存在的网络基础实施及其服务。宽带互联网又可分为以下两部分：

1）骨干网。骨干网又被称为核心网络，它由所有用户共享，负责传输骨干数据。

2）接入网。接入网就是我们通常所说的最后一公里的连接，即用户终端设备与骨干网之间的连接。

2. 常用宽带接入技术

基于铜线的 xDSL（Digital Subscriber Line，数字用户环路）技术是基于普通电话线的宽带接入技术，它在同一铜线上分别传送数据和语音信号。包括如下几种类型：

1）ADSL（Asymmetric Digital Subscriber Line，非对称数字用户环路）。

2）HDSL（High-data-rate Digital Subscriber Line，高速数字用户环路）。

3）RADSL（Rate Adaptive Digital Subscriber Line，速率自适应非对称数字用户环路）。

4）VDSL（Very-High-data-rate Digital Subscriber Line，甚高速数字用户环路）。

xDSL 技术的主要优点是能在现有 90% 的铜线资源上传输高速业务，解决光纤不能完全取代铜线"最后几公里"（入户上桌面）的问题；缺点是它们的覆盖面有限，并且一般高速传输数据是非对称的，仅仅能单向高速传输数据。

3. 光纤同轴混合技术

光纤同轴混合（Hybrid Fiber Coaxial，HFC）系统是从局端到光电节点采用有源光纤接入，而光电节点到用户用同轴电缆接入。在光纤到户难以实现的情况下，采用主干线为光纤、接入网为同轴电缆的 HFC 系统能够将 CATV、数据通信和电话三者融合在一起，实现"三网合一"。

HFC 采用电缆调制解调器（Cable Modem）作为有线电视网络进行高速数据接入的装置。Cable Modem 的传输模式分为对称式传输和非对称式传输。

HFC 接入技术的优点是传输速率高、有现成的网络、既可上网又可看电视且传输速率基本不受距离限制；缺点是有线电视网的信道带宽是共享的，每个用户的带宽随着用户的增多将变得越来越少。

4. 光纤接入技术

利用光纤传输宽带信号的接入网叫光纤接入网。几种常用的光纤接入技术包括：有源光纤接入技术（AON）；无源光纤接入技术（PON）；同步光纤接入技术即同步数字体系技术（SDH）。

光纤用户网具有带宽大、传输速度快、传输距离远、抗干扰能力强等特点。

5. 无线接入网

无线接入网是指通过无线接入技术（也称空中接口）将用户终端与网络节点连接起来，以实现用户与网络间的信息传递。无线信道传输的信号遵循一定的协议，这些协议即构成无线接入技术的主要内容。无线接入技术与有线接入技术的一个重要区别在于可以向用户提供移动接入业务。在通信网中，无线接入系统的定位是本地通信网的一部分，是本地有线通信网的延伸、补充和临时应急系统。无线接入系统可分以下几种技术类型：

1）模拟调频技术。工作在 470MHz 频率以下，通过 FDMA 方式实现，因载频带宽小于 25kHz，其用户容量小，仅可提供话音通信或传真等低速率数据通信业务，适用于用户稀少、业务量低的农村地区。在超短波频率已大量使用的情况下，在超短波频段给无线接入技术规划专用的频率资源不会很多。因此，无线接入系统在与其他固定、移动无线电业务互不干扰的前提下可共用相同频率。

2）数字直接扩频技术。工作在 1700MHz 频率以上，宽带载波可提供话音通信或高速率、图像通信等业务，其具有通信范围广、处理业务量大的特点，可满足城市和农村地区的基本需求。

3）数字无绳电话技术。可提供话音通信或中速率数据通信等业务。欧洲的 DECT、日本的 PHS 等系统用途比较灵活，既可用于公众网无线接入系统，也可用于专用网无线接入系统，最适宜建筑物内部或单位区域内的专用无线接入系统，也适宜公众通信运营企业在用户变换频繁、业务量高的展览中心、证券交易场所、集贸市场组建小区域无线接入系统，或在小海岛上组建公众无线接入系统。

4）蜂窝通信技术。利用模拟蜂窝移动通信技术，如 TACS、AMPS 等技术体制和数字蜂窝移动通信技术，如 GSM、DAMPS、IS-95 CDMA 和第 3 代无线传输技术等技术体制组建无线接入系统，但不具备漫游功能。这类技术适用于高业务量的城市地区。

6. 传统接入技术

1）仿真终端方式。采用这种连接方式，用户计算机和互联网的连接是没有互联网协议（IP）的间接连接，在建立连接期间，通信软件的仿真功能使用户计算机成为服务系统的仿真终端。这种连接方式很简单，也很容易实现，适合于信息传输量小的个人和单位。但是，服务范围往往受到一定的限制。

2）SLIP/PPP 方式。这种连接方式采用网络软件和 Modem 与 ISP 的系统连接，并使用户计算机成为互联网上一台具有独立有效 IP 地址的节点机。以 SLIP/PPP 方式入网在性能上优于以仿真终端方式入网。该方式能够得到互联网所提供的各种服务，是近年来发展最快的一种接入互联网方式。

　　3）局域网接入方式。将一个局域网连接到 Internet 主机有两种方法：第一种是通过局域网的服务器，局域网中所有计算机共享服务器的一个 IP 地址；第二种是通过路由器，局域网上的所有主机都可以有自己的 IP 地址。采用这种接入方式的用户，软硬件的初始投资较高，通信线路费用也较高。这种方式是唯一可以满足大信息量互联网通信的方式，最适合希望多台主机都加入互联网的用户。

2.1.9　量子互联网简介

　　1. 量子通信技术

　　量子通信是一种全新通信方式，它传输的不再是经典信息而是量子态携带的量子信息，是未来量子通信网络的核心要素。量子通信是利用了光子等粒子的量子纠缠原理，其中纠缠是指在微观世界里，不论两个粒子间距离多远，一个粒子的变化都会影响另一个粒子的现象，这一现象被爱因斯坦称为"诡异的互动性"。人们认为，这是一种"神奇的力量"，可成为具有超级计算能力的量子计算机和量子保密系统的基础。通常来说，信息的传播需要载体，而量子通信是不需要载体的信息传递。量子态的隐形传输在没有任何载体的携带下，只是把一对携带信息的纠缠光子分开来，将其中一个光子发送到特定的位置，就能准确推测出另一个光子的状态，从而达到"超时空穿越"的通信方式和"隔空取物"的运输方式。

　　量子隐形传送所传输的是量子信息，它是量子通信最基本的过程。人们基于这个过程提出了实现量子因特网的构想。量子因特网是用量子通道来联络许多量子处理器，它可以同时实现量子信息的传输和处理。相比于经典因特网，量子因特网具有安全保密特性，可实现多端的分布计算、有效降低通信复杂度等一系列优点。

　　量子通信是经典信息论和量子力学相结合的一门新兴交叉学科，与成熟的通信技术相比，量子通信具有巨大的优越性，具有保密性强、大容量、远距离传输等特点，是 21 世纪国际量子物理和信息科学的研究热点。

　　量子通信系统的基本部件包括量子态发生器、量子通道和量子测量装置，按其所传输的信息是经典还是量子而分为两类，前者主要用于量子密钥的传输，后者则可用于量子隐形传送和量子纠缠的分发。所谓隐形传送指的是脱离实物的一种"完全"的信息传送。从物理学角度，可以这样来想象隐形传送的过程：先提取原物的所有信息，然后将这些信息传送到接收地点，接收者依据这些信息，选取与构成原物完全相同的基本单元，制造出原物完美的复制品。

　　2. 量子互联网

　　美国洛斯阿拉莫斯（Los Alamos）国家实验室的科学家们表示，过去两年里，他们一直在悄悄运作一套量子互联网。量子互联网是一种运用量子力学原理搭建起来的互联网，能够使绝对安全的网络通信成为可能。由于对量子体的任何测量行为都是对量子体的一次修改，所以任何窥探量子信息的企图都会留下窥探的痕迹，可以被量子信息的接收者监测到。在量子互联网的帮助下，用户将有望在一个绝对安全的通信网络上发送信息，但首先必须解决棘手的技术难题。比如，信息只能在固定点之间发送，不能像普通的互联网流量那样传输。如果确定信息的传输目的地，就会同时改变信息的状态，这就等于给信息加了个标记。洛斯阿拉莫斯国家实验室的一个研究团队披露说，他们已经设法避开了上述部分限制条件。美国麻省理工学院（MIT）

的《技术评论》杂志写道:"新墨西哥州洛斯阿拉莫斯国家实验所的理查德·休斯及其研究伙伴公布了一种与众不同的量子互联网,他们声称该网络已经运行两年半了。他们的方法是围绕一个中枢核心创建一套辐射状量子网络。任何信息如果想从网络中的一点传输到另一点,都必须首先经过中枢核心。这不是科学界首次尝试这一方法。他们这次的想法是,传送至中枢核心的信息符合正常的量子安全标准。不过一旦到达中枢核心,信息就会被转变为传统的比特形式,然后再次转变为量子比特,开始通往目的地的后半段旅程。"

我国在量子通信和量子网络理论和技术研发,以及在应用研究方面取得较好的成果,在国际处于领先地位。2012 年,中国科学家潘建伟等人在国际上首次成功实现百公里量级的自由空间量子隐形传态和纠缠分发,为发射全球首颗"量子通信卫星"奠定技术基础。国际权威学术期刊《自然》杂志 2012 年 8 月 9 日重点介绍了该成果:"在高损耗的地面成功传输100km,意味着在低损耗的太空传输距离将可以达到 1000km 以上,基本上解决量子通信卫星的远距离信息传输问题。"研究组成员彭承志介绍说,量子通信卫星核心技术的突破,也表明未来构建全球量子通信网络具备技术可行性。

量子通信是目前已知最安全的通信技术。从 2013 年开始,济南市建起了"济南量子通信试验网",整个网络节点为 56 个,目前是全球范围内规模最大、功能最全的量子通信试验网,主要服务于政务和军事领域。经过两年多的发展,这套网络已成为量子通信"京沪干线"的重要组成部分,2016 年下半年全线开通,并与卫星形成"天地一体化"的量子通信网络,这在全球尚属首例。我国研制的世界首颗量子科学实验卫星已于 2016 年 7 月发射。另外,中国科学院与阿里巴巴等企业联合建立了量子计算实验室,该实验室计划到 2030 年全面实现通用量子计算功能,应用于大数据处理等重大实际应用。

2.1.10　物联网简介

1. 物联网的概念

物联网的概念最早由美国于 1999 年提出,当时称为传感网,其定义是:通过无线射频识别(RFID)、红外感应器、全球定位系统、激光扫描器等信息传感设备,按约定的协议,把任何物品与互联网相连接,进行信息交换和通信,以实现智能化识别、定位、跟踪、监控和管理的一种网络概念。

物联网(Internet of Things,IoT)是一个基于互联网、传统电信网等信息承载体,让所有能够被独立寻址的普通物理对象实现互联互通的网络。它具有普通对象设备化、自治终端互联化和普适服务智能化 3 个重要特征。其定义含有两层意思:其一,物联网的核心和基础仍然是互联网,是在互联网基础上的延伸和扩展的网络;其二,其用户端延伸和扩展到了任何物品与物品之间,进行信息交换和通信,也就是物物相息。物联网通过智能感知、识别技术与普适计算等通信感知技术,广泛应用于网络的融合中,也因此被称为继计算机、互联网之后世界信息产业发展的第三次浪潮。也可将物联网定义为利用局部网络或互联网等通信技术把传感器、控制器、机器、人员和物等通过新的方式联在一起,形成人与物、物与物相连,实现信息化、远程管理控制和智能化的网络。物联网是互联网的延伸,它包括互联网及互联网上所有的资源,兼容互联网所有的应用,但物联网中所有的元素(所有的设备、资源及通信等)都是个性化和私有化。

2．物联网技术应用

物联网理念的出现应该说首先归功于物流系统的现代化需要。现代物流系统希望利用信息生成设备，如无线 RFID、传感器以及全球定位系统等各种设备与互联网结合起来而形成一个巨大网络，实现信息相互交换和共享。类似于条形码这种自动识别技术（Auto-ID），就是物联网的最初应用。除了在物流领域的应用，物联网还可以广泛应用在道路、交通、医疗、能源、家用电器监控等各个领域。物联网的发展要求将新一代信息化技术充分运用在各行各业之中，具体地说，就是把诸如感应器、RFID 标签等信息化设备嵌入和装备到电网、铁路、桥梁、隧道、公路、建筑、供水系统、大坝、油气管道、商品、货物等各种物理物体和基础设施中，甚至人体里，并与互联网连接起来。

物联网可以提高经济效益，大大降低管理运营成本，将广泛应用于智能交通、环境保护、政府工作、公共安全、智能电网、智能家居、智能消防、工业监测、老人护理、个人健康等多个领域。有专家预测 10 年内物联网就可能大规模普及，这一技术将会发展成为一个上万亿元规模的高科技市场。例如，北京已开始着手规划物联网用于公共安全、食品安全等领域。政府将围绕公共安全、城市交通、生态环境，对物、事、资源、人等对象进行信息采集、传输、处理、分析，实现全时段、全方位覆盖的可控运行管理。同时，还会在医疗卫生、教育文化、水电气热等公共服务领域和社区农村基层服务领域，开展智能医疗、电子交费、智能校园、智能社区、智能家居等建设，实行个性化服务。

在国家大力推动工业化与信息化两化融合的大背景下，物联网会是工业乃至更多行业信息化过程中一个比较现实的突破口。而且，RFID 技术在多个领域多个行业可进行一些闭环应用。在一些先行的成功案例中，物品的信息已经被自动采集并上网，管理效率大幅提升，有些物联网的梦想已经部分实现。所以，物联网的雏形就像互联网早期的形态局域网一样，虽然发挥的作用有限，但昭示的远大前景已不容置疑。我国的物联网技术已逐步从实验室理论研究基础阶段迈入实践生活的应用，在国家电网、环境监测等领域已出现物联网身影，如海尔集团目前已将其所有生产的家电产品安装传感器，又如成都无线龙环境监测系统也采用了无线网络传感技术。

物联网在中国如此迅速地崛起还得益于我国在物联网方面的几大优势。首先，我国在1999 年就已经开始对物联网核心传感网技术方面进行研究，研发水平居世界前列；其次，我国走在世界传感网领域的前列，与德国、美国、英国等一起成为物联网国际标准制定的主导国，专利拥有量高，是目前能够实现物联网完整产业链的国家之一；再次，政府提出要抓好物联网发展的机遇，提供战略上对新兴产业的扶持。近年，物联网技术发展已被列入中国国家级重大科技专项，我国经济实力也已十分雄厚，无线通信和宽带网络覆盖率比较高，政策和经济基础设施上的双重有利条件为物联网事业的发展提供强有力的保障。

2.2 我国信息安全的现状与发展

2.2.1 信息安全的概念

随着计算机网络技术的发展和应用的不断深入，在信息时代"信息安全"因各种原因被广大公众所熟知和关注，任何一个组织在实施 OA 系统时也十分关注信息完全。信息安全本身包括的范围很广，大到国家军事政治等机密安全，小到企业商业机密或个人信息的泄露、防范青少年对不良信息的浏览等。网络环境下的信息安全体系是保证信息安全的关键，包括计算机安全操作系统、各种安全协议、安全机制（数字签名、信息认证、数据加密等）直至安全系统，其中任何一个安全漏洞都将威胁全局的安全。信息安全服务主要包括支持信息网络安全服务的基本理论，以及基于新一代信息网络体系架构的网络安全服务体系结构。

面对互联网技术的发展，网络信息安全的问题越来越突出。为统筹在顶层设计上解决网络信息安全的管理问题，我国政府成立了网络安全和信息化领导小组，中共中央总书记、国家主席、中央军委主席习近平任组长，充分体现党和政府对网络信息安全的高度重视，同时在国家顶层设计上进行调整，将国家信息化领导小组和中央互联网信息工作领导小组合并，实现统筹规划和统一管理。

由于信息安全涉及面较广，目前人们往往从不同的角度来看待信息安全，因此出现了"计算机安全""网络安全""信息内容安全"之类的提法，也出现了"机密性""真实性""完整性""可用性""不可否认性"等描述方式。关于信息安全的基本定义，从不同的角度可以有不同的定义和解释，以下列出一些具有代表性的定义。

1）国家信息安全重点实验室的定义：信息安全涉及信息的机密性、完整性、可用性、可控性。综合起来说，就是要保障电子信息的有效性。

2）我国相关立法的定义：保障计算机及其相关的和配套的设备、设施（网络）的安全，运行环境的安全，保障信息安全，保障计算机功能的正常发挥，以维护计算机信息系统的安全。这里面涉及了物理安全、运行安全与信息安全 3 个层面。

3）我国计算机信息系统安全专用产品分类原则的定义：涉及实体安全、运行安全和信息安全三个方面。

4）美国国防部的定义：用"信息保障"来描述信息安全，也称"IA"。它包含 5 种安全服务，包括信息的机密性、完整性、可用性、真实性和不可抵赖性。

5）英国 BS7799 信息安全管理标准的定义：信息安全是使信息避免一系列威胁，保障商务的连续性，最大限度地减少商务的损失，最大限度地获取投资和商务的回报，涉及的是机密性、完整性、可用性。

6）国际标准化委员会（ISO）的定义：为数据处理系统而采取的技术的和管理的安全保护，保护计算机硬件、软件、数据不因偶然的或恶意的原因而遭到破坏、更改、显露。

以上从不同的角度对信息安全进行了不同描述，可以看出对信息安全的定义主要体现在以下两点：一种是从信息安全所涉及层面的角度进行描述，大体上涉及了实体（物理）安全、运行安全、数据（信息）安全；另一种是从信息安全所涉及的安全属性的角度进行描述，大体上涉及了机密性、完整性、可用性等。

2.2.2　我国网络信息安全管理的现状与问题

自我国 1986 年查处首例计算机信息犯罪以来，计算机信息犯罪数量呈上升趋势。最初计算机信息犯罪危害的领域主要集中在金融系统，随后扩展到证券、电信、科研、政府、生产等几乎所有使用计算机网络的领域，危害严重时涉及整个地区、行业系统、社会或国家安全。1999 年 4 月 26 日 CIH 病毒大规模爆发，我国受到损失的计算机总数为 36 万，15% 的计算机主板受损，据统计造成的直接经济损失八千余万元，间接经济损失超过 10 亿元。黑客入侵引发的网络瘫痪或者境外组织利用互联网窃取国家机密、盗用他人账号非法侵入、干扰攻击计算机网络系统等犯罪行为时有发生，使互联网发展面临严峻考验。

1. 我国网络信息安全管理的现状

（1）初步建成了国家信息安全组织保障体系

我国自 2015 年 7 月 2 日开始实施的《中华人民共和国国家安全法》，明确提出："国家建设网络与信息安全保障体系，提升网络与信息安全保护能力，加强网络和信息技术的创新研究和开发应用，实现网络和信息核心技术、关键基础设施和重要领域信息系统及数据的安全可控。"

习近平总书记在对中共十八届三中全会《决定》的说明中明确表示，"面对互联网技术和应用飞速发展，现行管理体制存在明显弊端，多头管理、职能交叉、权责不一、效率不高。同时，随着互联网媒体属性越来越强，网上媒体管理和产业管理远远跟不上形势发展变化。"

由于网络技术的发展和不断普及，网络信息安全问题普遍受到世界各国的高度重视，各国都在大力加强网络安全建设和顶层设计。截至 2013 年年末，已有 40 多个国家颁布了网络空间国家安全战略，仅美国就颁布了 40 多份与网络安全有关的文件。因此，接轨国际，建设坚固可靠的国家网络安全体系，是中国必须作出的战略选择。

在此大背景下，2014 年 2 月 27 日，中央网络安全和信息化领导小组宣告成立，中共中央总书记、国家主席、中央军委主席习近平亲自担任组长，李克强、刘云山任副组长，以规格高、力度大、立意远来统筹指导中国迈向网络强国的发展战略，在中央层面设立一个更强有力、更有权威性的机构，再次体现了中国最高层全面深化改革、加强顶层设计的意志，显示出保障网络安全、维护国家利益、推动信息化发展的决心。

新设立的中央网络安全和信息化领导小组将着眼国家安全和长远发展，统筹协调涉及经济、政治、文化、社会及军事等各个领域的网络安全和信息化重大问题，研究制定网络安全和信息化发展战略、宏观规划和重大政策，推动国家网络安全和信息化法治建设，不断增强安全保障能力。

（2）制定和引进了一批重要的信息安全管理标准及建立了相应的法律法规

为了更好地推进我国信息安全管理工作，国家信息安全标准化委员会设置了 10 个工作组，其中信息安全管理工作组负责对信息安全的行政、技术、人员等管理提出规范要求及指导指南，包括信息安全管理指南、信息安全管理实施规范、人员培训教育及录用要求、信息安全社会化服务管理规范、信息安全保险业务规范框架和安全策略要求与指南。

2013 年以来，我国政府采取了一系列重大举措加大网络安全和信息化发展的力度。《国务院关于促进信息消费扩大内需的若干意见》强调，加强信息基础设施建设，加快信息产业优化升级，大力丰富信息消费内容，提高信息网络安全保障能力。十八届三中全会《决定》明确提出，要坚持积极利用、科学发展、依法管理、确保安全的方针，加大依法管理网络力度，完善互联网管理领导体制。

（3）信息安全风险评估工作已经得到重视和开展

风险评估是信息安全管理的核心工作之一。2003 年 7 月，原国信办信息安全风险评估课题组就启动了信息安全风险评估相关标准的编制工作，随后制定了《GB/T 20984—2007 信息安全技术信息安全风险评估规范》，通过风险评估项目的实施，对信息系统的重要资产、资产所面临的威胁、资产存在的脆弱性、已采取的防护措施等进行分析，对所采用的安全控制措施的有效性进行检测，综合分析、判断安全事件发生的概率以及可能造成的损失，判断信息系统面临的安全风险，提出风险管理建议，为系统安全保护措施的改进提供参考依据。

2. 目前我国网络信息安全管理中的一些问题

我国目前信息完全管理还存在一些问题，主要体现在以下几个方面：

1）信息安全管理缺乏整体管理策略，实际管理力度不够，政策的执行和监督力度不够。

2）具有我国特点的、动态的和涵盖组织机构、文件、控制措施、操作过程和程序以及相关资源等要素的信息安全管理体系尚未完全建立。

3）具有我国特点的信息安全风险评估标准体系还有待完善，信息安全的需求难以确定，要保护的对象和边界难以确定，缺乏系统、全面的信息安全风险评估和评价体系以及全面、完善的信息安全保障体系。

4）信息安全意识淡薄，普遍存在"重产品、轻服务，重技术、轻管理"的思想。

5）管理人才极度缺乏，基础理论研究和关键技术薄弱，严重依赖国外，对引进的信息技术和设备缺乏保护信息安全所必不可少的有效管理和技术改造。

6）技术创新不够，信息安全管理产品水平和质量不高，尤其是以集中配置、集中管理、状态报告和策略互动为主要任务的安全管理平台产品的研究与开发相对不够。

7）缺乏权威、统一、专门的组织、规划、管理和实施协调的立法管理机构，致使我国现有的一些信息安全管理方面的法律法规不成体系；执法主体不明确，多头管理，政出多门、各行其是；监督力度不够，有法不依、执法不严；缺乏民事法方面的立法，如互联网隐私法、互联网名誉权、网络版权保护法等；公民的法律意识较差，执法队伍薄弱，人才匮乏。

8）我国自己制定的信息安全管理标准太少，大多沿用国际标准。在标准的实施过程中，缺乏必要的国家监督管理机制和法律保护，致使有标准企业或用户可以不执行，而执行过程中出现的问题得不到及时、妥善解决。

2.2.3 我国完善网络信息安全管理的策略

针对我国信息安全管理中存在的问题，在 2016 年 7 月 27 日中共中央办公厅、国务院办公厅印发的《国家信息化发展战略纲要》中明确提出："依法推进信息化、维护网络安全是全面依法治国的重要内容。要以网络空间法治化为重点，发挥立法的引领和推动作用，加强执法能力建设，提高全社会自觉守法意识，营造良好的信息化法治环境。……强化互联网管理。坚持积极利用、科学发展、依法管理、确保安全的方针，建立法律规范、行政监管、行业自律、技术保障、公众监督、社会教育相结合的网络治理体系。落实网络身份管理制度，建立网络诚信评价体系，健全网络服务提供者和网民信用记录，完善褒奖和惩戒机制。加强互联网域名、地址等基础资源管理，确保登记备案信息真实准确。强化网络舆情管理，对所有从事新闻信息服务、具有媒体属性和舆论动员功能的网络传播平台进行管理。依法完善互联网信息服务市场准入和退出机制。……维护网络主权和国家安全。依法管理我国主权范围内的网络活动，坚定捍卫我国网络主权。坚决防范和打击通过网络分裂国家、煽动叛乱、颠覆政权、破坏统一、窃密泄密等行为。……确保关键信息基础设施安全。加快构建关键信息基础设施安全保障体系，加强党政机关以及重点领域网站的安全防护，建立政府、行业与企业网络安全信息有序共享机制。建立实施网络安全审查制度，对关键信息基础设施中使用的重要信息技术产品和服务开展安全审查。健全信息安全等级保护制度。……强化网络安全基础性工作。加强网络安全基础理论研究、关键技术研发和技术手段建设，建立完善国家网络安全技术支撑体系，推进网络安全标准化和认证认可工作。提升全天候全方位感知网络安全态势能力，做好等级保护、风险评估、漏洞发现等基础性工作，完善网络安全监测预警和网络安全重大事件应急处置机制。实施网络安全人才工程，开展全民网络安全教育，提升网络媒介素养，增强全社会网络安全意识和防护技能。"

将以开放、发展、积极防御的方式取代过去的以封堵、隔离、被动防御为主的方式，狠抓内网的用户管理、行为管理、内容控制和应用管理以及存储管理，坚持"多层保护，主动防护"的方针。加强信息安全策略的研究、制定和执行工作，提高我国的整体信息安全管理水平。

进一步完善国家互联网应急响应管理体系的建设，实现全国范围内的统一指挥和分工协作，全面提高预案制定水平和处理能力。

加快信息安全立法和实施监督工作，需要有一个统一、权威、专门的信息安全立法组织与管理机构，对我国信息法律体系进行全面规划、设计与实施监督与协调，加快具有我国特点的信息安全法律体系的建设，并按信息安全的要求修补已颁布的各项法律法规。尽快制定出信息安全基本法和针对青少年的网上保护法以及政府信息公开条例等政策法规。

加快信息安全标准化的制定和实施工作，制定出基于 ISO/IEC 17799 国际标准的、并适合我国的信息安全管理标准体系，尤其是建立与完善信息安全风险评估规范标准和管理机制，对国家一些关键基础设施和重要信息系统，如经济、科技、统计、银行、铁路、民航、海关等，要依法按国家标准实行定期的自评估和强制性检查评估。

坚持"防内为主，内外兼防"的方针，通过各种会议、网站、广播 电视、报纸等媒体加大信息安全普法和守法宣传力度，提高全民信息安全意识，尤其是加强组织或企业内部人员的信息安全知识培训与教育，提高员工的信息安全自律水平。在国家关键部门和企事业单位中，明确地指定信息安全工作的职责，由党政一把手作为本单位信息安全工作责任人，在条件允许的企业里增设 CSO（首席安全官）职位，形成纵向到底、横向到边的领导管理体制。

重视和加强信息安全等级保护工作，对重要信息安全产品实行强制性认证，特定领域用户必须明确采购通过认证的信息安全产品。加强信息安全管理人才与执法队伍的建设工作，特别是加大既懂技术又懂管理的复合型人才的培养力度。加大国际合作力度，尤其在标准、技术和取证以及应急响应等方面的国际交流、协作与配合。

2.3　计算机网络的安全问题

2.3.1　Internet 的安全问题

　　Internet 是一个开放的、无控制机构的网络，其安全问题主要体现在下列几方面：黑客经常会侵入网络中的计算机系统，或窃取机密数据和盗用特权，或破坏重要数据，或使系统功能得不到充分发挥直至瘫痪；Internet 的数据传输是基于 TCP/IP 通信协议进行的，这些协议缺乏使传输过程中的信息不被窃取的安全措施；Internet 上的通信业务多数使用 UNIX 操作系统来支持，UNIX 操作系统中明显存在的安全脆弱性问题会直接影响安全服务；在计算机上存储、传输和处理的电子信息，还没有像传统的邮件通信那样进行信封保护和签字盖章，信息的来源和去向是否真实、内容是否被改动以及是否泄露等，在应用层支持的服务协议中是凭着君子协定来维系的；电子邮件存在着被拆看、误投和伪造的可能性，使用电子邮件来传输重要机密信息会存在着很大的危险；计算机病毒通过 Internet 的传播给上网用户带来极大的危害，病毒可以使计算机和计算机网络系统瘫痪、数据和文件丢失。

　　随着社会信息化不断推进和网络技术的发展，网络安全也就成为当今网络社会的焦点中的焦点，病毒、黑客的猖獗使人们感觉到谈网色变、无所适从。但我们必须清楚地认识到，网络中的安全问题不可能一下全部找到解决方案，况且有的是根本无法找到彻底的解决方案，如病毒程序，因为任何反病毒软件都只能在新病毒发现之后才能有针对性地检测和杀毒，目前还没有任何反病毒软件开发商敢承诺他们的软件能查杀所有已知的和未知的病毒，所以不能有等网络彻底安全了再实施信息化或构建网络办公环境（即使用 OA 系统）的认识和想法。就像"矛"与"盾"一样，网络与病毒、黑客等永远是一对共存体，以下就介绍一些防范和加强网络安全的技术。

2.3.2　防火墙的应用

　　"防火墙"是一种形象的说法，其实它是一种计算机硬件和软件的组合，在 Internet 与内部网之间建立起一个安全网关（Security Gateway），从而保护内部网免受非法用户的侵入。典型的防火墙体系网络结构如图 2-18 所示。从图中可以看出，防火墙的一端连接企事业单

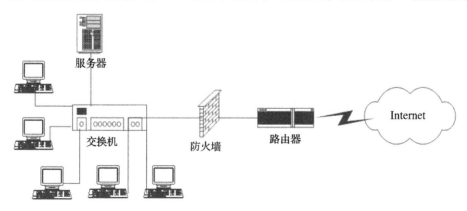

图 2-18　典型的防火墙体系网络结构

位内部的局域网，而另一端则连接着 Internet。所有的内、外部网络之间的通信都要经过防火墙，这是防火墙所处网络位置特性，同时也是一个前提。因为只有当防火墙是内、外部网络之间通信的唯一通道，才可以全面、有效地保护企业网内部不受侵害。美国国家安全局制定的《信息保障技术框架》中指出防火墙适用于用户网络系统的边界，属于用户网络边界的安全保护设备。所谓网络边界即是采用不同安全策略的两个网络连接处，比如用户网络和 Internet 之间连接、和其他业务往来单位的网络连接、用户内部网络不同部门之间的连接等。防火墙的目的就是在网络连接之间建立一个安全控制点，通过允许、拒绝或重新定向经过防火墙的数据流，实现对进、出内部网络的服务和访问的审计和控制。

1. 防火墙的基本概念

William Cheswick 和 Steven Bellovin 等人将防火墙定义为置于两个网络之间的一组构件或一个系统，它主要具有以下属性：①双向流通信息必须经过它；②只有被预定的本地安全策略授权的信息流才被允许通过；③该系统本身具有很高的抗攻击能力。

2. 防火墙的基本分类

防火墙如果从实现方式上来分，可分为硬件防火墙和软件防火墙两类：①硬件防火墙是指通常意义上讲的硬防火墙，它是通过硬件和软件的结合来达到隔离内、外部网络的目的，其需要有硬件设备，所以价格较贵，但效果较好；②软件防火墙是通过纯软件的方式来达到隔离内、外部网络的目的，其价格很便宜，但这类防火墙只能通过一定的规则来达到限制一些非法用户访问内部网的目的。现在软件防火墙主要有天网防火墙个人及企业版，Norton 的个人及企业版软件防火墙，还有许多原来是开发杀病毒软件的开发商现在也开发了软件防火墙，如金山毒霸、卡巴斯基、诺顿、腾讯电脑管家和 360 杀毒软件等。

硬件防火墙（见图 2-19）如果从技术上来分又可分为两类，即标准防火墙和双家网关防火墙。标准防火墙系统包括一个 UNIX 工作站，该工作站的两端各接一个路由器进行缓冲。其中一个路由器的接口连接外部公用网，另一个则连接内部网。标准防火墙使用专门的软件，并要求较高的管理水平，而且在信息传输上有一定的延迟。双家网关（Dual Home Gateway）则是标准防火墙的扩充，又称堡垒主机（Bation Host）或应用层网关（Applications Layer Gateway），它是一个单个的系统，但却能同时完成标准防火墙的所有功能。其优点是能运行更复杂的应用，同时防止在互联网和内部系统之间建立的任何直接的边界，可以确保数据包不能直接从外部网络到达内部网络，反之亦然。

防火墙设备

嵌入电脑的防火墙

图 2-19　防火墙设备

随着防火墙技术的发展，在双家网关的基础上又演化出两种防火墙配置，一种是隐蔽主机网关方式，另一种是隐蔽智能网关（隐蔽子网）。隐蔽主机网关是当前较常见的一种防火墙配置。顾名思义，这种配置一方面将路由器进行隐蔽，另一方面在 Internet 和内部网之间安装堡垒主机。堡垒主机装在内部网上，通过路由器的配置，使该堡垒主机成为内部网与 Internet 进行通信的唯一系统。目前技术最为复杂而且安全级别最高的防火墙是隐蔽智能网关，它将网关隐藏在公共系统之后使其免遭直接攻击。隐蔽智能网关提供了对 Internet 服务进行几乎透明的访问，同时阻止了外部未授权访问对专用网络的非法访问。一般来说，这种防火墙是最不容易被破坏的。

3. 防火墙的基本功能

防火墙的基本功能如下：

1）访问控制功能。防火墙可以执行基于地址（源和目标）、用户和时间的访问控制策略，从而可以杜绝非授权的访问，同时保护内部用户的合法访问不受影响。防火墙最基本的功能是确保网络流量的合法性，并在此前提下将网络的流量快速地从一条链路转发到另外的链路上去。

2）审计功能。防火墙对通过它的网络访问进行记录，建立完备的日志、审计和追踪网络访问，并可以根据需要产生报表。

3）抗攻击功能。防火墙系统直接暴露于非信任网络下，对外部而言受到防火墙保护的内部网络如同一个点，所有的攻击都是直接针对它的，该点称为堡垒机，因此要求堡垒机具有高度的安全性和抵御各种攻击能力，这也是防火墙能担当组织内部网络安全防护重任的先决条件。防火墙处于网络边缘，它就像一个边界卫士一样，每时每刻都要面对黑客的入侵，这样就要求防火墙自身要具有非常强的抗击入侵本领。

4）其他附属功能。如与审计相关的报警和入侵检测以及与访问控制相关的身份验证、加密和认证，甚至 VPN 等。

4. 防火墙存在的问题

1）防火墙不适用于防范内部人员的攻击。

2）防火墙不能直接抵御恶意程序的攻击。

3）防火墙只能发现由其他网络传输来的恶意程序，但许多病毒是通过被感染的外部存储器（如 U 盘、移动硬盘）直接进入系统中的。

2.3.3　文件加密和数字签名技术

与防火墙配合使用的安全技术还有文件加密与数字签名技术，它是为提高信息系统及数据的安全性和保密性，防止秘密数据被外部窃取、侦听或破坏所采用的主要技术手段之一。按作用不同，文件加密和数字签名技术主要分为以下四种：

（1）数据传输加密技术

数据传输加密的常用方法有线路加密和端对端加密两种。线路加密侧重在线路上而不考虑信源与信宿，是对保密信息通过各线路采用不同的加密密钥提供安全保护。端对端加密则指信息由发送者端通过专用的加密软件，采用某种加密技术对所发送文件进行加密，把明文（也即原文）加密成密文（加密后的文件，这些文件内容以代码形式出现），然后通过 TCP/IP 数据包封装在 Internet 上传输，当这些信息到达目的地时，将由收件人运用相应的密钥进行解密，使密文恢复成为可读数据明文。目前最常用的加密技术有对称加密技术和非对称加密技术。对称加密技术是指同时运用一个密钥进行加密和解密。非对称加密方式就是加密和解密所用的密钥不一样，它有一对密钥，称为"公钥"和"私钥"，该密钥对须配对使用，也就是说用公钥加密的文件必须用私钥才能解密，反之亦然。用非对称加密方式进行加密的软件目前最流行的有 PGP 等。

（2）数据存储加密技术

数据存储加密技术的主要目的是防止在存储环节上的数据失密，其技术主要分为密文存储和存取控制两种。密文存储一般是通过加密法转换、附加密码、加密模块等方法实现，如上面提到的 PGP 等加密软件，它不仅可以为 Internet 上通信的文件进行加密和数字签名，还可以对本地硬盘文件的资料进行加密，防止非法访问。这种加密方式不同于 Office 文档中的密码保护，用加密软件加密的文件在解密前内容都会作一下代码转换，把原来普通的数据转变成一堆代码，这样就保护了原文件不被非法阅读、修改，而在 Office 文档中的保密则是对用户资格、权限加以审查和限制，防止非法用户存取数据或合法用户越权存取数据。数据存储加密技术主要应用一些网络操作系统中，在系统中可以对不同工作组的用户赋予相应的权限，从而保护重要数据不被未授权者访问。

（3）数据完整性鉴别技术

数据完整性鉴别技术的目的是对介入到信息的传送、存取、处理的人身份和相关数据内容进行验证，达到保密的要求，一般包括口令、密钥、身份、数据等项的鉴别，系统通过对比验证对象输入的特征值是否符合预先设定的参数，实现对数据的安全保护。这种鉴别技术主要用于大型数据库管理系统中，因为一个组织的数据信息通常是组织的命脉，所以保护好组织的数据库安全通常是一个组织的网管甚至一把手的最重要的责任。数据库系统会根据不同的用户设置不同的访问权限，并对其身份及权限的完整性进行严格识别。

数字签名也是基于加密技术的，它的作用就是用来确定用户是否是真实的。应用最多的是电子邮件，如当用户收到一封电子邮件时，邮件上面标有发信人的姓名和信箱地址，很多人可能会简单地认为发信人就是信上说明的那个人，但实际上伪造一封电子邮件是极为容易的。在这种情况下，就要用到加密技术基础上的数字签名，用它来确认发信人身份的真实性和保证数据的完整性。

（4）密钥管理技术

以上所探讨的数据加密技术通常是运用密钥对数据进行加密，这就涉及了一个密钥的管理问题，因为用加密软件进行加密时所用的密钥通常不是我们平常所用的密码那样仅几位，至多十几位数字或字母，一般情况这种密钥长度可达 64bit，甚至达到 128bit，我们一般不可能完全用大脑来记住这些密钥，只能保存在一个安全的地方，所以这就涉及密钥的管理技术。密钥的保存媒体通常有磁卡、磁带、磁盘、半导体存储器等，但这些都可能有损坏或丢失的危险，所以现在的主流加密软件都采取第三方认证（可以是个人，也可以是公证机关）或采用随机密钥来弥补人们记忆上的不足，如 PGP 加密软件，不过现在的 Windows Server 系统以及其他一些加密软件都在往这个方向发展。

与数据加密技术紧密相关的另一项技术是智能卡技术。所谓智能卡就是密钥的一种媒体，一般就像信用卡一样，由授权用户所持有并由该用户赋予它一个口令或密码字。该密码与内部网络服务器上注册的密码一致。当口令与身份特征共同使用时，智能卡的保密性能还是相当有效的。这种技术比较常见，也用得较为广泛，如我们常用的 IC 卡、银行卡、智能门锁卡等，现在 OA 系统中也在逐步使用智能卡技术，每个员工拥有自己的开机卡，通过刷卡开机，在卡中包含了用户姓名、密码及权限等信息。

2.3.4　计算机病毒及防范

1. 病毒的基本概念

1983 年 11 月 3 日，弗雷德·科恩（Fred Cohen）博士研制出一种在运行过程中可以复制自身的破坏性程序，伦·阿德勒曼（Len Adleman）将它命名为计算机病毒（Computer Viruses），并在每周一次的计算机安全讨论会上正式提出。随后，计算机病毒不断地出现并对计算机系统构成了极大的威胁。

《中华人民共和国计算机信息系统安全保护条例》第二十八条中对病毒进行了定义：“计算机病毒，是指编制或者在计算机程序中插入的破坏计算机功能或者毁坏数据、影响计算机使用并能自我复制的一组计算机指令或者程序代码。”

2. 病毒分类

从第一个病毒出现以来，其数量在不断增加。据国外统计，计算机病毒以 10 种/周的速度递增，另据我国公安部统计，国内以 4 种/月的速度递增。计算机病毒的种类众多，分类的方法也比较多，以下介绍几种分类。

（1）按破坏性分类

计算机病毒按破坏性可分为良性病毒和恶性病毒，恶性病毒又分为恶性病毒、极恶性病毒和灾难性病毒。

1）良性病毒：仅仅显示信息、奏乐、发出声响，自我复制占有资源（内存 CPU 资源）等，不会对系统造成危害。

2）恶性病毒：封锁、干扰、中断信息的输入输出，使用户无法打印等正常工作，甚至使计算机中止运行。

3）极恶性病毒：删除普通程序或系统文件，破坏系统配置导致系统死机、崩溃、无法重启。

4）灾难性病毒：破坏分区表信息、主引导信息、FAT，删除数据文件，甚至格式化硬盘等。

（2）按传染方式分类

计算机病毒按传染方式可分为引导型病毒、文件型病毒和混合型病毒。

1）引导型病毒：此类病毒主要感染引导程序（Boot），感染病毒后，引导记录会发生变化，使计算机系统开机后无法启动。

2）文件型病毒：一般只传染磁盘上的可执行文件（.com 或.exe 文件），在用户调用染毒的可执行文件时，病毒首先被运行，然后病毒驻留内存伺机传染其他文件。其特点是附着于正常程序文件中，成为程序文件的一个外壳或部件。这是较为常见的传染方式。

3）混合型病毒：兼有以上两种病毒的特点，既感染引导区又感染文件，因此扩大了这种病毒的传染途径。

（3）按连接方式分类

计算机病毒按连接方式可分为源码型病毒、入侵型病毒、操作系统型病毒和外壳型病毒。

1）源码型病毒：此类病毒需要攻击高级语言编写的源程序，在源程序编译之前插入其中，并随源程序一起编译、链接成可执行文件，此时刚刚生成的可执行文件便已经带毒了，因此此类病毒较为少见，亦难以编写。

2）入侵型病毒：可用自身代替正常程序中的部分模块或堆栈区，因此这类病毒只攻击某些特定程序，针对性强，一般情况下也难以被发现，清除起来也较困难。

3）操作系统型病毒：可用其自身部分加入或替代操作系统的部分功能模块程序中，直接感染操作系统。此类病毒的危害性也较大。

4）外壳型病毒：将自身附在正常程序的开头或结尾，相当于给正常程序加了个外壳。大部分的文件型病毒都属于这一类。

3. 计算机病毒的基本特征

（1）传染性

正常的计算机程序一般是不会将自身的代码强行链接到其他程序之上的，病毒程序却能使自身的代码强行传染到一切符合其传染条件的未受到传染的程序之上。计算机病毒可通过各种可能的渠道，如存储介质、网络去传染其他的计算机。当在一台机器上发现了病毒时，往往曾在这台计算机上用过的存储介质已被感染上病毒，而与这台机器相联网的其他计算机也会被该病毒侵染上。是否具有传染性是判别一个程序是否为计算机病毒的最重要条件。

（2）未经授权性

一般正常的程序是由用户调用，再由系统分配资源，完成用户交给的任务，其运行的目的对用户是可见的、透明的。而病毒具有正常程序的一切特性，它隐藏在正常程序中，当用户调用正常程序时窃取到系统的控制权，先于正常程序执行，病毒的动作、目的对用户来说是未知的，或者说是未经用户允许的。

（3）隐蔽性

病毒一般是应用了极高的编程技巧、短小精悍的程序，通常附在正常程序中。病毒程序与正常程序是不容易区别开来的。一般在没有防护措施的情况下，计算机病毒程序取得系统控制权后，可以在很短的时间里传染大量程序。而且受到传染后，计算机系统通常仍能正常运行，使用户不会感到任何异常。正是由于其隐蔽性，计算机病毒得以在用户没有察觉的情况下扩散到成千上万台计算机中。大部分病毒的代码之所以设计得非常短小，也是为了隐藏。病毒一般只有几百字节（B），而计算机通常对文件的存取速度可达每秒几百 KB 以上，所以病毒转瞬之间便可将这短短的几百字节附着到正常程序之中，使人非常不易察觉病毒程序的存在。

（4）潜伏性

大部分的病毒感染系统之后一般不会马上发作，它可长期隐藏在系统中，只有在满足其特定条件时才启动其表现（破坏）模块，只有这样它才可进行广泛地传播。如病毒"PETER-2"在每年 2 月 27 日会向开机用户提三个问题，答错后会将硬盘加密。著名的"黑色星期五"病毒在逢 13 号的星期五发作。国内的"上海一号"病毒会在每年三、六、九月的 13 日发作。这些病毒在平时会隐藏得很好，只有在发作日才会发作，并造成极大的危害。

（5）破坏性

任何病毒只要侵入系统，都会对系统及应用程序产生程度不同的影响。良性病毒可能只显示些画面或出点音乐、无聊的语句，或者根本没有任何破坏动作，但会占用系统资源。这类病毒较多，如小球病毒、W-BOOT、GENP 等。恶性病毒则有很明确的目的，或破坏数据、删除文件或加密磁盘、格式化磁盘，通常会对用户的数据造成不可挽回的破坏。

（6）不可预见性

从对病毒的检测方面来看，病毒还有不可预见性。不同种类的病毒，它们的代码千差万别，但有些操作是共有的（如占用内存空间、修改中断等）。有些查杀病毒的软件利用病毒的这种共性，声称可查杀一切未知的病毒，这种程序的确可查出一些新病毒，但由于目前某些正常程序也使用了类似病毒的操作方式甚至借鉴了某些病毒的技术，也就造成正常程序与病毒程序无法区分，因此使用此类杀毒软件对病毒进行检测势必会造成较多的误报情况。另外病毒的制作技术也在不断地提高，病毒对反病毒软件永远是超前的。

4. 在 OA 系统中病毒的传播途径

现代的 OA 平台均是建立在网络平台上的，因此，我们需要关注病毒在 OA 系统中的传播途径，以便更好地防范病毒。一般来说，OA 网络办公平台的基本构成包括网络服务器和网络节点站（包括有盘工作站、无盘工作站、远程工作站和移动工作站）等。计算机病毒一般首先通过有盘工作站传播到 U 盘和硬盘，然后进入网络，进一步在网上的传播。具体来说，其传播方式有如下几种：①病毒从有盘工作站直接复制传染到服务器中；②病毒先传染工作站，驻留在工作站内存中，当运行工作站中的程序时病毒就会传染给服务器；③病毒先传染工作站，驻留在工作站内存中，在运行时直接通过映像路径传染到服务器；④如果远程工作站被病毒侵入，病毒也可以通过通信中的数据交换进入网络服务器中。

由以上病毒在网络上传播方式可以看出，在网络环境下，网络病毒除了具有可传播性、可执行性、破坏性、可触发性等计算机病毒的共性外，还具有以下一些新的特点：

1）感染速度快。在单机环境下，病毒只能通过外部存储器（U 盘等）从一台计算机传到另一台计算机，而在网络中则可以通过网络通信机制进行迅速扩散和传播。

2）扩散面广。由于病毒在网络中扩散非常快，扩散范围很大，不但能迅速传染局域网内所有计算机，还能在瞬间通过远程工作站将病毒传播到更为遥远的地方。

3）传播的形式复杂多样。计算机病毒在网络上一般是通过"工作站→服务器→工作站"的途径进行传播的，但传播的形式则是复杂多样的。

4）难于彻底清除。单机上的计算机病毒有时可通过删除带毒文件、低级格式化硬盘等措施将病毒彻底清除。而在网络中，只要有一台工作站未能杀毒干净，就可能使整个网络重新被病毒感染，甚至刚刚完成清除工作的一台工作站就有可能被网上另一台带毒工作站所感染。

5）破坏性大。网络病毒将直接影响网络的工作，轻则降低速度，影响工作效率，重则使网络崩溃，破坏服务器中的信息。

5. 计算机病毒的防范措施

为防范计算机病毒，应采取如下基本措施：①对于信息管理部门的人员来讲，首先要有极高的防范意识和具有对 OA 系统规范和严格的管理制度，并严格加以执行；②对整个 OA 系统要加强管理，提高所有管理人员和计算机操作人员的防范意识，制定必要的上机操作规程和相应的上机登记制度；③需要使用其他人员或部门的 U 盘或光盘时，使用前均要用杀毒软件杀毒；④不用盗版软件；⑤当计算机联网后，尽量不要打开各种来路不明的电子邮件或通过企业网络下载应用软件；⑥经常应用杀毒软件查杀计算机系统，发现病毒要及时清除；⑦信息管理人员或其他人员一旦发现新的计算机病毒要即时向公安机关报告，并加以控制，尽量不让其蔓延和传播。

2.4　OA 系统完全保密工作

随着科技手段的进步，OA 应用水平的日渐提高，组织建起了内部局域网络，并连接到 Internet，OA 网络的规模不断扩大，数据共享的程度也就越来越高。一方面，OA 网络中的重要信息涉及广泛，一旦出现信息安全方面的问题将影响巨大，后果不堪设想，因此要求 OA 网络具有较高的安全性；另一方面，由于 Internet 是一个没有保密措施的"裸网"，用户通常为信息安全不敢在网上处理涉密信息，从而导致网络的作用得不到充分发挥。因此，我们要切实加强 OA 网络管理工作，开发和运用有效的网络保护措施，树立起坚实的防护体系，以确保组织的信息安全。

2.4.1　网络运行的安全管理

1. 场地安全管理

计算机使用场地应符合国家标准《GB/T 9361—2011 计算机场地安全要求》，要采取防尘、防磁、防潮、防火、防鼠害等措施，尽量为计算机设备提供一个良好的工作环境，减少安全隐患，降低设备的平均故障率，提高设备的使用效率，特别是分散在各地的网络设备要经常检查。

2. 计算机网络设备安全管理

加强计算机网络设备的管理，必须制定严格的规章制度，并加以实施和贯彻。例如，未经 OA 系统管理员的同意，任何人不得随意拆卸计算机及网络设备或随意更换各元器件及板卡；任何人不得私自进行计算机及网络设备的搬迁或改变有关软硬件配置，这些工作必须由系统管理员处理或委托技术人员处理；计算机出现任何故障时，应及时向系统管理员报告，由系统管理员处理，系统管理员必须要对维修做记录存档；计算机及网络设备要定期进行维护保养，确保设备的正常运行，特别是网络设备要保持 7（天）×24（小时）工作，更加要求设备保持良好的工作状态，也确保网络的畅通，因此，要建立完善的设备维护保养制度；系统增加新的计算机时，应对一些重要的信息予以备份，以免发生故障造成数据的丢失。系统管理员要切实做好设备管理，保证设备不带病工作，为网络安全稳定运行提供一个较优良的硬件支撑环境。同时，为了防止突然断电对计算机系统的冲击造成数据的丢失，每一台服务器和计算机都应尽量连接 UPS，特别是服务器，更要安装容量匹配的 UPS，以确保断电时系统还能保持正常运行，同时也保障数据不会由于断电造成数据的丢失，保证数据的安全。

3. 系统应用软件安全管理

首先对于 OA 软件的安全管理要保证 OA 系统中数据的完整性和可靠性，应满足查询、检索的数据正确；要保证用户权限正确，即合法用户才能查询、检索数据，同时用户权限之内的数据及其相符的密级才能被用户查询、检索到，否则应拒绝用户查询、检索请求；一旦发现有可能对数据的安全构成威胁的操作应及时阻止，以避免破坏数据。

其次要具备较完善的对访问者的识别与确认功能。系统要识别进入者的身份并确认是否为合法用户，只有识别与确认都正确，才允许此用户进入系统并访问资源。采取这些必要的措施是为防止非法访问者访问系统，避免对系统的安全造成威胁。

第三要具备较完善的审计功能。对使用系统资源，涉及信息安全的有关操作，应有一个完整的记录，以便分析原因，分清责任，作为事后处理的依据。审计的内容应选择最主要的关键内容，审计记录的内容一般应包括：合法用户进行了什么样的非法操作；使用了什么系统资源，进行了何种访问类型的操作；有关操作处理的时间与顺序；数据修改前后的状态与相关信息。

第四要注重对病毒的防治和重要数据的定期 AB 备份，并妥善保存备份数据。要定期升级杀毒软件，并对病毒进行预报，做好防范工作。

2.4.2　OA 网络的保密工作

信息泄密是一个组织在实施 OA 或实施信息化过程中最为关注的问题之一，也是 OA 网络工作平台的主要保密隐患之一。所谓信息泄密，就是指组织被黑客或不法分子故意或恶意地侦收、截获、窃取、分析、收集到系统中的信息，特别是组织内部的机密信息和敏感信息，从而造成泄密事件。OA 网络工作平台在信息保密防护方面有三点脆弱性：一是数据的可访问性，OA 系统中的数据信息是可以被终端用户复制下来而不留任何痕迹；二是信息的聚生性，当信息以零散形式存在时，其价值往往可能不大，一旦网络将大量关联信息聚集在一起时，特别是 OA 系统中的信息，其相关性就很大，因此其价值就相当可观；三是设防的困难性，即尽管可以层层设防，但对一个熟悉网络技术的人是有可能突破这些关卡，给保密工作带来极大的困难。对 OA 网络工作平台的保密防范，可从以下几个方面工作来确保信息保密。

1）充分利用网络操作系统提供的保密措施。用户对网络的认识不足，基本不用或很少使用网络操作系统本身提供的保密措施，从而留下隐患。通常网络操作系统都有相应的保密措施，在 OA 系统中要加以充分利用。各操作系统均有相应的安全措施，根据所使用的操作系统提供的安全措施来完成对 OA 系统资源的保护工作。

2）加强数据库的信息保密防护。通常在网络中的数据组织形式有文件和数据库两种。由于操作系统对数据库没有特殊的保密措施，而数据库的数据以可读的形式存储其中，所以数据库的保密需采取另外的方法，通过数据库管理系统的数据保护措施来达到对数据库中数据的保护。

3）采用现代密码技术，加大保密强度。借助现代密码技术对数据进行加密，将重要秘密信息由明文变为密文。

4）采用防火墙技术，防止 OA 网络与外部网连通后组织的秘密或核心信息的外泄。OA 网络最安全的保密方法莫过于不与外部联网（国家规定涉及国家秘密的局域网不得与外部联网），但除了一些重点单位和要害部门，局域网与广域网的连接是大势所趋。防火墙是建立在局域网与外部网络之间的电子系统，用于实现访问控制，即阻止外部入侵者进入局域网内部，而允许局域网内部用户访问外部网络。

5）制定相应的保密规章制度，确保信息完全。可根据具体情况制定相应管理规章制度，如做如下规定：

① 所有用户应认真贯彻执行《中华人民共和国计算机信息系统安全保护条例》和公安部《计算机信息网络国际联网安全保护管理办法》，严格遵守国家相关法律、法规。

② OA 系统的所有用户，不得利用 OA 系统从事危害国家、集体和他人利益的活动，不得在系统上制作、传播有碍社会治安和不健康的信息，不得制造和输入计算机病毒以及其他危害系统安全的数据。

③ OA 系统中的所有用户应按规定的权限阅读和使用系统提供的信息，不得盗用他人用户账号，不得干扰其他用户和破坏系统服务。

④ OA 系统用户身份识别文件（ID 文件）和用户口令应注意保密，不得向他人泄露，以防他人有意或无意打开系统数据库获取信息、滥发电子邮件、恶意增删资料或干扰公文运转。各部门兼职管理人员离开办公室时应及时退出应用程序，调离岗位时，各部门应及时通知系统管理部门修改上网权限。

⑤ 所有使用该系统的人员均有保密的责任，不得随意发布涉及国家和本单位机密以及其他不宜发布的信息。

⑥ 各部门负责人、OA 系统管理人员对 OA 系统要有强烈的自动化系统病毒防范意识。不得使用外来 U 盘、移动硬盘、光盘等，对于来历不明的邮件不要打开阅读。

⑦ OA 系统上的计算机不得自行安装游戏程序，擅自安装而造成本单位数据泄密、感染病毒或使网络崩溃，造成责任事故的，按有关规定追究责任人的责任。

6）与 OA 系统管理人员确定保密协议。为规范管理和确实保证信息安全，有必要与 OA 系统管理人员确定相应的保密协议，以确定各自的职责和义务。其样式如下：

办公网络信息安全保密协议

甲方：＊＊＊＊＊＊＊＊＊公司

乙方：

鉴于：乙方为甲方员工，双方已订立劳动合同；乙方因履行 OA 系统管理职责将知悉甲方秘密信息。

为明确乙方的保密义务，甲、乙双方订立本保密协议。

一、乙方承诺遵守本协议条款和甲方有关保密制度，并本着谨慎、诚实的态度，采取任何必要、合理的措施，维护任职期间知悉或者持有的任何属于甲方或者属于第三方但甲方承诺或负有保密义务的秘密信息，以保持其机密性。具体范围包括但不限于以下内容：

1. 通过甲方办公网络流转的所有单位的所有文件、单据、票据及数据信息、领导签批意见等，严禁向公司内无关人员和公司外部人员泄露。

2. 办公网络服务器存放的涉及公司经营管理、发展规划的数据和文件、记录等，即使未确定是否属于保密信息，在未传达或正式发布前，都属于保密范围。

3. 在办公网络登记的甲方所属各单位人员电话、电子邮箱等信息，禁止私自向公司以外人员泄露。

4. 与乙方本职工作或本身业务无关的公司文件或数据。

5. 公司及各所属单位指定需要保密的信息。

二、除了履行职务需要之外，乙方承诺，除甲方书面同意外，不得以泄露、发布、出版、传授、转让或者其他任何方式使任何第三方（包括按照保密制度的规定不得知悉该项秘密的甲方的其他工作人员）知悉属于甲方或者虽属于他人但甲方承诺或负有保密义务的秘密信息，也不得在履行职务之外使用这些秘密信息，不得协助任何第三人使用秘密信息。如发现秘密信息被泄露，应当采取有效措施防止泄密进一步扩大，并及时向甲方报告。

三、双方同意，乙方离职之后仍对其在甲方任职期间接触、知悉的属于甲方或者虽属于第三方但甲方承诺或负有保密义务的秘密信息，承担如同任职期间一样的保密义务和不擅自使用的义务，直至该秘密信息成为公开信息，而无论乙方因何种原因离职。

四、乙方因职务上的需要所持有或保管的一切记录着甲方秘密信息的文件、资料、图表、笔记、报告、信件、传真、磁带、磁盘、仪器以及其他任何形式的载体，均归甲方所有，乙方承诺决不私自复制、传播、泄露。

五、乙方应当于离职时，或者于甲方提出请求时，返还全部属于甲方的财物，包括记载着甲方秘密信息的一切载体。

六、双方确认，乙方的保密义务自乙方知道秘密信息起，到该秘密信息被甲方对社会不特定的公众公开时止；乙方是否在职，不影响保密义务的承担。

七、为落实安全责任，由乙方每年向甲方缴纳×元作为保密责任金，执行办法为：

1. 如乙方当年度能够履行职责且严格遵守本协议，年底由甲方评定认可后按××% 返还。

2. 如乙方违反本合同任一条款，保密责任金全额扣除。

3. 如乙方违约情节严重，给甲方造成重大损失，甲方有权不经预告立即解除与乙方的劳动关系，并根据损失一次性收取不少于乙方离职前一年年收入×倍的违约金作为赔偿，如乙方泄密、窃密行为违反法律，甲方可报请公安机关依法处理。

4. 乙方如离职或调任其他岗位，由甲方对其工作业绩评定后按比例返还保密责任金，但最高不超过×%。

八、本协议自双方签字后生效，独立于双方签订的劳动合同。

九、双方签章及签订时间。

2.4.3　OA 网络实体的保密

网络实体是指实施信息收集、传输、存储、加工处理、分发和利用的计算机及其外部设备和网络部件。网络实体也会对 OA 信息安全有影响，因此也要加强对网络实体的管理，通常可采取以下措施：

1）防止电磁泄漏。计算机设备工作时辐射出电磁波，可以借助仪器设备在一定范围内收到，尤其是利用高灵敏度的仪器可以稳定、清晰地看到计算机正在处理的信息。另外，网络端口、传输线路等都有可能因屏蔽不严或未加屏蔽而造成电磁泄漏。实验表明，未加控制的计算机设备开始工作后，用普通计算机加上截收装置，可以在一千米内抄收其内容。显示器是计算机保密的薄弱环节，可利用显示器保密的薄弱环节来窃取显示的内容，因此，选用低辐射显示器十分必要。此外，还可以采用距离防护、噪声干扰、屏蔽等措施，把电磁泄漏抑制到最低限度。

2）防止非法侵入。非法用户侵入的手段常见的有两种，即非法终端和搭线窃取。非法用户可在现有终端上并接一个终端，或趁合法用户从网上断开时乘机接入，使信息传到非法终端；也可以在局域网与外界连通后，通过未受保护的外部线路，从外界访问到系统内部的数据，而内部通信线路也有被搭线窃取信息的可能。因此，必须定期对实体进行检查，特别是对文件服务器、电缆（或光缆）、终端及其他外设进行保密检查，防止非法侵入。

3）预防剩磁效应。存储介质中的信息被擦除后有时仍会留下可读信息的痕迹。另外，在大多数的信息系统中，删除文件仅仅是删掉文件名，而原文还原封不动地保留在存储介质中，一旦被利用，就会泄密。因此，必须加强对网络记录媒体的保护和管理，如对关键的涉密记录媒体要有防复制和信息加密措施，对废弃的磁盘要有专人销毁等。

2.5　云计算技术

云计算这个名词来自于谷歌（Google），而最早的云计算产品来自于亚马逊（Amazon）。有意思的是，谷歌在 2006 年正式提出云计算这个名词的时候，亚马逊的云计算产品 AWS（Amazon Web Service）已经正式运作 4 年了。因此，有人认为，谷歌对云计算的最大贡献是为它起了个好名字，亚马逊才是云计算的真正开拓者。云计算是一个新名词，却不是一个新概念。云计算这个概念从互联网诞生以来就一直存在。长期以来，人们就开始购买服务器存储空间，然后把文件上传到服务器存储空间里保存，需要的时候再从服务器存储空间里把文件下载下来。这和 Dropbox（Dropbox 成立于 2007 年，提供免费和收费的能够将存储在本地的文件自动同步到云端服务器保存服务）或百度云的模式没有本质上的区别，它们只是简化了这一系列操作而已。

在我国，云计算技术及应用发展较为迅速。在前瞻网的《2015—2020 年中国云计算产业发展前景与投资战略规划分析报告》中提到：2008 年 5 月 10 日，IBM 在中国无锡太湖新城科教产业园建立的中国第一个云计算中心投入运营。2008 年 6 月 24 日，IBM 在北京 IBM 中国创新中心成立了第二家中国的云计算中心——IBM 大中华区云计算中心；2008 年 11 月 28 日，广东电子工业研究院与东莞松山湖科技产业园管委会签约，广东电子工业研究院将在东莞松山湖投资 2 亿元建立云计算平台；2008 年 12 月 30 日，阿里巴巴集团旗下子公司阿里软件与江苏省南京市政府正式签订了 2009 年战略合作框架协议，该协议提出于 2009 年初在南京建立国内首个"电子商务云计算中心"，首期投资额将达上亿元人民币；世纪互联推出了 CloudEx 产品线，包括完整的互联网主业务 CloudEx Computing Service，基于在线存储虚拟化的 CloudEx Storage Service，供个人及企业进行互联网云端备份的数据保全服务等一系列互联网云计算服务。

《中国云科技发展"十二五"专项规划》明确提出，到"十二五"末期，在云计算的重大设备、核心软件、支撑平台等方面突破一批关键技术，形成自主可控的云计算系统解决方案、技术体系和标准规范，在若干重点区域、行业中开展典型应用示范，实现云计算产品与服务的产业化，积极推动服务模式创新，培养创新型科技人才，构建技术创新体系，引领云计算产业的深入发展，使我国云计算技术与应用达到国际先进水平。预计随着国家的扶持以及企业投入力度的进一步加大，中国云计算从概念到大规模应用将指日可待。

2.5.1　云计算的基本概念

1. 云计算的定义

云计算是由分布式计算、虚拟化、网络存储、负载均衡等新兴的信息技术融合而成的技术集合，是互联网技术向多元化、高效化、服务化发展的产物。云计算并非是简单的数据存储及使用的网络化，它支持组织内各层级单位的互联互通，能够方便、高效地实现资源的跨平台，同时它还包含了平台开发、定制化应用服务等内容。云计算包含了以下几个层次的服务：基础设施即服务（IaaS）、平台即服务（PaaS）和软件即服务（SaaS）。

狭义云计算指 IT 基础设施的交付和使用模式，指通过网络以按需、易扩展的方式获得所需资源；广义云计算指服务的交付和使用模式，指通过网络以按需、易扩展的方式获得所需服务。这种服务可以是 IT 和软件、互联网相关，也可是其他服务，这意味着计算能力也可作为一种商品通过互联网进行流通。

2. 云计算的特点

1）超大规模。从目前云计算应用比较前沿的几个 IT 企业来看，类似于谷歌、亚马逊、IBM、微软以及雅虎（Yahoo）这样的公司中，应用于"云"的服务器数量就在几十万甚至上百万之多。当然"云"也会给用户带来前所未有的超强计算能力。

2）虚拟化。云服务可以提供给用户在任意位置、使用各类入网终端获取服务的全方位服务。用户所请求的服务以及资源均来自"云"，而不是一个固定有形的实体。用户在请求资源和服务时，无须了解应用运行的具体位置，只需要一台能接入网络的终端设备即可，然后就是通过网络服务来获取各种能力超强的服务。

3）高可靠性。在使用云服务的过程中，服务器使用了数据多副本容错、计算节点同构可互换等措施保障服务的高可靠性，因此有使用云计算比使用本地计算机更加可靠的说法。同时，虚拟化技术可以保证集群服务器上的多个虚拟服务器均有云服务器镜像，任一服务器出现问题都不会影响到云服务的稳定和可靠。

4）通用性。云服务不止一种，用户可以从云计算中获得各种应用，同一片"云"可以同时支撑不同的应用运行。

5）高可扩展性。云规模可大可小，可以动态伸缩，满足用户所需求的应用和用户规模增长的需要。

6）用户成本优化。云计算的核心是应用服务，业界普遍描述了云计算的使用模式，即按照用户的具体需要去购买云服务。云计算中心、云服务器为众多管理机构和单位节约了设备建设的资金和空间，用户可以灵活地根据自己的需求来购买计算能力、存储空间、带宽等。当用户需求发生变化时，用户只须考虑增加或减少自己购买的基础设施服务。这种模式的一个好处就是人们可以集中精力去做好自己的本职工作，大大节约了时间成本和经济成本。

7）使用方式便捷灵活。云计算和传统计算应用的一个区别是使用方式的便捷灵活。由于数据存储在云平台上，在能连接到云服务器的前提下，云服务不拘泥于人们的使用地点和时间。由于云计算能轻松实现各种终端的互联互通，人们可以通过个人计算机、移动设备，甚至像电视机等智能家电来享受云服务，这给人们的工作带来了前所未有的便利。

8）共享性。由于信息资源都通过网络上传的方式存储在云平台上，用户只须连接网络就可以上传信息资源，具有权限的其他用户登录云平台可以随时随地地获取其他地区的单位或个人存储在云平台上的资源。

9）定制式应用。由于不同组织的规模、内部管理系统、业务流程的不同，云服务用户的信息需求存在差异，其所需的信息系统和应用服务也不尽相同。云计算提供了应用开发平台服务，用户根据自身所在组织的特点，通过云计算提供的包括应用程序的设计、开发、部署所需的一整套开发组件来开发符合自己需求的应用服务，并快速部署到云服务器。这种定制式的应用开发能为用户提供个性化、高效化的应用服务。

2.5.2　云服务

1. 云服务的基本分类

（1）按照具体应用分类

通常在云平台中的具体应用可分为以下3种云服务：

1）软件即服务（Software as a Service，SaaS）。SaaS应用是完全在"云"里（也就是说，一个Internet服务提供商的服务器上）运行的。其户内客户端（On-premises Client）通常是一个浏览器或其他简易客户端。

2）附着服务（Attached Services）。每个户内应用（On-premises Application）自身都有一定功能，它们可以不时地访问"云"里针对该应用提供的服务，以增强其功能。由于这些服务仅能为该特定应用所使用，所以可以认为它们是附着于该应用的。

3）云平台（Cloud Platforms）。云平台提供基于"云"的服务，供开发者创建应用时采用。用户不必构建自己的基础，完全可以依靠云平台来创建新的SaaS应用。云平台的直接用户是开发者，而不是最终用户。

（2）按照提供者与使用者的关系分类

按照云计算提供者与使用者的所属关系为划分标准，可将云计算分为以下3类：

1）公有云。公有云由第三方运行，而且可以把来自许多不同客户的作业在云内的服务器、存储系统和其他基础设施上混合在一起。最终用户不知道运行其作业的同一台服务器、网络或磁盘上还有哪些用户。

2）专用云。专用云是由单个客户所拥有的按需提供基础设施，该客户控制哪些应用程序在哪里运行。它们拥有服务器、网络和磁盘，并且可以决定允许哪些用户使用基础设施。

3）混合云。混合云是指用户将公用云模式与专用云模式结合在一起。部分拥有，部分与他人共享，不过是通过一种可控的方式。混合云提供根据需要且在外部预配置的扩展规模的承诺，但增加了确定如何在这些不同环境之间分配应用程序的复杂性。

2. 企业应用云技术的案例

目前，谷歌、IBM、微软、亚马逊等都在此基础上推出了自己的云计算技术方面的产品，其中包括一些软硬件，以及提供的在线服务、数据存储等，有的厂家提出了适合自己企业发展的云计算服务模式，并着力于研究壮大，并提供向其他企业构建一定的云计算服务平台的服务，IT 行业的云服务发展已经势不可挡。

（1）谷歌的云技术应用

谷歌作为云计算的先驱者，利用自身在硬件条件优势，庞大的数据中心、搜索引擎的支柱应用，促进云计算迅速发展。现今它是全球最大的云计算的使用者。众多用户均在网上用过谷歌的搜索引擎，享受过它的高速快捷的服务，这一切都基于它分布在全球 200 多个地点、超过 100 万台服务器的支撑之上，而这些设施的数量正在不断地迅猛增长。谷歌的其他服务如谷歌地图、Gmail、Docs 等也同样在使用了这些基础设施。如今，它又以企业搜索、应用托管、以及其他更多形式向企业开放了它的"云"。近期又推出了谷歌应用软件引擎（Google App Engine，下称 GAE），程序设计人员可以编译基于 Python 的应用程序，免费使用谷歌的基础设施来进行托管。

（2）IBM 的云技术应用

2007 年 11 月 IBM 推出了"蓝云"（Blue Cloud）计算平台，这是一套即买即用的云计算平台。它的思想是"通过分布式的全球化资源让企业的数据中心能像互联网一样运行"。2009 年 IBM 在 10 个国家投资 3 亿美元建立了 13 个云计算中心。同时 IBM 与欧盟的 17 个欧洲组织合作开展名为 Reservoir 的云计算项目。IBM 也是最早进入中国的云计算服务提供商，其在中文服务方面做得很好。

（3）微软的云技术应用

微软紧跟云计算步伐，目前来看其云计算发展最为迅速，并于 2008 年 10 月推出了 Windows Azure 操作系统。现在 IT 业流行一种说法：分布式计算的 PC 时代，创造了微软；集中式计算的"云时代"创造了谷歌。与谷歌试图将所有计算和应用搬到"云"里不同，微软提出"云—端计算"的平衡理念："云"和终端都将承担一部分计算和应用。Azure（译为"蓝天"）想将全世界数以亿计的 Windows 用户桌面和浏览器送入"蓝天"，并且推出与该系统相配套的软件即服务产品，包括 Dynamics CRM Online、ExchangeOnline、Office Communications Online 以及 Share Point Online，每种产品都具有多客户共享版本。

（4）亚马逊的云技术应用

亚马逊作为最早进入云计算市场的厂商之一，为尝试进入该领域的其他企业开创了良好的开端。亚马逊云计算平台启动于 2006 年，该项目自诞生之日起便保持着迅猛的发展势头，在几乎是由其一手建立的云业务市场上保持着难以动摇的优势地位。亚马逊的"云"名为亚马逊网络服务（Amazon Web Services，AWS），现在主要是向企业提供的借助网络进行数据访问和存储、计算机处理、信息排队以及数据库管理系统接入式服务。亚马逊使用弹性计算云（EC2）和简单存储服务（S3）为企业提供计算和存储服务。2015 年的最后三个月，亚马逊靠 AWS 收入 240 亿美元，比前一年增长了 69%。更可观的是，AWS 的运营利润有 6.87 亿美元——亚马逊整个公司的利润只有 4.8 亿美元。这意味着如果没有 AWS，亚马逊最为倚重的在线零售实际亏损 2 亿美元。这也是亚马逊连续第三次靠 AWS 实现扭亏为盈。

3. 云应用平台的构成

云应用平台（Application Platform）包含以下 3 个部分。

一个基础：几乎所有应用都会用到一些在计算机及服务器上运行的平台软件。各种支撑功能（如标准的库与存储，以及基本操作系统等）均属此部分。

一组基础设施服务：在现代分布式环境中，应用经常要用到由其他计算机提供的基本服务。比如提供远程存储服务、集成服务（包括软件集成、数据集成和技术集成等）以及身份管理服务等。

一套应用服务：随着越来越多的应用面向服务化，这些应用提供的功能可为新应用所使用。尽管这些应用主要是为最终用户提供服务的，但同时它们也成为应用平台的一部分。现在有很多提供云平台应用服务的网站，如云南中小企业网提供的针对中小企业管理的云管理平台等。

2.5.3　云平台 OA

1. 云 OA

随着互联网技术、云计算技术、4G 网络技术、手机与平板电脑技术的发展和普及，OA技术与云技术和各种数字终端技术相融合，提供了不需要软件和服务器支持的云 OA，并开发了移动 OA 系统，使手机、平板电脑也可以接入 OA 云端进行办公操作。

无纸化 OA 虽然便捷，但是由于受制于软件应用本身的缺陷，只能为安装过 OA 软件的公司计算机在局域网内提供服务，并且需要 OA 专业外包人员提供软件的安装、维护和更新服务，增加了在 OA 上的开销。面对数据储存的服务器崩溃风险和外出办公以及紧急信息传输等出现的无法及时收发信息的问题，传统 OA 已经越来越显得力不从心。

云技术的应用令 OA 走进互联网，得益于 4G 网络和智能移动终端的快速发展，移动终端的普遍应用在很大程度上推动了移动办公的发展进程。将云平台和 OA 办公系统进行融合，使云 OA 技术终于摆脱了软件应用的局限性，令办公程序从个人计算机以及局域网走向互联网、移动互联网并完成了 OA 办公的云化。目前，云 OA 集公司邮件收发及提醒、工作安排派遣反馈和计划提醒、实时聊天多人群组自由管理、三端（计算机、手机、平板电脑）OA信息共享、云盘储存、信息分极储存与多条数据恢复程序保障、组织的活动与新闻和相关信息即时滚动发送以及定人定号接受等强大功能为一体。

2. 云打印

通常办公室工作中各台计算机通过局域网共享打印机，但在实际工作中会由于局域网不稳定，或者 USB 主机与其他计算机系统不同等出现无法共享打印机的问题。随着网络通信技术的发展，以及移动设备快速进入商务领域和办公领域，办公已经远远不是在办公室里可以完成的事务了，移动商务人士需要随时随地可以展开工作。云打印是移动商务催生的产物，是一种对传统打印的颠覆性改造。云打印是指以互联网为基础，整合打印设备资源，构建移动共享打印平台，向用户提供随时随地的质量标准化的打印服务。

随着云技术的不断发展，云服务也随之不断扩大，云打印就是云服务的一种。近年来，很多厂家的打印机都具有云打印的功能，如惠普公司的 Photosmart 5510、6510、7510 和 Envy 110 等打印机具有云打印的功能；我国的易联盛世网络科技有限公司推出的 Elink K1、K2 和 K3 等型号的打印机也具有云打印的功能。

以下简要介绍惠普云打印、谷歌云打印和博瑞凯德提供的司印云打印。

（1）惠普云打印

惠普公司推出的 ePrint 是一项云打印服务，允许用户通过向支持云打印的打印机发送电子邮件来直接打印。ePrint 方便易用，通过它用户可以从任何智能手机或计算机通过向提供云打印的打印机发送电子邮件而完成打印，无须安装任何特殊驱动程序或软件。

ePrint 的工作原理之一就是为打印机分配一个电子邮箱地址。用户只须发送一封包含相关文档的电子邮件到打印机电子邮箱地址即可完成打印。用户可以打印图像，Microsoft Word、Excel 和 PowerPoint 文档，PDF 文档以及照片等，还可以通过使用 ePrint Center 上打印机的"作业历史记录"内容，查看和管理发送到打印机的打印作业。

（2）谷歌云打印

用户在系统中安装 Chrome 浏览器并连接到打印机后，就可以随时随地使用任何计算机或手机等设备通过谷歌云打印来使用这台打印机。具体来说，当用户在 Chrome 中激活谷歌云打印连接器后，Web 或手机应用程序就可以使用云打印服务自动获取这台打印机，从而利用它进行打印。谷歌云打印支持云端打印机，这种打印机可直接连接到网络，且无需 PC 即可进行设置。对于现有（传统）的打印机，只要连接到可访问互联网的 Windows 或 Mac 系统的计算机，那么也可以通过 Chrome 浏览器中的"谷歌云打印"接口与谷歌云打印相连接，从而完成打印工作。

（3）博瑞凯德的司印云打印

北京博瑞凯德信息技术有限公司专注于提供云打印、打印管理和打印安全领域解决方案。其发布的司印云打印完整概念，实现了将传统 PC 打印、手机打印、无驱在线打印和基于邮件技术打印等统一在一个平台上，统一云打印管理。各种客户端可以享受云打印带来的自由方便的体验的同时，平台赋予管理员完整而强大的打印集中管控能力。与现有云打印技术相比，司印云打印具有以下鲜明的特点和优势：① 自主品牌和自主知识产权的云打印技术；② 定位企业市场，注重私有云和公共云结合；③ 支持任意品牌和型号的打印机；④ 支持移动终端也支持传统 PC 打印；⑤ 多种常用格式（图片、HTML、Office、PDF 等）与原稿毫无偏差完美输出；⑥ 更安全，更私密（打印文档传输到企业本地服务器，不经过共用云）；⑦ 提供强大的后端打印管理功能；⑧ 满足用户的使用习惯，保留了打印的直观体验（预览、版面、份数等打印设定）。

3. 云存储

（1）云存储的基本概念

云存储是在云计算概念上延伸和发展出来的一个新的概念，是指通过集群应用、网络技术或分布式文件系统等功能，将网络中大量不同类型的存储设备通过应用软件集合起来协同工作，共同对外提供数据存储和业务访问功能的一个系统。当云计算系统运算和处理的核心是大量数据的存储和管理时，云计算系统中就需要配置大量的存储设备，那么云计算系统就转变成为一个云存储系统，所以云存储是一个以数据存储和管理为核心的云计算系统。简单来说，云存储就是将储存资源放到"云"上供人存取的一种新兴方案。使用者可以在任何时间、任何地方，透过任何可联网的装置连接到"云"上方便地存取数据。

（2）云存储的特点

云存储有如下几个特点：

1）存储管理可以实现自动化和智能化，所有的存储资源被整合到一起，客户看到的是单一存储空间。

2）提高了存储效率，通过虚拟化技术解决了存储空间的浪费问题，可以自动重新分配数据，提高了存储空间的利用率，同时具备负载均衡、故障冗余功能。

3）云存储能够实现规模效应和弹性扩展，降低运营成本，避免资源浪费。

4）目前云存储技术在安防领域应用存在的问题，受限于安防视频监控自身业务的特点，监控云存储和现有互联网云计算模型会有区别，如安防用户倾向于视频信息存储在本地、政府视频监控应用比较敏感、视频信息的隐私容易泄露、视频监控对网络带宽消耗较大等诸多问题。

（3）云存储的主要用途

云存储通常意味着把主数据或备份数据放到企业外部不确定的存储池里，而不是放到本地数据中心或专用远程站点。支持者们认为，如果使用云存储服务，企业机构就能节省投资费用，简化复杂的设置和管理任务，把数据放在云中还便于从更多的地方访问数据。数据备份、归档和灾难恢复是云存储可能的 3 个用途。

（4）云存储的分类

通常云存储可分为以下 3 类：

1）公共云存储。像亚马逊公司的 Simple Storage Service（S3）和 Nutanix 公司提供的存储服务一样，它们可以低成本提供大量的文件存储。供应商可以保持每个客户的存储、应用都是独立的、私有的。其中以 Dropbox 为代表的个人云存储服务是公共云存储发展较为突出的实例，国内比较突出的代表有搜狐企业网盘、百度云盘、乐视云盘、移动彩云、金山快盘、坚果云、酷盘、115 网盘、华为网盘、360 云盘、新浪微盘、腾讯微云以及 cStor 云存储等。

公共云存储可以划出一部分用作私有云存储。一个公司可以拥有或控制基础架构以及应用的部署，私有云存储可以部署在企业数据中心或相同地点的设施上。私有云可以由公司自己的 IT 部门管理，也可以由服务供应商管理。

2）内部云存储。这种云存储和私有云存储比较类似，唯一的不同点是它仍然位于企业防火墙内部。至 2014 年为止，可以提供私有云的平台有 Eucalyptus、3A Cloud、MiniCloud 安全办公私有云、联想网盘等。

3）混合云存储。这种云存储把公共云和私有云/内部云结合在一起，主要用于按客户要求的访问，特别是需要临时配置容量的时候。从公共云上划出一部分容量配置一种私有或内部云，可以帮助公司面对迅速增长的负载波动或高峰。尽管如此，混合云存储带来了跨公共云和私有云分配应用的复杂性。

（5）云存储的发展趋势

云存储已经成为未来存储发展的一种趋势，但随着云存储技术的发展，各类搜索、应用技术和云存储相结合的应用，还需从安全性、便携性、性能和可用性以及数据访问等方面进行改进。

1）安全性。从云计算诞生开始，信息的安全性一直是企业实施云计算首要考虑的问题之一。同样在云存储方面，安全仍是首要考虑的问题，即对于想要进行云存储的客户来说，安全性通常是首要的商业和技术考虑。但是许多用户对云存储的安全要求甚至高于它们自己的架构所能提供的安全水平。即便如此，面对如此高的不现实的安全要求，许多大型、可信赖的云存储厂商也在努力满足它们的要求，构建比多数企业数据中心安全得多的数据中心。用户可以发现，云存储具有更少的安全漏洞和更高的安全环节，云存储所能提供的安全性水平要比用户自己的数据中心所能提供的安全水平还要高。

2）便携性。一些用户在托管存储的时候还要考虑数据的便携性。一般情况下这是有保证的，一些大型服务提供商所提供的解决方案承诺其数据便携性可媲美最好的传统本地存储。有的云存储结合了强大的便携功能，可以将整个数据集传送到用户所选择的任何媒介，甚至是专门的存储设备。

3）性能和可用性。过去的一些托管存储和远程存储总是存在着延迟时间过长的问题。同样地，互联网本身的特性就严重威胁服务的可用性。最新一代云存储有突破性的成就，体现在客户端或本地设备的高速缓存上，即将经常使用的数据保持在本地，通过本地高速缓存，即使面临最严重的网络中断，这些设备也可以有效地缓解延迟性问题。这些设备还可以让经常使用的数据像本地存储那样快速反应。通过一个本地 NAS 网关，云存储甚至可以模仿终端 NAS 设备的可用性、性能和可视性，同时将数据予以远程保护。随着云存储技术的不断发展，各厂商仍将继续实现容量优化和 WAN（广域网）优化，从而尽量减少数据传输的延迟性。

4）数据访问。现有对云存储技术的疑虑还在于，如果执行大规模数据请求或数据恢复操作，那么云存储是否可提供足够的访问性。在未来的技术条件下，此点大可不必担心，现有的厂商可以将大量数据传输到任何类型的媒介，可将数据直接传送给企业，且其速度之快相当于复制、粘贴操作。另外，云存储厂商还可以提供一套组件，在完全本地化的系统上模仿云地址，让本地 NAS 网关设备继续正常运行而无须重新设置。未来，如果大型厂商构建了更多的地区性设施，那么数据传输将更加迅捷。如此一来，即便是客户本地数据发生了灾难性的损失，云存储厂商也可以将数据重新快速传输给客户数据中心。

2.6　移动通信技术

1897 年，意大利人马可尼所完成的无线通信实验就是在固定站与一艘拖船之间进行的，移动通信可以说从无线电发明之日就产生了。移动通信综合利用了有线、无线的传输方式，为人们提供了一种快速便捷的通信手段。由于电子技术，尤其是半导体、集成电路以及计算机技术的发展，再加上市场的推动，使得物美价廉、轻便可靠、性能优越的移动通信设备不断普及，移动通信得到进一步发展。

2.6.1　移动通信的发展历程

现代移动通信技术发展至今，主要经历了四代的发展时期，而第五代现在正处于紧张的研制阶段。

1．第一代移动通信技术

第一代移动通信（1G）的典型代表是美国的 AMPS（先进的移动电话系统）和后来的改进型系统 TACS（总接入通信系统），以及 NMT（北欧移动电话）和 NTT（日本）等。AMPS 使用模拟蜂窝传输的 800MHz 频带，在北美、南美和部分环太平洋国家广泛使用；TACS 使用 900MHz 频带，分 ETACS（欧洲）和 NTACS（日本）两种版本，英国、日本和部分亚洲国家广泛使用此标准。

1G 系统的主要特点是采用频分复用，语音信号为模拟调制，每隔 30kHz/25kHz 一个模拟用户信道。

2．第二代移动通信技术

1G 系统在商业上取得了巨大的成功，其弊端也日渐显露出来，如：频谱利用率低；业务种类有限；无高速数据业务；保密性差，易被窃听和盗号；设备成本高；体积、质量大等。为了解决模拟系统中存在的这些根本性技术缺陷，数字移动通信技术应运而生，并且迅速发展起来，这就是以 GSM 和 IS-95 为代表的第二代移动通信（2G）系统，时间是从 20 世纪 80 年代中期开始。欧洲首先推出了泛欧数字移动通信网（GSM）的体系。随后，美国和日本也制定了各自的数字移动通信体制。数字移动通信网相对于模拟移动通信，提高了频谱利用率，支持多种业务服务，并与 ISDN 等兼容。2G 系统以传输话音和低速数据业务为目的，因此又称为窄带数字通信系统。2G 系统的典型代表是美国的 DAMPS，IS-95 和欧洲的 GSM 系统。

由于 2G 系统以传输话音和低速数据业务为目的，从 1996 年开始，为了解决中速数据传输问题，又出现了 2.5 代的移动通信（2.5G）系统，如 GPRS 和 IS-95B。2G 系统主要提供的服务仍然是语音服务以及低速率数据服务。

3．第三代移动通信技术

由于网络的发展，数据和多媒体通信的发展势头很快，所以，第三代移动通信（3G）的目标就是移动宽带多媒体通信。3G 系统最早由国际电信联盟（ITU）于 1985 年提出，当时称为未来公众陆地移动通信系统（Future Public Land Mobile Telecommunication System，FPLMTS），1996 年更名为 IMT-2000（International Mobile Telecommunication–2000），意即该系统工作在 2000MHz 频段，最高业务传输速率可达 2000kbit/s，当时预计在 2000 年左右得到商用。主要体制有 WCDMA、CDMA 2000 和 TD-SCDMA。1999 年 11 月 5 日，国际电联 ITU-R TG 8/1 第 18 次会议通过了"IMT-2000 无线接口技术规范"建议，其中我国提出的 TD-SCDMA 技术写在了第三代无线接口规范建议的 IMT-2000 CDMA TDD 部分中。

3G 是在 2G 的基础上进一步演化的以宽带 CDMA 技术为主，并能同时提供话音和数据业务的移动通信系统，是一代有能力彻底解决 1G、2G 系统主要弊端的较先进的移动通信系统。3G 系统一个突出特色就是，要在移动通信系统中实现个人终端用户能够在全球范围内的任何时间、任何地点，与任何人，用任意方式、高质量地完成任何信息之间的移动通信与传输。可见，3G 十分重视个人在通信系统中的自主因素，突出了个人在通信系统中的主要地位，所以当时又称为未来个人通信系统。

4. 第四代移动通信技术

第四代移动通信（4G）的概念可称为宽带接入和分布网络，具有非对称的超过 2Mbit/s 的数据传输能力。它包括宽带无线固定接入、宽带无线局域网、移动宽带系统和交互式广播网络。4G 标准比 3G 标准具有更多的功能，其可以在不同的固定、无线平台和跨越不同的频带的网络中提供无线通信服务，可以在任何地方用宽带接入互联网（包括卫星通信和平流层通信），能够提供定位定时、数据采集、远程控制等综合功能。此外，4G 系统是集成多功能的宽带移动通信系统。

4G 系统的显著特点是，智能化多模式终端基于公共平台，通过各种接入技术，在各种网络系统（平台）之间实现无缝连接和协作。在 4G 中，各种专门的接入系统都基于一个公共平台，相互协作，以最优化的方式工作，来满足不同用户的通信需求。当多模式终端接入系统时，网络会自适应分配频带并给出最优化路由，以达到最佳通信效果。目前，4G 的主要接入技术有：无线蜂窝移动通信系统（如 2G、3G）；无绳系统（如 DECT）；短距离连接系统（如蓝牙）；WLAN 系统；固定无线接入系统；卫星系统；平流层通信（STS）；广播电视接入系统（如 DAB、DVB-T、CATV）。随着技术发展和市场需求变化，新的接入技术将不断出现。

4G 还具有如下的特点：

1）具有很高的传输速率和传输质量。移动通信系统能够承载大量的多媒体信息，因此要具备 50～100Mbit/s 的最大传输速率、非对称的上下行链路速率、地区的连续覆盖、QoS 机制、很低的比特开销等功能。

2）灵活多样的业务功能。移动通信网络能使各类媒体、通信主机及网络之间进行"无缝"连接，使得用户能够自由地在各种网络环境间无缝漫游，并觉察不到业务质量上的变化，因此新的通信系统要具备媒体转换、网间移动管理及鉴权、Adhoc 网络（自组网）、代理等功能。

3）开放的平台。移动通信系统在移动终端、业务节点及移动网络机制上具有开放性，使得用户能够自由的选择协议、应用和高度智能化的网络。未来的移动通信网将是一个高度自治、自适应的网络，具有很好的重构性、可变性、自组织性等，以便于满足不同用户在不同环境下的通信需求。

5．第五代移动通信技术

第五代移动通信（5G）系统是面向未来移动通信发展的新一代移动通信系统，具有超高的频谱利用率和超低的功耗，在传输速率、资源利用、无线覆盖性能和用户体验等方面将比 4G 有显著提升。与 4G、3G、2G 不同，5G 并不是一个单一的无线接入技术，而是多种新型无线接入技术和现有无线接入技术演进集成后的解决方案总称。目前该项技术和标准等在国际社会中正在研究制定。

2015 年，5G 技术全球发展进入到技术研发和标准化准备的关键时期，ITU（国际电信联盟）已完成 5G 定名、远景及时间表等关键内容，并于年内启动 5G 标准前研究。

2015 年 11 月 10 日，在 ITU 的 IMT-2020 5G 焦点组会议上，中国移动主导的《ITU 5G 网络标准技术指导建议书》编制完成，成为 ITU 5G 标准制定的重要依据和指导。该建议书基于对 5G 网络架构、网络软化等关键技术的研究，对国际组织的 5G 标准情况进行了对比分析。

我国与全球同步推进 5G 研发，主要体现在以下几个方面：

1）率先成立 5G 推进组，全面推进 5G 研发。2013 年 2 月，我国工业和信息化部联合国家发展和改革委员会、科学技术部先于其他国家成立了 IMT-2020（5G）推进组（以下简称推进组），其组织架构基于原 IMT-Advanced 推进组。作为 5G 推进工作的平台，推进组旨在推动国内自主研发的 5G 技术成为国际标准，并首次提出了我国要在 5G 标准制定中起到引领作用的宏伟目标。

2）布局 5G 重大项目，支撑和鼓励技术创新。在国家高技术研究发展计划（863 计划）、国家科技重大专项以及国家自然科学基金等重大项目上，我国在近两年来投资上亿科研经费用于 5G 研发工作。目前，我国在 5G 研发取得较好的成果，已基本完成 5G 远景与需求研究并发布了白皮书，初步完成 5G 潜在关键技术研究分析，提出 5G 概念和技术路线，并完成 2020 年我国移动通信频谱需求预测和 6GHz 以下候选频段研究。

2.6.2 移动办公

移动办公是当今高速发展的通信行业与 IT 行业交融的产物，它将通信行业在沟通上的便捷、在用户上的规模，与 IT 行业在软件应用上的成熟、在业务内容上的丰富完美结合到了一起，使之成为了继计算机无纸化办公、互联网远程化办公之后的新一代办公模式。

1．移动办公的基本概念

移动办公也可称为 3A 办公，也叫移动 OA，即办公人员可在任何时间（Anytime）、任何地点（Anywhere）处理与业务相关的任何事情（Anything）。这种全新的办公模式，可以让办公人员摆脱时间和空间的束缚，单位信息可以随时随地、通畅地进行交互流动，工作将更加轻松有效，整体运作更加协调。移动办公利用手机等移动终端的移动信息化软件，建立移动终端与计算机互联互通的企业软件应用系统，摆脱时间和场所局限，随时进行随身化的公司管理和沟通，有效提高管理效率，推动政府和企事业单位效益的增长。

这种最新的办公模式，通过在手机上安装企业信息化 APP 软件，使得手机也具备了和计算机一样的办公功能，而且它还摆脱了必须在固定场所、固定设备上进行办公的限制，对企业管理者和商务人士提供了极大便利，为企业和政府的信息化建设提供了全新的思路和方向。它不仅使得办公变得随心、轻松，而且借助手机通信的便利性，使得使用者无论身处何种紧急情况下，都能高效迅捷地开展工作，对于突发性事件的处理、应急性事件的部署有极为重要的意义。

移动办公是云计算技术、通信技术与终端硬件技术融合的产物，对于 OA 的未来发展来说，移动办公是大势所趋。

2. 移动办公的优势

移动办公具有常规办公模式所无法比拟的优势，主要体现在以下几个方面：

1）使用方便。不需要计算机和网线，只要一部可以上网的手机或移动终端，免去了携带便携式计算机的麻烦，即使下班也可以很方便地处理一些紧急事务。

2）高效快捷。无论在外出差，还是正在上班的路上，用户都可以及时审批公文、浏览公告、处理个人事务等。将以前不可利用的时间有效利用起来，自然就提高了工作效率。

3）功能强大。随着移动终端 PDA 的功能日益智能化，以及移动通信网络的日益优化，大部分计算机上的工作都可以在 PDA 上完成。

4）灵活先进。针对不同行业领域的业务需求，可以对移动办公进行专业的定制开发，大到软件功能、小到栏目设置，都可以自由组装。

5）信息安全。通过移动 VPN（虚拟专用网络）、专有 APN、SSL、CA 数字签名、GUID 与远程自毁等安全措施，足以保证系统通信数据的安全性。

3. 移动办公发展趋势

（1）移动办公的发展历程

办公人员一直期望着能在任何地方都可以访问到自己需要的信息，然而这个过程由于技术的局限性，经历了一个逐步演变的过程。随着移动设备和网络通信技术（特别是无线网络技术）的发展，移动办公系统的建设主要经历了以下 3 个阶段：

1）离线式移动办公阶段。20 世纪 90 年代出现的便携式计算机为这种需求提供了首次技术上的支持，于是人们可以带着便携式计算机到任何地方进行工作，但是受通信技术的局限性影响，访问内部网基本上无法实现。此时，信息交换是通过回到办公室后的同步来实现的，这也就是邮件同步、日程同步技术出现的时期。这一时期，移动终端也加入了新的家族成员 PDA。

2）有线移动办公阶段。随着 VPN 技术的出现，为移动办公带来重要的契机，借助 VPN 提供的安全通道可以安全地通过通信接入提供商和运营商提供的网络，在旅馆或国际会议现场接入到公司内部网，实现有线的移动办公。

3）无线移动办公阶段。CDMA 和 GPRS 等移动通信技术的出现为移动办公带来了质的飞跃，移动办公才正式进入了无线时代。随着通信技术的发展，移动通信已经由 2G 进入了 3G 和 4G 时代，为移动办公提供了更加先进的移动通信平台。

（2）移动办公的发展趋势

随着移动互联网技术和应用的发展、无线通信环境的加强、现代企业高效运转以及办公场景的多样性，移动办公的优势越发明显，并且正在打破传统的 OA 模式，未来必将成就 OA

系统的全新时代。其未来的发展趋势主要为以下几点：

1）移动办公将成为移动信息化的重要应用组成之一。移动办公软件目前主要处理跟办公相关的事务，而伴随着移动办公的普及与应用的深入，基于移动办公进行业务处理的需求也将会不断增多，在这样的情况之下，必然会促使移动办公深入到企业核心业务系统，并与ERP（企业资源计划）、CRM（客户关系管理）等业务相关系统之间进行数据打通，并成为移动信息化的重要应用组成之一。

2）移动办公的开放与兼容性会越来越强。未来移动办公的兼容性会更加增强，可以完全不受手机类型、手机操作系统、通信运营商的限制，增强企业和员工的应用体验。兼容性首先体现在对各种操作系统的兼容，包括 iOS、Android、Windows Phone 等主流操作系统；其次，是对于主流的办公软件、信息化管理系统的兼容，如可以支持 HTML、Word 等多种类型的审批系统，支持 Word、Excel、PPT、PDF 等格式附件的在线查阅，兼容主流厂商的 CRM、ERP、PLM（产品生命周期管理）等。

3）移动办公产品向易用性、个性化、与智能终端深度融合的方向发展。在云计算、大数据、企业社交等技术引入的同时，移动办公产品也开始向易用性、个性化、轻量化方向发展。例如基于统一界面设计标准，未来带给企业用户更加简洁时尚的系统视觉体验；内置的电子邮件模块增加原文转发和回复功能，方便在移动设备上处理各种邮件事务；日程与日历同步，提升使用者应用体验；全新的移动办公工作流，优化流程办理界面与办理操作，增加快速办理功能，可实现于手机上一键转交；充分利用 LBS（定位服务，又叫作移动位置服务）、体感等移动终端特有属性。更重要的是，它还可通过开通与客户专属的 VIP 空间、拍照、录音、LBS、企业微信、微博等社交应用，从而企业内部各相关团队与客户的紧密互动，大幅提升事务的处理效率。

4）移动办公的应用需求向纵深发展。在移动办公发展初期，产品功能需求大多直接延伸于传统桌面端 OA 上的功能，包括待办公文、审批流程、通知公告、通信录、查看附件等功能。但随着市场需求与信息化功能不断完善和企业应用的不断深化，移动办公用户产生了越来越多的需求，未来移动办公不可能只是单纯地把桌面端的功能照搬到移动终端。

首先，移动办公要随着企业内部管理方式的变动而不断发生变化。企业管理需在实践中不断完善，尤其具体的流程会更容易产生变化，随着时间的延伸做出微调或者激烈调整，移动办公系统需要适应这种不断变化的企业用户需要，尤其是对于多样性应用场景需求的满足会越来越突出。

其次，移动办公企业用户的培训需求。在移动办公功能不断深化的过程中，在应用范围越来越广的情况下，面对基本技能和业务实践高低不齐的使用者，如何有效地帮助企业用户实施培训，迅速地将应用推广实现正常使用，并且帮助企业实现应用价值提升，未来也将成为企业用户突出的需求之一。

5）产品功能需求专一、细分化发展。很多企业用户在选择移动办公产品时可能会面临厂商宣称的功能更多更全的产品，然而在这些看似功能齐全的移动办公产品中，真正能够帮助客户解决关键需求的实用功能其实并不多，多数功能处于沉睡状态，而且富功能化还可能导致每个功能的实践应用没有突出的优势。此外，过度功能复杂化的产品，会带来使用者基本技能要求的提升，这反而削弱了移动办公产品在最终用户中的实际应用渗透。移动办公企业用户现在需要的不是富功能化的产品，而是契合行业特点需求，满足企业自身个性化的移动办公产品。

移动办公产品细分化的目的在于，一方面在移动办公产品趋于同质化的形势下通过定位细分市场摆脱激烈竞争，实现企业用户更好的识别自身的产品；另一方面通过产品细分，使得厂商优势行业或者深度积累的行业推出差异化特殊产品，进而实现某个行业内的有利地位。这就要求厂商不得不在传统思维上有所突破，加强细分市场的布局则成为必不可少的功课，促使移动办公厂商调整自己的市场定位，通过差异化战略构建核心竞争能力。

4. 云计算与移动办公相结合

云计算与移动通信这两大技术的交叉融合是 OA 未来发展的主要趋势，云计算技术的应用为组织节省资金的同时，它也使得组织变得更具竞争力。而当云计算与移动通信技术结合时，其竞争力更将得到极大提升。但是，云计算本身并不会让组织的运行变得更为高效，而是合理有效的应用程序和数据让组织内员工提升了工作效率。任何管理或生产力方面的能力提升都得益于云计算功能与人员生产管理更有效的行为相结合，而这一点在移动环境中表现得尤为突出。移动化的职员能够在任何地方、任意时间保持对组织信息和计算能力的掌控，职员不在相对固定的场所办公这一事实对网络有着非常深远的潜在影响，而他们把移动设备视为合作伙伴执行日常工作任务的事实也对 IT 和应用程序有着更为巨大的影响。移动办公的职员不同于传统办公室办公职员的原因有很多，其主要体现在以下几点：一是移动办公的职员通常都在办公场所之外的地方完成他们的工作，这要求组织为这些职员扩展其网络和 IT 支持范围，为移动办公职员提供这一支持成为了一大挑战；二是移动办公的设备通常比便携式计算机或台式机都小得多，它们受限的显示能力常常让用户难以使用专为台式机应用而设计的应用程序；三是移动办公的职员往往更倾向于完成他们的工作，而传统办公室办公的职员更多的是规划他们的工作，当组织提供应用程序支持而员工实际上在完成工作时，这种支持必须与工作本身结合得更为紧密，否则就是无用的；四是因为移动办公的职员只在他们工作时使用他们的应用程序，所以其使用特点是间歇性的，因而如果这些应用程序是基于专用数据中心系统的，那么这些应用程序往往就是成本高昂、效率低下的。上述这些差异性决定了组织是无法直接在原有应用程序基础上实现移动应用的。但是，如果办公室办公的职员仍然在使用这些原有的应用程序，那么毅然摒弃使用这些应用程序则可能是代价高昂且给组织带来不利影响的。

针对上述存在的问题，为了将云计算与移动性的相结合，开发基于云计算的移动应用程序，组织应当针对移动设备前端处理流程和实现移动用户与传统应用程序数据库交互的后端组件实现其有机融合。因为这些新的应用程序是在云计算中运行的，组织可以把这些应用程序部署在距离员工更近的位置，甚至可以是跨不同的地理位置。这样做将大大解决用户体验质量问题，即应用程序长距离连接数据中心所带来的问题。企业还可以对这些应用程序的前端和后端结构进行专门设计以支持移动设备应用趋势和日益流行的 BYOD（Bring Your Own Device，指携带自己的设备办公，这些设备包括个人计算机、手机、平板，而更多的情况指手机或平板电脑这样的移动智能终端设备，随着移动技术应用的不断深入，该词也逐渐演变为 Become Your Office Device，即在用户自己的设备上安装公司的各类应用软件，以便可以让用户使用公司的资源和完成管理等具体工作）。云计算和移动性的融合模式支持个人代理——这一点对于消费者移动使用体验变得日益重要。一个个人代理（如苹果公司的 Siri、谷歌公司的 Now 或微软公司的 Cortana）就成为了移动用户的合作伙伴，它为用户提供了来源于一组资源的信息。一个好的生产应用程序一定有一个作为移动办公职员、应用程序以及数据库中途站的后端个人代理。在这样一个基于代理的模式下，移动办公的职员使用他们自己的设备来联系一个基于云计算的前端组件，后者会把设备特定格式的数据转换成为通用格式。之后，这一结构又被返回至代理，在这里组织数据将被访问、格式化并返回至移动设备。前端组件格式化这一返回数据以满足设备的特定要求（设备有可能是 Apple 或 Android 系统、平板电脑或智能手机、一个应用程序或浏览器等）。移动性驱动的云计算应用几乎总是超越移动用户的发展速度，很少有职员是一直在办公室以外的地方工作的，而当他们在办公室办公时就可以使用传统的计算机访问原来的应用程序了。最有可能的是，个人代理的存在将鼓励员工使用便携式计算机或台式机访问他们的移动前端和代理，这将逐渐推动把更多的应用程序功能迁移至云计算。未来的劳动力将必然是具有移动特性，他们在工作中使用社交通信工具和个人移动设备的频繁程度丝毫不亚于在他们个人生活中的应用，而这也正是这个移动的未来为云计算所创造的真真切切的机会。

思考题

1. 什么是计算机网络？
2. 列出最少四种计算机网络的拓扑结构。
3. 什么叫局域网？
4. 什么是 Internet 和 Extranet？
5. 对网络安全构成的主要威胁有哪些？应如何防范？
6. 如何确保 OA 系统的信息安全？
7. 简述物联网的定义及发展。
8. 简述云计算的定义及特点。
9. 简述云服务的基本类型。
10. 什么是公有云和专用（私有）云？
11. 什么是云 OA？
12. 什么是云打印？
13. 简述云存储的定义及特点。
14. 简述云存储的类型和发展趋势。
15. 简述移动通信技术发展历程及特点。
16. 简述移动办公的优势和发展趋势。
17. 小论文：通过网络收集资料，论述我国网络建设和应用的现状及发展的趋势（不少于 1500 字）。
18. 小论文：通过网络收集资料，论述我国信息安全的现状及发展的趋势（不少于 1500 字）。
19. 小论文：对移动办公发展进行调查，论述移动办公的发展现状和趋势（不少于 1500 字）。

第3章 协同办公信息管理平台

学习目标：
1）掌握一般协同办公软件平台的基本功能。
2）掌握一般协同办公软件的基本结构。
3）掌握一般移动办公软件的基本功能及应用。

近年来我国 OA 软件开发技术发展十分迅速，经过多年的发展已经趋向成熟，功能也由原先的行政办公信息服务，逐步扩大延伸到组织内部的各项管理活动环节，成为组织运营信息化的一个重要组织部分。同时市场和竞争环境的快速变化，使得办公应用软件应具有更高、更多的内涵，用户将更关注如何方便、快捷地实现内部各级组织、各部门以及人员之间的协同，内外部各种资源的有效组合以及为员工提供高效的协作工作平台。国内 OA 软件开发企业所开发的办公信息管理平台均提供用户可根据本单位的实际需要构建符合自己本单位特色的功能组件、OA 系统、信息管理系统、门户网站、电子商务（政务）系统、流程处理系统等系统构建功能，实现协同工作。当组织的业务逻辑和组织结构发生变化时，又可方便地对系统进行修改，以适应新的要求，提高了此类软件平台的适应性和适用性。此类办公信息管理平台广泛适用于政府、企业及行业等各部门，尤其适用于二级及二级以上的组织机构的协同（或互联）办公，构建办公自动化的协同工作平台，同时，此类办公信息管理平台也是 OA 软件开发企业开发 OA 软件的主要发展方向，有的 OA 软件开发企业称其为协同办公软件或互联办公软件。由于 OA 软件众多，软件功能也会各有不同，操作方法有一定的差异，现在市面上商品化的 OA 产品在技术方面都比较成熟，模块比较稳定，功能也都可以满足客户需求，所不同的是注重的开发重点，这也就形成了各自产品的特色。本书主要以金蝶国际软件集团有限公司的金蝶协同办公软件为例，但也吸收其他软件的一些功能、特点一并加以介绍。通过本章的学习，读者可以对协同办公软件的功能和基本操作有一个全面的了解和掌握，在具体教学和学习中可结合所采用的协同办公软件进行操作实训。

3.1 金蝶协同办公管理系统概述

协同，就是指协调两个或者两个以上的不同资源或者个体一致完成某一目标的过程或能力。协同办公软件是利用网络、计算机、信息化，提供给多人沟通、共享、协同一起办公，从而给办公人员提供方便、快捷，降低成本，提高效率的一款在线软件。协同办公平台实际上是协同办公软件的开发平台和运行支撑平台，同时为协同办公应用提供协同工具和协同引擎服务。协同办公平台必须具备以下的 3 个基础功能：首先，协同办公平台是一个沟通平台，这里的沟通并不限于团队的信息传达或者通信，而是协同全面实现沟通过程的时效性、完整性和有效性；其次，协同办公平台是管理和协作的平台，必须能够实现团队协作，如项目管理、流程管理、事务管理等，这样才能做到随需应变、动态适应，实现柔性管理；再者，协同办公平台是知识中心和应用运行支持平台，人和行为的协同就要以人为中心重新组织应用、数据、信息和知识。

协同是一种思想、一种策略、一种方法体系，更是一种"智慧"和境界。金蝶协同办公管理系统助力企业实现从分散到协同，规范业务流程、降低运作成本、提高执行力，并成为领导的工作助手、员工工作和沟通的平台。

3.1.1　系统的特性

金蝶协同办公管理系统以"业务联动、完整协同"的设计理念，依托信息门户，构建了协同服务、协同工具、协同应用的多层级、可灵活组合的协同应用模式，涵盖公文流转、业务审批、知识管理、工作管理、资源管理、协作沟通、数据交换等平台，全面满足客户对协同办公的关键应用。同时，支持与金蝶 ERP 产品的整合应用，形成覆盖大、中小企业市场和政府机关的一体化解决方案。

随着企业发展，社交化需求日益形成。与企业传统的协同管理相比，社交化改变了人与人的沟通方式，传播速度快，影响规模大，可以推动企业的创新。

3.1.2　系统的功能结构

1. 金蝶系统办公系统的整体结构

金蝶协同办公软件运用领先的网络技术，结合了广大企事业单位的关键应用和先进的协同管理理念，建立以人为本、以流程为导向、以事找人的工作方式，可以解决对办文、办事、沟通、协作、共享及业务集成方面的需求，同时支持跨地域、跨部门进行协同工作。金蝶协同办公系统的整体结构如图 3-1 所示。

该系统主要能实现以下基本功能：

1）建立协同审批的平台。通过自定义表单、可视化流程图绘制的组合，流程化、模板化管理非结构化信息，规范企事业单位管理行为，实现企事业内部行政类、事务类、财务类等各种审批事项的流转自动化、流程文件多维度的统计、不同协作单位的公文交换，满足不同工作管理需求，提高组织管理的规范性和可控性，提高工作质量、办公效率、执行力并节约大量的办公资源。

2）建立信息共享的平台。实现企事业单位对其最重要资产——知识的高效管理、积累沉淀、传播、应用，完全摆脱人员流动造成的知识的流失。通过自由定义分类、严密灵活的权限体系来实现多层次、多维度、多范围的灵活管理机制，对文档和信息进行一体化共享管理，实现高效的知识传递、转移。通过构建的信息资源共享平台，使企事业单位的公告、新闻、技术交流文档、其他业务系统资源等能够在员工之间得到广泛地利用和传播。

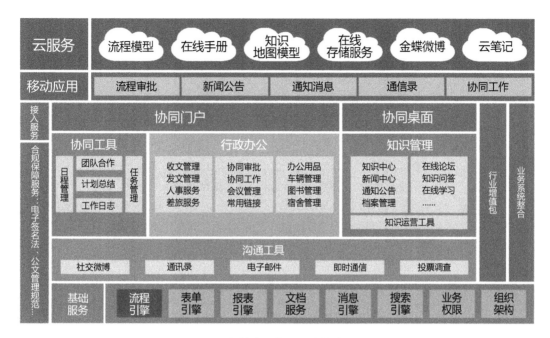

图 3-1　金蝶协同办公系统整体结构图

3）建立互动沟通的平台。将通信录、电子邮件、系统消息、手机短信、在线论坛、问卷调查等相结合，使得员工与上级沟通更方便、信息反馈更畅通，为发挥员工的智慧和积极性提供舞台，大大增强内部凝聚力。

4）实现辅助办公管理。可以随时随地通过系统深入了解下级部门、员工的各种信息，将企业总体目标分解到每一个员工，实时监控工作计划的执行情况，查阅下属工作日志、任务汇报，进行计划的检查、批示，以采取相应的管理与响应措施，做出正确决策。实现跨地域工作的计划、沟通、组织和协调。

5）建立资源管理平台。实现易耗品、车辆、图书、会议室等公共资源进行管理及利用。为行政管理人员提供了便利的工具，规范企业日常办公管理，提升管理效率。

2．与金蝶云之家集成

从图 3-1 可以看出，金蝶协同办公系统能与金蝶公司的云之家集成，帮助企业实现协同管理的社交化，从而突破时空、组织、资源的局限，加快企业的创新发展。

协同系统与云之家集成，可实现云之家用户批量注册。登录后，在门户中展现"发微博""公司动态/关注微博""一周热门话题""我关注的话题"等基于云沟通的功能。

云之家集成应用前提条件：协同系统服务器连接互联网；协同系统用户的客户端连接互联网；企业注册公司的"云之家"；选择一位企业"云之家"管理员作为与协同系统集成的管理员。

云之家集成的基本方法如图 3-2 所示。

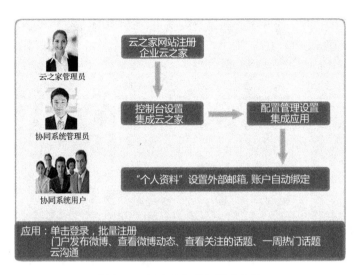

图 3 - 2　云之家集成的基本方法

3.2　金蝶协同办公管理系统的功能模块

金蝶协同办公系统的主要功能模块及具体功能如下。

1. 办公门户模块

1）日程管理：编写、共享、查看个人工作计划、工作日志，提供图形化日程视图功能，辅助时间管理。

2）电子考勤：电子签到、签退等功能，提供基于信息网络的电子考勤应用。

3）网络硬盘：以网络硬盘共享的方式，结合目录权限，实现基于文件服务器的文件共享管理。

4）公告：与组织权限紧密结合的单位或者部门公告管理，也可发布个人公告，支持流程转公告。

5）讨论：内部工作讨论交流社区，可任意设置讨论版块，与部门权限紧密集成。

6）投票：通过信息网络收集表决意见的功能，可支持投票意见的单选或多选。

7）意见反馈：广开言路、收集意见的功能，支持匿名方式反馈意见。

8）值班安排：依据时间阶段和部门设置，将值班信息显示在信息门户中。

9）消息提醒：依据时间阶段和部门设置，对生日、重要工作事项等显示在信息门户中。

10）在线用户：即时查看在线的用户信息，包括登录时间、最后一次访问时间、IP 地址等信息。

11）快速启动：在桌面设置可快速启动的快捷链接，便于信息集中，支持本窗口和新窗口启动。

2. 邮件通信模块

1）电子邮件：电子邮件的收、发、存管理，可自定义信箱，支持多邮件，邮件可转入知识管理。

2）即时通信：纯 Web 化的即时通信管理，实现客户端零安装方式下的即时通信管理。

3）内部通信录：部门人员的通信录管理，可即时发送手机短信和电子邮件，可设置内部通信组。

4）联络人名片夹：以名片夹的方式记录单位外部联络人员的信息，支持名片夹信息共享。

5）手机短信：提供手机短信的接口，具有网关接入和短信硬件设备接入两种方式发送短信。

3. 知识管理模块

（1）个人知识

1）个人文档库：每个用户可单独管理自己的个人文档库，个人文档库中的隐性知识可转为公共知识。

2）知识检索：按标题、主题、内容、时间检索个人知识和公共知识，提供预置的快捷检索方案。

3）知识评价与互动：可以互动地对共享给自己的知识回复和评分，依据这些活动进行知识自动推荐。

4）知识报表：对他人阅读本人共享的知识进行跟踪，并以报表的方式展现被阅详情。

（2）公共知识

1）电子期刊：以知识文档共享的方式制作和发布电子期刊，可采用多维知识功能以保障内容唯一性。

2）单位文库：建立本单位的文库，并对文库的阅读情况予以跟踪和分析。

3）普通档案库：便捷地管理共享权限的普通档案库，支持从流程中转入公文、请示汇报等档案。

4）普通会议资料：管理手工建立的会议资料，以及流程转入的会议召集申请、审批、会议精神传达等资料。

5）知识地图：除了可以通过"内容链接"的文档方式建立知识地图，还可支持自动编制分类知识概览图。

4. 签报任务管理模块

（1）签报任务流转

1）普通公文流转：以签报的方式进行公文的流转管理，内置 Web-office 接口以实现套红、签章等功能。

2）普通会议流转：以签报的方式进行会议的流转管理，支持会议召集审批、会议资料转知识库等功能。

3）其他签报申请审批：各类申请审批管理，包括借款、报销、加班、出差、外出、合同和请假等。

（2）建模及管理工具

1）签报任务模板管理：制定公文等各类签报任务模版，支持 HTML 模版和微软、金山等高级编辑模版。

2）图形工作流设置：专业的图形化工作流设置工具，用画板的方式实现复杂工作流的设置。

3）流程图形监控：以图形的方式，及时监控运行中的流程，以及查看流程的详细信息。

4）历史信息管理：对已经运行完的流程信息进行管理，可以自动将这些信息转为公告、规章制度。

5．信息共享管理

1）信息采集：以快捷链接的方式将其他系统的页面信息采集到本系统，以实现信息门户整合应用。

2）数据采集：从财务、ERP、CRM、HR等系统中抽取数据，以实现Web报表和深入的集成应用功能。

3）规章制度：支持单位、部门规章制度的统一管理、按人员权限分别显示，支持规章制度的版本管理。

4）新闻中心：依据组织部门权限，分别查看单位、部门的新闻，可设定多种新闻类型。

5）出行参考及邮政信息：管理与自己工作场所相关的车船、飞机信息，以及分支机构、客户的邮政信息。

6．控制面板及个人设置模块

1）内嵌式电子签名：与本软件系统无缝集成的电子签名功能，以加强流程审批等应用的安全性。

2）Web-office设置：微软、金山等的Office软件的支持IE浏览器应用，提供印章、套红、手写等功能。

3）其他系统及个人设置：单位、部门、角色、个人参数设置，知识分类、流程委托、页面风格等设置。

7．可选配插件模块

1）内嵌式电子签名：增强应用操作的安全性，可将加密文件存储在U盘，以实现USB KEY的应用方式。

2）项目协作区管理：通过建立协作区的方式，以项目为关键识别信息，将管理内容和工作讨论集中管理。

3）Web-office基础插件：在IE中对Office各格式文档的调用、编辑，支持笔迹留痕、版本保留等。

4）Web-office高级插件：Web-office普通版所有功能，增加手写签名、全文批注、电子印章。

3.3　金蝶协同办公管理系统移动客户端

“金蝶协同”是金蝶协同办公系统在手机上的客户端。用户可以通过该移动客户端在手机上突破时间和地域的局限，随时随地处理金蝶协同办公系统中的流程和通信录，以满足移动办公的需要。

移动客户端在办公中的主要作用：拓展用户办公空间；轻松实现商务快速响应；使用户能提升关键时刻应对能力，及时获得最精准的信息，并能应对复杂的商业需要和变化等，对提升用户的办公能力和效率有实质性的帮助。

（1）协同审批

成功登录客户端（新用户需要下载云 OA 手机客户端 APP 并注册）后，系统直接进入待办页面。在页面中可查看待办文件、刷新，可切换至通信录、设置菜单，也可直接注销。协同审批操作基本界面如图 3-3 所示。

图 3-3　协同审批操作的基本界面

（2）新闻中心

进入新闻中心（见图 3-4），图文新闻自动在顶部显示，新注册用户可以根据权限查看历史新闻等，及时了解企业的相关新闻。

（3）公告列表

公告列表（见图 3-5）是企业发布相关通知、公告等信息的一个平台，其发布范围是可控的，完全继承 OA 系统的设定，即只发送给授权的人，信息瞬间精准送达。

（4）找文档

找文档（见图 3-6）的主要功能是提供员工能及时获得授权范围内的企业信息。该功能是一个相关资料口袋的知识利器，企业知识库装入口袋，可随时查找、查看所需文档。

（5）组织活动

组织活动（见图 3-7）的主要功能是实现快速地设计并组织活动，活动消息的提醒使员工不错过任何一个活动邀请；组织者可以实时掌握相关活动的动态信息，了解活动参与情况等相关信息。

图 3 - 4　新闻中心　　　　图 3 - 5　公告列表　　　　图 3 - 6　找文档　　　　图 3 - 7　组织活动

3.4　金蝶云之家移动办公

根据 Acorn Research 公司发布的《2014 年 VMware 消费者调查报告》显示，76% 的中国员工认为在办公室以外场所工作很重要，97% 参与调查的中国员工都有在办公室以外场所工作的经历，93% 体验过在路上办公，57% 的中国员工认为"工作是无论在哪里都可以完成的"。因此，作为云技术服务提供商针对该应用需求，纷纷推出云移动办公的服务，金蝶云之家就是其中之一。

3.4.1　金蝶云之家简介

金蝶公司为提供更为广阔的云服务率先迈出自我革新的步伐：鼓励移动办公，淘汰封闭办公，让所有缺席的问题都不是问题；鼓励社交办公，淘汰流程办公，内部沟通协作从云端开始；鼓励共享办公，淘汰独占办公，打破卡位壁垒，摆脱文件存储束缚；鼓励弹性办公，淘汰坐班办公，一切以云之家的移动签到记录为准；探索机器人办公模式，通过推出自助服务，进一步提升事务性工作的处理效率。云之家是金蝶软件公司开发的，通过移动办公与团队协作 APP，帮助企业打破部门与地域限制，提升工作效率，激活组织活力。2014 年 1 月 9 日云之家宣布永久免费开放。云之家是基于组织通信录的即时消息、签到、请假、文件、公告及应用接入服务。截至 2016 年 3 月，金蝶云之家用户数突破 1500 万，企业数超过 150 万家，成为中国起步较早、专业性较强、用户量较多的移动工作平台品牌。

国际权威第三方分析机构 IDC 近期的研究表明，从 2015 年开始，中国社交化移动办公软件市场开始呈爆发式增长。据《IDC 中国社交化移动办公软件市场跟踪报告（2015 年）》显示，截至 2015 年年末，中国社交化移动办公软件市场累计注册用户达到 8300 万人，累计企业用户达到 600 万家。在大型企业市场（企业员工人数在 1000 人以上），金蝶云之家以 28000 家企业用户排名前列，其中不乏海尔、万科、乐视、伊利、安踏等知名企业。云之家产品无缝衔接金蝶自身的 ERP 系统，通过开放平台还可以接入众多第三方企业级应用，如金山 WPS Office、Coremail 邮件系统等。良好的移动互联网产品体验，加上更为专业的企业级产品基因和业务场景设计，使得云之家受到大型企业客户的认可和信任。

3.4.2　金蝶云之家的特点

（1）私密的企业社交网络

云之家提供免费的企业社交服务，为每个企业构建独立、私密、安全的企业社交环境，各个企业之间的数据都是相互独立的，只有参与者拥有已经被公司认证的邮箱地址，才可以加入并访问企业为其开放的云环境，并与其他人在云之家上展开沟通与协作。软件等资源部署在云端，免安装及维护，节约用户成本。打开浏览器或 APP 登录就可在开放的企业社交平台与同事交流。

（2）新型的协作方式

云之家提供新型的协作工作方式，主要体现在以下几个方面：

1）高效沟通。通过企业社交，用户可跨越企业层级与全体同事密切沟通交流，企业透明度大幅度提升。

2）全员分享。通过企业社交，用户可分享有价值的内容，包括讨论的会话、文档、视频或是应用程序，加速企业内部信息传递。

3）团队协作。通过企业社交，用户可增加与同事之间的了解，创建相互信赖的团队，最大化员工的协作性和工作效率。

集成云之家的社交化 ERP，不再像传统的管理软件一样，仅以企业的数据和流程为核心。企业的核心变成了每个员工，利用网络协作的便捷性，打开虚拟办公室的大门，穿越了传统管理中时间和空间的局限。

（3）新式的企业工作空间

1）多种应用程序。工作相关的应用程序帮助用户更好的管理日常工作。结合企业社交平台，将工作进度和成果快速展示分享，并获取持续的反馈和辅导。

2）大量第三方接口。可与传统 ERP 产品集成，将企业社交平台与 ERP 驱动流程完美结合。用户可以在一个平台上完成沟通、协作、流程审批等多个动作，节省了工作时间。

3）移动互联。延展了用户的工作界限，打破企业的物理空间局限，随时随地都可以处理工作事宜。

3.4.3　云之家移动办公的主要功能

云之家移动办公目前提供的主要功能有以下几类：

（1）消息

即时的工作沟通，对各级员工来说都是至关重要的。其主要功能包括以下几点：

1）帮助用户聚焦重点工作。需要处理的事项，在待办通知中一目了然。

2）消息必达。确保工作事项不遗漏，消息已读或未读，其阅读状态一清二楚。

3）高效强大的工作信息管理。安全储存工作沟通中的文件，可管理及追溯。

4）任务。工作沟通中的消息可随时转为任务，方便跟进重要事项可 "@" 到人，还可免费短信通知。

5）订阅消息。公司公告、公司新闻可进行全员广播。

（2）审批流程

管理者可以通过云之家的审批流程在移动终端上完成审批流程。其主要功能包括以下几点：

1）让流程更简单。手机可随时发起、随时审批。

2）多级"自由流"。申请人可指定审批人，支持多级审批。

3）审批过程可随时发起讨论。流程催办、过程沟通、结果知会，快速高效。

（3）文件

该功能提供一个安全的、超大容量的企业云盘，实现手机、计算机自动同步，使用户便捷无忧。其主要功能包括以下几点：

1）群文件。团队共享知识的沉淀，随时随地，想传就传，想看就看，一键转发。

2）文档查阅记录。员工是否查看文档，领导能查阅其记录。

3）集成办公软件。独家集成 WPS，方便演示 PPT 资料，实现一键演示 PPT。

4）企业文件加密传输。使得企业的文件在传输和存储时安全可靠。

（4）企业通信录

云之家为用户提供准确、方便、安全的企业通信录。其主要功能包括以下几点：

1）搭建准确完整的企业组织架构。批量导入通信录和组织架构，全员免维护，所有员工手机端自动更新。

2）员工相互联系更加方便。查找方便，可以通过组织架构、搜索等多种方式查找同事，便于员工之间办公联系。联系方式变更，员工可自助进行维护。

3）企业级安全保障。服务端对企业通信录数据进行 256 位加密，并隔离存储；手机端对通信录数据加密存储；通信录更新同步的过程加密传输。

（5）应用中心

云之家为企业用户提供丰富的工作应用，是一个较好的企业移动办公门户。其主要功能包括以下几点：

1）提供签到、任务、请假、工作日志、会议通知、投票、问卷等工作应用，点开即用，方便快捷。

2）所有应用都提供消息推送，与团队成员进行高效协作。

3）提供开放 API 接口，再复杂的系统都能装进口袋。可以连接企业现有业务，譬如企业发文、出差申请、费用报销等。

（6）CRM

云之家提供一个客户关系管理（CRM）系统。其主要功能包括以下几点：

1）智能化的客户关系管理。掌握客户信息，把握企业经营命脉；一键扫描录入新客户资料，提升工作效率。

2）精准的销售行为分析，驱动业绩增长；完整的客户跟进记录，实时洞察销售机会；多维度看板式报表，全面透视销售业绩态势。

3）突破内部沟通限制，实时连接外部伙伴；分享、点赞、评论、会话，及时沟通更顺畅；连接外部联系人，提升人脉温度指数，赢得更多销售机会。

（7）签到

该功能提供简便的移动签到，让管理更简单和人性化。其主要功能包括以下几点：

1）一键打卡。上下班签到一键操作，方便快捷、易上手。

2）工时自动计算。考勤状态一目了然，签到送秘书，上下班打卡可设提醒，还会自动计算工时。

3）地理位置＋拍照签到。客户拜访、市场调研……，各种外出办公考勤统统能有效记录和管理，外勤签到更清晰。

4）生成报表。实现有效的考勤管理，员工签到数据可分权查看，迟到、早退、外勤记录一目了然，支持 Excel 导出，有利于薪酬计算。

（8）语音会议

云之家提供免费高效的多人语音会议功能。其主要功能包括以下几点：

1）高质量通话，支持百人同时在线；无须购买昂贵的电话会议系统，让分散各地的同伴能进行实时沟通交流。

2）操作简单，随时都能发起会议；像发起微信聊天一样简单，手机端、桌面端均可随时随地发起会议和对会议进行管理。

（9）部落

通过该功能可以建立团队协作与分享平台。其主要功能包括以下几点：

1）可以将所组建的团队一起引入云之家一起工作。

2）无论在何处都可以将相关信息分享给团队的所有成员。

3）能方便有序地时时沟通交流，信息能有条理地展示，不会对成员产生骚扰，有利于工作的开展。

4）团队协作，轻松应用，实现团队成员之间协同工作。

5）能够方便、快捷地查找到交流的内容，包括对话、文字资料、图片等信息，实现知识的共享。

（10）部落微信社区

通过该功能可以免费创建一个微信社区，用于"粉丝"论坛、企业客服、地方门户、生活服务、兴趣爱好等。连接到微信公众号菜单，提供和"粉丝"交流的平台，开展"粉丝"经营活动，为公众号"增粉"，为企业增加收入，为品牌提升口碑等。

3.4.4　金蝶云之家移动办公应用案例

1. 金蝶云之家和京东开启电商移动办公免费模式

2015 年 7 月 28 日，金蝶云之家正式登录京东服务市场，免费为电商团队提供安全、高效的移动办公应用，即日起，用户可在京东服务市场免费下载并使用云之家。

金蝶云之家拥有基于组织通信录的即时消息沟通、文件传输、签到、请假等功能，采用免费的移动办公模式打破地域限制，帮助电商团队降低办公成本，确保服务持续高效运行。用户只要打开手机上的云之家 APP，即可随时随地发起工作沟通、传输文件、召开电话会议等。此外，在云之家上还包括了任务、日历等功能，甚至可以直接将聊天记录转为任务并指定人员执行，结合云之家网页端和 PC 桌面端产品，避免了传统办公中复杂的沟通环节，确保电商团队的高效运营。

目前，用户可在京东服务市场直接搜索"云之家"下载，或在菜单栏中的"店铺运营"→"企业内部管理"中找到云之家。此次金蝶云之家在京东服务市场上架，是双方合作中的重要一环。早在 2015 年 3 月，京东与金蝶达成战略合作协议，携手为中小企业提供基于云服务的 ERP 整合解决方案。

2. 51 社保与金蝶云之家携手共建移动互联网服务生态

2015 年 11 月，51 社保也宣布接入云之家平台，双方今后将在移动办公领域开展合作，通过产品、技术能力与资源、行业经验相融合，为企业提供便捷的互联网社保网服务。

在云之家平台上，企业用户可以在"人力资源"分类中或直接在搜索栏通过关键词找到"51 社保"，然后再添加到自己的应用页面。添加后，企业用户便可以单击进入，通过填写表单提交用户信息享受优质、便捷的互联网社保服务。

经过 1 年多对互联网社保服务模式的探索，51 社保直营分公司现已遍布全国 51 个城市，完全覆盖各个省会城市及一二线城市，签约企业客户累计超过 5000 家，其中大部分为互联网公司。

随着产品的不断丰富、技术的不断完善以及服务的不断升级，51 社保已入驻包括腾讯、阿里、京东等多个开放平台，此次接入金蝶云之家则是 51 社保在移动办公领域一次新的突破。据悉，云之家开放平台是为广大企业应用开发者提供的平台，是基于云之家大量的企业用户和强大的连接能力，接入第三方合作伙伴及企业内部开发者，向企业与用户提供丰富的移动应用和服务的开放平台。企业通过云之家开放平台，将内部的信息系统延伸到移动端，快速帮助企业实现信息移动化，向企业用户提供更友好、更方便的企业服务。

3. 海尔移动办公平板全面预置金蝶云之家

2015 年 8 月 24 日，海尔移动办公平板电脑青春小蓝 II 在京东众筹正式上线，并全面预置金蝶云之家移动办公平台。海尔青春小蓝立足于移动办公，于 2015 年 4 月首次发布，开创性地为平板电脑配备了便携式标准硬键盘，以独有的零闪润眼技术，不到 4 个月的时间已成为销量仅次于 Surface Pro 的热销产品。

青春小蓝 II 预置金蝶云之家，旨在为用户提供最好的产品硬件、最便捷的沟通协同和最舒心的移动办公体验。在云之家最新上架的 V6 版本中，已包括了语音会议、多级审批、签到、请假、投票、问卷和工作汇报等丰富的免费应用。海尔集团从 2013 年起便将金蝶云之家作为移动办公门户，成功实现了日常办公的移动化。正是基于云之家优秀的移动办公体验，为双方此次合作奠定了良好基础，让海尔愿意将云之家通过海尔产品推荐给广大用户。

思考题

1. 简述协同办公信息管理平台的特性。
2. 简述协同办公信息管理系统功能的基本结构。
3. 简述金蝶云之家移动办公的基本功能。
4. 小论文：通过网络了解其他厂家的办公信息管理系统的特点，并列举一家公司的 OA 特点，论述其现有办公信息管理系统的特点及发展趋势（不少于 1500 字）。

第4章 传 真 机

学习目标：

1）了解传真机的发展历程。

2）了解传真机的基本分类。

3）掌握传真机的基本工作原理。

4）熟练掌握传真机的使用与维护方法。

传真机作为一种信息传递工具，以方便、快捷、准确和通信费用低等优势，成为企事业单位办公必不可少的通信工具。近几年来，虽然信息传输的方式多样化，但传真机因其在信息传输中的特点和优势，在日常通信中仍然受到人们的青睐，也是办公中不可或缺的通信设备之一。

4.1 传真机概述

4.1.1 传真机的发展历程

传真通信是利用扫描和光电变换技术，从发送端将文字、图像、照片等静态图像通过有线或无线信道传送到接收端，并以记录的形式重显原静止的图像的通信方式。传真机的发展亦经历了若干个阶段。它的发明构思形成于1843年，据有关资料记载，1843年5月27日，传真机的原理就得到了专利保护，比电话专利整整早了30年。从那时起，传真机共经历了以下几个主要发展阶段：

（1）传真机的初始阶段（1843年~1972年）

在该阶段的传真机基本上采用机械式扫描方式，大部分使用滚筒式扫描。传真机的电路部分采用模拟技术、分立元件等技术，在传输方面则采用调幅、调频等低效率的调制技术，且基本上利用专用的有线电路进行低速传输。这时传真的应用范围也很窄，主要用于新闻、气象广播等专业领域。

（2）传真机的普及阶段（1972年~1980年）

从1969年开始，特别是1972年以后，由于世界各国相继允许在公用电话交换网上开放传真业务，如CCITT（国际电话咨询委员会）制定关于传真标准化工作取得新进展，以及传真技术本身的发展，使传真进入了一个新的历史发展时期。这一时期的传真技术从模拟发展到了数字，机械式扫描被固体化电子扫描所取代，低速传输向高速传输发展。以文件传真三类机为代表，它的出现和推广应用改变了人们对传真机的传统看法，加快了传真通信技术的发展，从而加快了传真机应用普及的步伐，传真的应用范围也得到了扩大，除用于传送文件、新闻照片、气象图以外，在医疗、印刷、图书管理、情报咨询、金融数据、邮政等方面也开始得到广泛的应用。

（3）**传真机多功能化发展阶段（1980 年以后）**

这一阶段的传真机不仅作为通信设备获得了广泛应用，还在 OA 系统和邮政数字化等方面担任了重要角色，向着综合处理的终端过渡。目前，传真机已和计算机相结合，利用计算机技术来增加传真在信息收集、存储、处理、交换等方面的功能，逐步纳入到互联网中。目前较为常见的传真机如图 4-1 所示。

图 4-1　传真机

4.1.2　传真机的分类

传真机的种类很多，从不同的角度出发，可有多种不同的分类方法。以下从不同的角度对传真机的分类做一介绍。

（1）CCITT 的分类

CCITT 将分为 4 类，具体指标如下：

1）一类机是指采用双边带调制，对传输信号无任何频带压缩措施，适于在电话电路上以 4 线/mm 的扫描密度在 6min 内传输一页 ISO A4 幅面文件设备。有关标准为 CCITT T.2。

2）二类机是指采用频带压缩技术，在 4 线/mm 的扫描密度下使一页 ISO A4 幅面的文件经话路传输的时间大约为 3min 的设备，频带压缩方法可以用编码和（或）残余边带的方式，但不采用减少多余度的文件信号处理。有关标准为 CCITT T.3。

3）三类机是指在调制处理前采取措施减少报文信号中信号冗余度，并能在 1min 左右的时间经电话电路传输一页 ISO A4 幅面的典型打字文件设备。有关标准为 CCITT T.4。

4）四类机是指可与计算机联网、能储存信息、传送速度接近于实时、主要用于公用数据网（PDN）的设备，此类设备将使用适于公用数据网的通信规程，并保证文件的无差错接受，经适当的调制处理，也可用在公用电话交换网上。有关标准为 CCITT T.6。

就目前技术而言，一类机与二类机处于传真机发展的早期阶段目前已被淘汰，三类机的主要特点有：话路上传送一页 A4 幅面文件，约需 1 分钟；操作简单，传输多种文字、图像、照片等；即时记录、存储，提高消息传输的实时性，易于实现通信的自动化；可靠性强，个别信号的差错不会造成整个传真的差错。虽然三类机传输的是数字信号，但是它要将数字信号通过调制解调器转换成模拟信号，利用公共电话交换网传输。公共电话交换网虽然比较便宜，但是也存在着传输信道参数变化大、抗干扰能力弱、接续时间长、利用率不高等缺点。

传真技术的发展是与通信网络和通信技术的发展息息相关的。随着通信技术的不断发展，通信网络逐渐由电话综合数字网（IDN）演变成综合业务数字网（ISDN），提供了端到端的数字连接，支持一系列广泛的业务，包括电话和非电话业务，为用户提供标准的多用途接口等。ISDN 具有容量大、传输效率高、成本低等特点，由此，四类机应运而生，而且逐渐成为传真机的主流产品。四类机支持并兼容三类机的通信功能，经过适当的调制处理也可用在公用电话交换网上。其特点有：传输速率高、功能强、接收质量好；完全数字化，可以和数字网连接，还可加上 Modem 后在公用电话交换网中使用；分辨率比三类机高，效果好；编码方式为三类机编码的改进型，增强了可靠性。随着 ISDN 的建立和用户传输线路的宽带化及彩色编码的实现，就很容易实现高速的彩色传真通信。

"传真—计算机通信"是传真的另一个发展趋势，即如果把传真信号转化为打包数据，使用 Internet 作为载体，传真费用可以大大降低。由传真机、通信适配器、PC-FAX 接口、FAX 软件和计算机组成的"传真—计算机通信"系统可实现传真机和计算机之间的通信和信息的传递，主要包括本地传真和远程传真输入计算机；计算机录入和传真机之间的互通；计算机向传真机输出图文资料；利用传真通信实现远程文件信息的计算机处理和传输；传真加密通信（用计算机加密）；传真文件的打印和显示。利用传真-数据转换功能，便能将传真通信与数据通信相结合，大大提高两者的效用。IP 通信技术为传真这种数字形式的通信带来巨大的效益。另外，传真存储转发是建立在数据网上专为电话网上的传真机用户服务的一种业务，它利用现有市话网和数据通信网把目前各地传真机有效地连接起来，具有更加广泛的功能，用户无须申请国际电话功能就可以发送国际传真。因此，"传真—计算机通信"是传真技术发展的主要趋势，值得我们给予高度的重视，并逐步掌握该技术和充分利用该技术，提高办公效率和实现办公文档数字化。

（2）按照信号形式分类

按照信号的形式，可以把传真机分为模拟和数字两种。

（3）按照图像的色调和颜色分类

按照图像的色调和颜色，可以把传真机分为文件传真机（又称黑白传真机或真迹传真机）和相片传真机、彩色传真机。

（4）按照打印纸类型分类

按照打印纸类型，可以把传真机分为两大类：热敏纸、普通纸。

（5）按照打印方式分类

按照打印方式，可以把传真机分为三大类：热转印（热敏纸传真机）、喷墨打印（喷墨式传真机）和激光打印（激光式普通纸传真机）。

热敏纸传真机是通过热敏打印头将打印介质上的热敏材料熔化变色，生成所需的文字和图形。热转印从热敏技术发展而来，它通过加热转印色带，使涂敷于色带上的墨转印到纸上形成图像。喷墨式传真机的工作原理与点矩阵式打印相似，是由步进式电动机带动喷墨头左右移动，把从喷墨头中喷出的墨水依序喷洒在普通纸上完成打印的工作。激光式普通纸传真机是利用碳粉附着在纸上而成像的一种传真机，其工作原理主要是利用机体内控制激光束的一个硒鼓，凭借控制激光束的开启和关闭，从而在硒鼓产生带电荷的图像区，此时传真机内部的碳粉会受到电荷的吸引而附着在纸上，形成文字或图像图形。

（6）按照传真用途分类

按照传真用途则可将传真机分为文件传真机、相片传真机、报纸传真机、气象传真机、用户传真机、信函传真机等，它们的主要特点和用途如下：

1）文件传真机。主要用于传送和接收印刷、打印文件或手稿，也可传送或接收图表资料以及有限层次的半色调图像。在公用电话网中，它可以用来完成传真电报业务，其省略了编解码手续。发送端可以直接发送文字，在接收端可以进行记录，把原文真实地记录下来，因而又称为真迹传真机。又因为文件传真机多在电话电路上进行传输，所以我国国标又称为话路传真机。在当今需要大量交换文字信息的时代，文件传真机的应用范围最为广泛，包括通信、办公自动化和电子邮政业务等。此外，还可以把传真技术和计算机技术结合起来，将它们融为一体，使之成为既有图文功能，又具采集、存储、处理功能的 PC-FAX（个人计算机传真机）。

2）相片传真机。传送多色调的相片、图像，在接收端使用相纸等，主要用于新闻通讯社发送、收集和交换新闻照片和图像，这也是传真最早的用途之一。

3）报纸传真机。传送整版报纸，以便远离大城市的地方也能够就地制版、印版、发行，使全国各地可以看到当天的重要报纸。

4）气象传真机。专门用于发送、接收气象图，在气象、军事、航空、航海、渔业等方面具有重大作用。

5）用户传真机。放在用户家里，利用公用电话网与网内任意用户进行通信。这类传真机通常都是普通文件传真三类机。

6）信函传真机。具有自动拆、封装置，用于传送邮政信函传真业务。

7）彩色传真机。用于传递和接收彩色图像、彩色报纸等。

4.2 传真机的工作原理

传真机是机电一体化的通信设备，其机械部分主要是传真件走纸机构，而本节主要讨论传真机电路部分的工作原理。

传真机主要由主控电路、传真图像输入机构、传真图像输出机构、调制解调电路、操作面板及电源组成。以下对传真机组成部分作进一步的介绍。

1. 主控电路

主控电路像计算机的主机，对传真机的工作方式和状态进行控制。主控电路包括 16 位（或 8 位）的 CPU、程序只读存储器（ROM）、数据随机存储器（RAM）、地址译码器和传输控制电路。主控电路的控制内容主要是发送传真操作和接收传真操作，发送传真操作包括传真图像扫描输入、图像数据传送、图像数据处理及调制输出；接收传真操作包括传真信号接收、解调、存储及输出。传真机工作时主控电路从 ROM 中读出程序运行，数据存储在 RAM 中。

传输控制电路由可编程 I/O 接口和可编程 DMA 控制器组成，主要功能是配合主控电路完成信号传输。

2. 传真图像输入机构

传真图像输入机构像一台扫描仪，在主控电路发出的信号控制下完成传真稿的扫描输入和图像数据处理。

传真输入机构由传真稿输入传动机构、光电图像传感器、模拟信号处理器、A-D 转换器及灰度校正电路、门阵列、二进制和半色调 ROM、存储器等组成。

传真稿输入传动机构，由传真稿光电检测器、走纸步进电动机构成。发送传真时，传真稿从传动机构进入，光电图像传感器将传真稿上的图像信号转换为模拟电信号，送模拟信号处理器处理。处理后的模拟电信号，传送到 A-D 转换器转换为数字信号，送入门阵列，在主控电路发出的有效行处理信号和读处理信号控制下输出。

由于图像传感器的非线性，由 A-D 转换器输出的信号，不能直接作为图像信息输出。输出的图像信息是根据 A-D 转换器输出的数字信号在 ROM 中读出的信息，此图像信息经压缩编码后送往调制器调制输出。

目前普及型传真机使用的光电图像传感器，大多是 CIS（Contact Image Sensor，接触式传感器）。有些传真机使用的光电图像传感器是 CCD（Charged Couple Device，电荷耦合器）。传真机的两个重要参数灰度级和图像分辨率主要取决于光电图像传感器的性能。

上述两类传感器常用于复印机、条形码、扫描仪和数码相机中。有关 CIS 和 CCD 光电传感器的细节请参见有关文献资料和书籍。

3. 传真图像输出机构

传真图像输出机构像一台打印机，完成已接收传真稿的打印输出，有些传真机设有并行接口，可将传真图像输出至计算机或打印机。

传真图像输出电路常由单片微处理器、扩展输入输出接口、模数转换器和存储器组成，接收来自解调器的传真图像输出。传真图像输出机构按打印原理，可分为热敏打印、喷墨打印、激光打印和 LED 打印等。目前普及型传真机大多使用热敏打印方式，只是需要用较贵的热敏纸；喷墨打印、激光打印与相应打印机工作原理完全相同，其中喷墨打印方式较容易实现彩色输出；LED 打印方式与激光打印类似，但是省去了由激光器、激光透镜组、多边旋转镜等复杂的光路和电路，用一排发光 LED 紧紧地贴在感光鼓上成像，降低了成本。

目前传真机中最常见的是热敏纸传真机和喷墨/激光传真机，而激光传真机和喷墨传真机的不同之处仅仅是打印方式和所采用的耗材上，所以基本上可以分为两大阵营进行比较，一类为热敏纸传真机，另一类为喷墨/激光传真机。

热敏纸传真机的历史最长，价格也比较便宜，它的优点还有弹性打印和自动剪裁功能，可设定手动接收和自动接收两种接收方式。与喷墨/激光传真机相比还有一个比较大的优点就是自动识别模式，当传真机被设定为自动识别模式的时候，传真机在响铃两声后会停几秒钟，自动检测对方是普通话机打过来的还是传真机面板上拨号键打过来的。如果检测对方信号为传真信号，就自动接收传真；如果只检测到语音信号，就会自动识别这是通话信号而继续响铃，直到没有人接听再给出一个接收传真信号。这样的接收模式，比起自动接收方式，更智能一些，可以尽量减少在误设为自动接收方式时丢失的来电。另外就是热敏纸传真机在复杂或较差的电信环境中的兼容性相当好，传真成功率比较高。热敏传真机最大的缺点就是功能单一，仅有传真功能，有些也兼有复印功能，也不能连接到计算机，相比喷墨/激光传真机无法实现计算机到传真机的打印工作和传真机到计算机的扫描功能。还有就是硬件设计简单，分页功能比较差，一般只能一页一页的传。这类传真机在菜单设计上也比较简单，在传真特殊稿件时很难手动调整深浅度、对比度等参数。相对于热敏纸传真机功能单一的缺点，对于喷墨/激光传真机首先要指出的就是功能的多样性。除了普通的传真和复印功能，喷墨/激光的一体机都可以连接计算机进行打印和扫描的操作，有些也可以实现传真保存到计算机中的功能，这样更能节省纸张和墨水。通过安装相关软件就可以实现计算机发送传真和打印到传真的功能。在菜单设计上，在喷墨/激光传真机的面板上可以很方便地设定要传真稿件的各种参数，还可以实现彩色复印和彩色传真等功能。在自动分页功能上，喷墨/激光传真机可以自动地一页一页进纸，使得传真发送方便快捷。但是，喷墨/激光传真机支持的传真接收方式只有自动接收方式和手动接收方式这两种，不支持自动识别功能，在机身上一般也没有设置话筒。另外喷墨/激光传真机对线路的要求很高，一般需要直接连接到电话局的进线。

4. 调制解调电路

调制解调电路像一台调制解调器（Modem），完成传真信息的调制发送、接收解调和线路切换。

调制解调电路由调制器、解调器和线路接口控制电路组成。线路接口控制电路是电话和传真机之间连接和切换控制的专用接口，主要由线路切换电路、振铃信号检测电路和摘机传感器组成。调制器在传真图像信息上加入一调制信号，将信号转换为可用电话线传输的信息，通过接口电路输出。为节省传输数据时间，调制图像信息时传真机会按一定规则对传真图像信息进行压缩。解调器滤除接收到传真信息中的调制信号，将其还原为传真图像信息，经解压缩电路解压后，送传真图像输出机构输出。

5. 操作面板

操作面板像计算机的键盘和显示器，由用户观察并操作控制传真机的工作状态。

操作面板主要由单片微处理器、扩展接口、按键、液晶显示屏LCD组成，其功能主要是按键控制、LCD显示控制和主电源开关控制。

6. 电源

大多数传真机使用类似计算机的开关式电源，为整机提供能源。

开关式电源电路由输入滤波整流电路、控制驱动电路、开关电路、5V输出电路、±12V输出电路（或24V输出电路）及保护电路组成。开关式电源能输出平滑而稳定的电压。

综上所述，就结构和工作原理而言，传真机就像一台带有打印机、扫描仪、调制解调器的专用计算机。虽然同样带有打印机、扫描仪、调制解调器并具有网络唤醒功能的计算机能实现传真机的全部功能，但就发送、接收传真而言，还是不如传真机方便。

4.3　传真机的使用与维护

4.3.1　传真的接收与发送

1. 接收传真

传真机可以用以下3种方法中的任意一种接收文稿，每种方法还能进一步修改以满足用户的需要。

1）自动接收。当希望传真机在没有任何人为干预的情况下自动接收传真时，选用自动接收。在这种模式下，传真机自动接收来自传真机的呼叫，并且，当收到电话呼叫时可以设置振铃。

2）录音电话接收。将传真/电话线与录音电话机相连，无人在场的情况下就可用这一模式。将录音电话机设置为录音，该模式接收传真呼叫，并按规定路线将电话呼叫发送给录音电话机。

3）人工接收。当用户希望亲自应答每一次呼叫时，可选用人工接收方式。用传真机的这个模式时，凡是打进来的每次呼叫都会振铃，不论是从传真机来的还是从电话机来的。使用子电话机也可以用这个模式。

2. 发送传真

传真机的发送传真的基本步骤如下：

1）准备好需要发送的文稿，并装入发送装置中。

2）拨号呼叫接收方。

3）接到回复信号后，按发送键。

4.3.2 传真机的基本功能

随着通信技术的发展，传真机的应用越来越普及，而且功能也越来越强，多数厂商生产的传真机均具有如下功能（或具有部分功能）：

1）自动检测（诊断）功能。当机器出现故障时，能自动显示故障现象和部位。例如，当发送文稿或记录纸出现卡纸现象时，机上除了有文字显示外，相应指示灯发亮，使用者可随时根据显示排除故障。

2）无人值守功能。该功能可以节省人员，特别是对时差很大的国际传真通信更有其实际意义。无人值守通常可以分为 3 类：收方无人值守，发方无人值守和双方无人值守。

3）收方无人值守功能。指收方传真机旁可以不要操作人员，发方拨通收方的电话号码后，即可自动启动收方传真机，并接收发方传送的文稿，打印出供收方查看。

4）发方无人值守功能。当发方用户因临时有急事要离开而又需要将文稿传给对方时，可以将所有的发送文稿放在传真机的进纸板上。按照事先规约，收方拨通发方的电话号码后，即自动启动了发方的传真机，待核实双方事先制定的密码后，将发送文稿按顺序依次发给接收方。

5）双方无人值守功能。就是收发双方传真机都可以不要操作人员，发方将要发送的文稿按序放在进纸板上，并调整好报文的发送时间。到了预定时刻，发方传真机自行启动，通过自动拨号呼叫，启动收方传真机，待核实双方事先制定的密码后，将文稿发送给对方。

6）图像自动缩扩功能。有时发送的文稿尺寸未必与收方记录纸刚好配套，若发送的文稿比较宽，而收方的记录纸比较窄，这时可以通过调整，使文稿按比例缩小。同样道理，若发送的文稿比较窄、字也比较小，看不清楚，加上收方传真机的记录纸比较宽，这时，可自动地将文稿放大。

7) 自动进稿和切纸功能。传真机的纸台上可以放 50 张文稿纸，由自动切纸器控制，按照顺序依次自动发送。在传送过程中，如果想了解传送质量，可以查看打印出来的报表。传真机上的自动切纸功能是使接收到的副本长短与发送文稿一样，以防副本因纸长造成浪费，或纸短了丢失文字。

8) 色调选择功能。有的传真机除能传送黑白两种色泽外，还可以传送深灰、中灰以及浅灰等中间色调，这样，传送的图片画面次分明，富有立体感。

9) 选发文稿的功能。有时发送文稿中的某些字段不需要向对方发送，只要在这些字段旁边注上一些特定的符号，则在收到的报文中，这些字段内容就自动被删除。

10) "跳白"功能。一张传真文稿上往往有为数众多的"白行"和"白段"，传送这些空白部分要消费相当的时间，因而降低了传输文稿的效率。具有"跳白"功能的传真机遇到字与字或行与行之间有空白时，就会自动跳过去，这样可以大大提高低密度文字的文稿的传输效率。利用传真机传输一幅 16 开幅面的文稿，正常传输时间为 1min，有了"跳白"功能以后，可以缩短到 20～40s。

11) 缩位拨号功能。对于一些经常使用的传真对象，可以将其位数较多的电话号码用 1～2 位自编代码来代替。例如，用户向电话局登记了用"53"两位数代替对方的电话号码 65195053，那么，传真前，用户只需按规定键入"＊＊53"即可自动接通被叫的 65195053 电话。

12) 复印机动能。传真机收、发合一，不仅能传真，而且还能当复印机使用。有些传真机将"复印"称作"自检"，通过它检测传真机工作状况是否正常。

13) 故障建档功能。三类机能将在使用过程中每次出现的障碍自动存储在机内存储器中，自动建立"病历"档案，需要时可以调出"病历"进行分析处理。

4.3.3　传真机的保养与维护

随着现代通信技术的发展，新的通信设备不断涌现。传真机作为现代通信网络终端的办公通信设备，在现代办公领域中发挥着重要的作用。由于传真机使用频繁，也就难免会出现一些小故障。对传真机进行必要的维护与保养，才可以最大限度延长传真机的使用寿命，并能保持满意的效果。为了保持良好的功能，以下列出日常使用传真机过程中的常识与维护保养要点。

（1）使用环境

传真机要避免放在受到阳光直射、热辐射，以及强磁场、潮湿、灰尘多的环境中，或是接近空调、暖气机等容易被水溅到的地方。同时要防止水或化学液体流入传真机，以免损坏电子线路及器件。为了安全，在遇有闪电、雷雨时，传真机应暂停使用，并且要拔去电源及电话线，以免雷击造成传真机的损坏。

（2）放置要求

传真机应当放置在室内的平台上，左右两边和其他物品保持一定的空间距离，以免造成干扰，并有利于通风散热，前后方请保持 30cm 的距离，以方便原稿与记录纸的输出操作。

（3）不要频繁开关机

每次开关机都会使传真机的电子元器件发生冷热变化，而频繁的冷热变化容易导致机内元器件提前老化。另外，每次开机的冲击电流也会缩短传真机的使用寿命。

（4）不要随意更换电源线

传真机原机所带电源线的插头都是三相插头，中间一相起接地保护作用。若将其拔掉或改用两相插头，则对安全不利。

（5）尽量使用标准的传真纸

参照传真机说明书，使用推荐的传真纸。劣质传真纸的光洁度不够，使用时会对感热记录头和输纸辊造成磨损。记录纸上的化学染料配方不合理，会造成打印质量不佳，保存时间更短。另外记录纸不要长期暴露在阳光或紫外线下，以免记录纸逐渐褪色，造成复印或接收的文件不清晰。

（6）不要在打印过程中打开合纸舱盖

打印中不要打开纸卷上面的合纸舱盖，如果真的需要必须先按停止键以避免危险。打开或关闭合纸舱盖的动作不宜过猛，因为传真机的感热记录头大多装在纸舱盖的下面，合上纸舱盖时动作过猛，轻则会使纸舱盖变形，重则会造成感热记录头的破裂和损坏。

（7）不宜发送易划伤扫描玻璃或其他装置的图文资料

有装订针、大头针之类硬物的图文资料，以及墨迹、胶水未干的稿件不宜发送，这是因为上述硬物容易划伤扫描玻璃或其他装置，引起传真机故障；而稿件上的墨迹、胶水或涂改液未干则易弄脏扫描玻璃，造成传真机发送质量下降。

（8）不要把传真机当作复印机使用

不要把传真机当作复印机使用，重要资料要用数码复印机复印后保存，用传真机的复印功能来复印资料是不可取的。传真机完成复印功能的主要部件是感热记录头，它是传真机最重要的部件之一，靠自身发热工作，因此应尽量减少其工作时间，以延长传真机的使用寿命。若用传真机来从事大量的复印的话，将对传真机造成极大的伤害。另外传真纸记录的文件不宜长期保存，这是因为传真纸上的化学染料不稳定，时间长了或受阳光照射后，传真纸上的字会逐渐褪色，以使所复印的资料不能长久保存。因此，对于重要的、需要长期保存的文件（包括传真件），一定要用数码复印机复印一份长期保存。

（9）定期清洁

要经常使用柔软的干布清洁传真机，保持传真机外部的清洁。对于传真机内部，除了每半年将合纸舱盖打开使用干净柔软的布或使用纱布沾酒精擦拭打印头外，还有滚筒与扫描仪等部分需要清洁保养。因为经过一段时间使用后，原稿滚筒及扫描仪上会逐渐累积灰尘，最好每半年清洁保养一次。当擦拭原稿滚筒时，一样必须使用清洁的软布或沾酒精的纱布，不要将酒精滴入机器中。而扫描仪的部分（如 CCD 或 CIS 以及感热记录头）就比较麻烦，因为这个部分在传真机的内部，应该使用专门的工具，切不可直接用手或不洁的布、纸去擦拭，最好是请专业技术人员处理。

4.3.4 传真机的常见故障与排除

传真机使用过程中，要进行保养维护，但由于各个型号的机器在结构上有所不同，所以维护的方法也不尽相同。下面只能就一些通常的故障现象加以分析，建议使用者当传真机出现故障而自己无法排除时，应请专业技术人员检查和排除故障。在进行维护之前应认真阅读传真机的使用说明书，了解该传真机的结构和排除故障的方法。

（1）通信故障

一般通信故障的原因有 3 种：一是电话线路的连接或线路本身不正常；二是传真机的内部参数设定不对；三是传真机的电路部分损坏。遇到这种故障，首先要先咨询传真机的专业维修部门，如果是前两种原因应该进行调整，如果是最后一种情况则应请专业维修人员进行修理。

（2）接收或复印的副本文件不清晰

1）如果接收的文件不清晰，首先向发送方确认原文件是否清晰，然后对自己的机器进行热敏头的测试，所有机器的说明书中都应有热敏头的测试方法。检查机器的热敏头是否损坏，如果损坏应更换。上述检查均没有问题的情况下，则说明发送机器有问题。

2）如果发送或复印文件不清晰，应检查热敏头是否损坏，此外应检查 CIS 或 CCD 及机器的镜片是否脏。如果机器的扫描器是 CIS，还应检查记录纸接触的胶滚（白色）是否有灰尘。一般对这些部分的清洗要用工业酒精擦拭干净，不能用水。

3）如果排除了上面的原因，一般讲是机器的扫描器或主控板损坏，应请专业人员更换。

4）除了前面 3 种原因外，还有可能是机器热敏头脏或热敏头的安装位置不正常。

（3）机器卡纸

卡纸是传真机很容易出现的故障，特别是使用新的纸张或使用过的纸张都较容易产生卡纸故障。如果发生卡纸，在取纸时要注意，只可扳动传真机说明书上允许动的部件，不要盲目拉扯上盖，而且应尽可能一次将整纸取出，注意不要把破碎的纸片留在传真机内。

1）记录纸卡纸：按照说明书将纸舱盖板打开，把记录纸滚轴抬起，然后将卡住的记录纸取出。

2）发送的文件卡住：按照说明书的要求取出卡纸，不能硬性拉出，以免造成机器的损坏。

（4）传真机打印时纸张全白

如果传真机是热感式传真机，则有可能是记录纸正反面安装错误，请将记录纸反面放置再重新试试。热感式传真机所使用的传真纸，只有一面涂有化学药剂，因此安装错了在接收传真时不会印出任何文字或图片。如果传真机是喷墨式传真机，则有可能是喷嘴头堵住，请清洁喷墨头或更换墨盒。

（5）纸张无法正常馈出

应检查进纸器部分有异物阻塞，原稿位置扫描传感器失效，进纸滚轴间隙过大等。另外应检查发送电机是否转动，如不转动则需检查与电动机有关的电路及电动机本身是否损坏。

（6）电话正常使用，无法收发传真

如果电话与传真机共享一条电话线，应检查电话线是否连接错误。应将电话线插入传真机标示"LINE"的插孔，将电话分机插入传真机标示"TEL"的插孔。

（7）传真或打印时纸张出现黑线或白线

当接收的文件或在复印时打印的文件出现一条或数条黑线，如果是 CCD 传真机，可能是反射镜头脏了；如果是 CIS 传真机，则可能是透光玻璃脏了。应根据传真机使用手册说明，用棉球或软布蘸酒精擦清洁。如果清洁完毕后仍有无法解决问题，则应将传真机送修检查。白线通常是由于热敏头（TPH）断丝或沾有污物。如果是断丝，则应更换相同型号的热敏头；如果有污物，可用棉球清除。

（8）传真机功能键无效

如果传真机出现功能键无效的现象，首先检查按键是否有被锁定，然后检查电源，并重新开机让传真机再一次进行复位检测，以清除某些死循环程序。如果还不能解决问题，应送修检查。

（9）接收到的传真字体变小

一般传真机会有压缩功能将字体缩小以节省纸张，但会与原稿不同版面不同，可参考手册将"省纸功能"关闭或恢复出厂默认值即可。

（10）接通电源后报警声响个不停

出现报警声通常是主电路板检测到整机有异常情况，可按下列步骤处理：检查纸仓里是否有记录纸，且记录纸是否放置到位；纸仓盖、前盖等是否打开或合上时不到位；各个传感器是否完好；主控电路板是否有短路等异常情况。

（11）更换耗材后，传真或打印效果差

如果是更换感光体或铁粉后，传真或打印效果没有原先的好，应检查磁棒两旁的磁棒滑轮是不是在使用张数超过 15 万张还没更换过，而使磁刷摩擦感光体，从而导致传真或打印效果及寿命减弱。建议每次更换铁粉及感光体时一起更换磁棒滑轮，以确保延长感光体寿命。如果是更换上热或下热后，寿命没有原先长，应检查是否因为分离爪、硅油棒及轴承老化，而致使上热或下热寿命减短。

（12）充分利用维修代码

各种机器在出现故障时都会在显示器（LCD）出现故障代码，这时使用者应查阅说明书排除故障。

4.3.5 传真机的选择方法

传真机是现代化办公中必不可少的办公设备，如何选择一款合适的传真机以及怎样才能高效使用传真机就成了用户非常关心的问题。下面提供的一些选择传真机的一些基本原则和方法。

1）由于分辨率与传真机的输出效果有很大关系，因此在选择传真机时一定要根据工作对传真件的要求确定传真机的分辨率大小，通常这个参数越高说明传真机所能输出的点或者线越细小，输出的文字或者图像也就越精细。因此在选购时应注意传真机是否具备超精细方式，一般而言，中、高档传真机均具有超精细功能。无超精细功能的传真机在复印或发送时，对细小文字、复杂图像的处理会丢掉某些细节，造成副本的可读性不强。

2）为了能提高实际的办公效率，应该选择具有自动送纸器功能的传真机。自动送纸器功能不是每台传真机都具有的，使用自动送纸器后，少的可放置 5 页原稿，多的可放置 30 页原稿。对于经常需要进行多页发送的用户来说，这项功能值得特别关注。拥有自动送纸器后，如要进行多页原稿发送，则可免去一页一页放置原稿的麻烦，只须将原稿叠整齐并放入自动送纸器，传真机便可自动搓纸，自动分页发送。

3）在评价一款传真机性能高低的时候，应该看该传真机产品是否能与现有的大部分设备兼容。据调查，有 24.5% 的企业还在用老式传真机，因此，在购买新型传真机时，一定要注意它与其他型号传真机的兼容性是否很强。

4）在购买传真机时一定要严格把好鉴别关。首先应该认清有关标识，所有正规渠道进入国内的传真机都应有 CCIB（中国商检认证）标志，并有工信部颁发的入网许可证。其次要认真检查传真机的随机配件，一般情况面向中国市场的传真机，随机的保修卡及说明书都应是中文；最后应该确认传真机的电源插头为符合国标的三相插头，其他形式的插头均不符国标，电源应为 220V/50 ~ 60Hz。

5）在办公过程中若使用传真机来完成一些跨国或者跨省的信息发送任务，而传真机在传真发送一页标准 A4 尺寸的页面信息所需要的时间越长，在发送过程中需要支付的电话费也就越高。为此，选择一款发送时间短、传送效率高的传真机就是此类用户应该认真考虑的问题。目前，市场上的传真机发送时间可以分为：23s、18s、15s、9s 和 6s 等几种，一般来说用户应选用传送时间不超过 15s 的传真机。因为这一档的传真机在收发双方正常操作的情况下，实际传送一页 A4 尺寸的文件所需要的时间不会超过 1min，因此长途传真时的电信费用也仅按 1min 计价，否则即使超过 1s，也将按 2min 计价，长途话费也就增加了一倍。

6）选购传真机要参考的技术指标，在选购传真机时，还应考虑以下技术指标：

①适用性。G1、G2、G3、G4 表示不同的组别，数字越高越好，高组别的可兼容低组别的传真机，现在一般均为 G3 及以上。

②扫描方式。主要有 CCD 及接触式图像传感器，CCD 为光电耦合传感器属模拟式，后者为数字式。所以，接触图像传感器比 CCD 的扫描要清晰，速度也更快。

③分辨率。即每平方英寸的点数（DPI），如 360 × 360DPI、720 × 720DPI 等。

④清晰度。77 线/mm 扫描密度的传真机，只能传送大字体文件，若发送的传真字体很小，则需选择 154 线/mm 的传真机；而决定传真品质的半色调的级数，一般文件应为 16 级，数字表格适合 16 级或 32 级，图片或照片应首选 64 级。

⑤ECM。一种纠错方式协议，可保证所传文件准确无误。

⑥图像处理。如 UHQ 为一种中间色过渡方式，可保证图片传输效果更好。

⑦扫描速度。分为主、副两种扫描速度，单位时间内对图像扫描的次数或距离。通常表现为记录纸走纸的速度。

⑧有效扫描/记录宽度。即传真用纸的幅面，分为 A4、B4、A3 等几种。

⑨发送时间。发送 1 页国际标准样张所需要的时间，越短越好，通常为 6 ~ 45s，9s 以下的即属于高档传真机。

⑩输出/输入电平。在适当范围中，传真机才能正确工作，保证传输质量。

⑪附加功能。附加功能在一定程度上也表现了传真机的档次，在同等价格下，应选择有存储发送、定时接收、无纸接收、自动重拨、语音答录、自动切纸等附加功能的产品。

思考题

1. 简述传真机按照 CCITT 的分类，以及每一类的特点。
2. 简述传真机按照打印方式的分类，各有什么特点？
3. 简述传真机按照传真用途的分类。
4. 简述传真机的工作原理。
5. 简述传真机的基本功能。
6. 简述传真机的保养方法。
7. 简述选择传真机的方法。
8. 小论文：通过网络收集资料，论述传真机技术的现状及发展趋势（不少于 1500 字）。

第5章 打 印 机

学习目标：

1）了解打印机的发展历程。

2）掌握激光打印机的基本工作原理。

3）熟练掌握激光打印机的使用与维护方法。

4）掌握喷墨打印机的基本工作原理。

5）熟练掌握喷墨打印机的使用与维护。

6）了解云打印机的特点及应用。

随着办公自动化程度的提高，人们对数码打印设备也有了更高的要求，打印机已经成为办公室中必不可少的设备，也是人们现代办公过程中使用最多的输出设备。本章将介绍打印机的发展历程、原理、使用与维护保养等相关内容。

5.1 打印机概述

5.1.1 打印机的发展历程

综观打印机技术的发展史，从 1968 第一台针式打印机问世，其后 IBM 于 1976 年研制出全球第一台喷墨打印机 IBM 4640，之后施乐（Xerox）公司研制出世界上第一台激光打印机并于 1977 年投放市场，直至现在最新技术的 3D 打印机，已经有几十年的历程。

1. 针式打印机

针式打印机在打印机发展历史上占据着重要的地位，尤其是在打印机技术发展的初期更是统领着整个打印机市场。世界上第一台针式打印机是由 Centronics 公司研制的，但是由于当时技术上的不完善，所研制的打印机并没有推广进入市场。一直到了 1968 年 9 月由日本精工株式会社推出 EP-101 针式打印机，该打印机是第一款商品化的针式打印机，而且很快就进入市场。一般来说针式打印机通过不同的针点击色带从而进行文字输出，色带的颜色就是打印出来的文字颜色，一般以黑色、蓝色为主。它之所以能够在较长时间内占据着市场上较大份额，与其较低的价格、低廉的打印成本密不可分。

现在的打印机市场虽然已经是激光打印机和喷墨打印机的天下，各种产品铺天盖地，但在许多企业应用领域中，针式打印机仍有着无可比拟的优势——多层打印等技术依然还在使用。爱普生在针式打印机领域一直独领风骚，其推出的一代经典针式打印机 LQ-630K（见图 5-1），在 80 列平推票据针式打印机市场上颇受欢迎，被众多企事业单位广泛采用。

图 5-1　LQ-630K

2．喷墨打印机、激光打印机

在针式打印机一统天下的时候，打印清晰度、色彩、噪声、速度等问题都使其难以满足高要求的打印，这样就催生了喷墨打印机的产生。世界上第一台喷墨打印机诞生于 1984 年的惠普公司。喷墨打印机按工作原理可分为固体喷墨和液体喷墨两种，目前常见的都是液体喷墨打印机，这也是我们能够对墨盒灌墨水的原因。目前占据着喷墨打印机市场的主要有爱普生（EPSON）、佳能（Canon）、惠普（HP）、利盟（Lexmark）等厂商，其产品丰富并各有特点。

自从 20 世纪 60 年代末施乐公司发明第一台激光打印机至今，其已逐步代替喷墨打印机，占据越来越大的市场份额。激光打印机是利用电子照相技术，即用激光束扫描光鼓，通过控制激光束的开与关使传感光鼓吸与不吸墨粉，光鼓再把吸附的墨粉转印到纸上而形成打印结果，这与计算机的二进制数也有着不可分割的关系。较为常见的办公和家庭使用的打印机如图 5-2 所示。

图 5-2　常用的打印机

3．热转印打印机

目前市场上的主流打印机除了喷墨的和激光的之外，还有热转印打印机，从而形成了三足鼎立的局面。热转印打印机是利用透明染料进行打印，适用于专业高质量的图像打印。它的打印原理与喷墨打印机基本相同，但是却可以加大打印幅宽，一般都能达到 24in（61cm）以上，在广告制作、大幅摄影、艺术写真和室内装潢等装饰宣传领域中被广泛使用。

5.1.2　打印机的连接与分类

1．打印机与计算机的连接

打印机属于计算机系统的外部设备，因此需要与计算机相连，并通过计算机控制和调用才能完成打印工作。在非网络环境中，打印机与计算机之间一般是通过一根打印电缆连接，这根电缆的一端连接到打印机的电缆接口，而另一端则连接在计算机的打印端口，如 LPT1。但在网络环境中，可将打印机连接在网络打印服务器或一个终端客户机上，通过设置该打印机为共享打印机，使网络中的所有客户机都能共享并使用该打印机。这两种连接方式的最大区别是打印数据的传输速度，当通过打印服务器与网络连接时，打印数据的传输速度要比通过打印电缆快。

2. 打印机分类

打印机按其工作原理可分为针式打印机、激光打印机、喷墨打印机和热转印打印机等，以下将逐一加以介绍。

5.2 针式打印机

针式打印机产生于 1968 年，如图 5-3 所示。平常所指的针式打印机，一般是指矩阵针式打印机。这种打印机主要是由打印头、字车结构、色带、输纸机构和控制电路组成。由于大规模集成电路的发展，使打印机中也出现了基于微处理器控制的系统。这样，打印机上所有的机械上的复杂动作、字符的形成等都可以经过微处理器进行存储记忆、控制和操作。打印头是针式打印机的核心部件，它包括打印针、电磁铁等。这些钢针在纵向排成单列或双列构成打印头，某列钢针在电磁铁的带动下，先打击色带（色带多数是由尼龙丝绸制成，带上浸涂有打印用的色料，装色带的机构有盒式和盘式两种，由于盒式色带结构比较简单，更好也更方便，所以一般的针式打印机上一般都用盒式色带），色带后面是同步旋转的打印纸，从而打印出字符点阵，

图 5-3　全球第一台针式打印机

而整个字符就是由数根钢针打印出来的点拼凑而成的。针式打印机根据针头击打的原理，又可分为拍合式和储能式两种。下面对这两类打印原理进行简单介绍，以便读者对针式打印机有一个基本的了解。

拍合式打印头的击针由铁心和线圈组成电磁铁，当线圈通电时，电磁铁磁化，产生电磁力，衔铁在被吸合瞬间拍击打印针出针，打印针通过色带和纸撞击到打印辊上，于是在纸上就打印出一个点；线圈断电时，铁心失去电磁力，衔铁在衔铁弹簧的作用下返回原始位置，打印针亦在针复位弹簧和打印辊的反弹力作用力下收回。此类打印机的打印头出针频率可达2000Hz 以上。打印针可以集中排列，无须弯曲，打印针的长度可短至 10～50mm，因而打印头的体积小。

储能式打印头的击针工作原理是用永磁铁作用于衔铁弹簧片，使其处于储能状态，即打印针储存了击打能量。线圈通电时，由铁心和线圈所组成的电磁铁建立起一个与永磁铁相反的磁场，使永磁铁的吸力减小，当吸力小到等于或小于衔铁弹片的弹性恢复力时，衔铁簧片上的机械能量释放，推动衔铁使打印针飞出，撞击到色带、打印纸和打印辊上而印字。线圈断电后，衔铁及簧片又被永磁铁吸回原来位置，打印针收回。这种打印头与拍合式打印头相比，其衔铁簧片释放的电磁力较小，仅为永磁吸力与弹簧片之差值，故线圈上激磁电流较小，功耗低；通电持续时间也较短，出针频率可高达 3000Hz。它具有明显的高速性、稳定性、经济性、低噪声和小型化的优点。针式打印机内部结构如图 5-4 所示。

针式打印机精度很低、噪声大、容易断针、速度慢，目前主要应用领域为打印存折、票

据、蜡纸等，如银行、收费场所。正因为针式打印机有先天
的不可改变的缺陷，因此，在市场中逐渐被淘汰，并开始转
移到其他类型的打印机上。

5.3　激光打印机的工作原理

激光打印机以其打印速度快、打印品质高等优点，在人
们的日常工作中越来越受到青睐。激光打印机的研制，起源
于施乐公司，世界上第一台激光打印机于 1971 年 11 月诞生，它是由被人们誉为"激光打印
机之父"的盖瑞·斯塔克维研制出的。1977 年，施乐公司的 9700 型激光打印机投放市场，
标志着印刷业一个划时代的开始。刚开始的激光打印机的体积庞大、噪声大，预热需要很长
时间而且打印的质量也不尽如人意，而且价格昂贵，能支付相当昂贵费用的组织机构也较
少，因此，在一段时间内并没有受到市场的青睐。直到 1984 年惠普公司推出世界上第一台
双纸盒桌面激光打印机（HP LaserJet 500 plus）后，激光打印机逐渐趋于小型化，并开始走
向了普及的道路。

5.3.1　激光打印机的基本构成

激光打印机一般分成 6 大系统：供电系统（Power System）、直流控制系统（DC
Controller System）、接口系统（Formatter System）、激光扫描系统（Laser/Scanner System）、成
像系统（Image Formation System）、搓纸系统（Pick-up/Feed System），基本原理图如图 5 - 5
所示。下面将对这 6 大系统分别进行阐述。

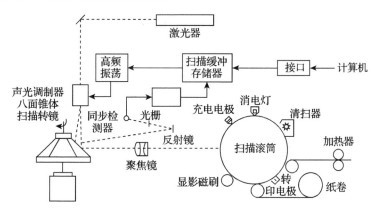

图 5 - 5　激光打印机基本原理图

1. 供电系统

激光打印机的供电系统是其他 5 个系统的能源基础，其性能发挥的优劣直接影响着另外
5 个系统。一般地，激光打印机的供电又分为 3 种：高压电、低压电以及直流电。高压电一
般作用于成像系统，利用较高的电压才可以使激光器工作运行；低压主要用来驱动各个电动
机，电压大小可根据需要而定，如声名显赫的 HP 6L 系列激光打印机，就有 5V 和 12V 两种；
而直流电则是用于驱动 DC 板上的传感器、控制芯片以及 CPU 等。3 种电相互隔离，各司其

主，但又相互影响，共同缔造一个稳定的供电系统。

2. 直流控制系统

直流控制系统主要用来协调和控制打印机的各系统之间的工作：从接口系统接收数据，驱动及控制激光扫描单元、测试传感器，控制交直流电的分布、过压/欠流保护、节能模式以及高压电的分布等。其电路构成涉及电路的一些专业知识，像放大电路、反馈电路、整流电路等，是维修的一个难点，在本书中不作进一步的讨论，读者可根据自己所用的机型查找相关的资料和说明书了解其工作原理。

3. 接口系统

当计算机向打印机发出打印命令后，打印机不会直接响应而去打印文件，而是首先需要将打印命令"翻译"，然后再根据得到的真实命令开展工作。在"翻译"岗位上工作的就是接口系统，它是打印机与计算机之间的"桥梁"，负责把计算机传送过来的数据"翻译"成为打印机能够识别的语言。接口系统一般也包括有 3 个部分：接口电路、CPU 以及 BIOS 电路。接口电路由能够产生稳压电流的芯片组成，用来保护和驱动其他芯片；CPU 是打印机主板的核心部件，其作用是充当"翻译"的角色；BIOS 电路是对打印机自身而言，它包括了打印机本身的一些程序配置以厂家的相关信息。在这 3 部分中，接口电路是我们经常接触的，对接口系统的维修一般也仅局限于此。

4. 激光扫描系统

激光扫描系统的主要作用是产生激光束，在感光鼓（OPC）表面曝光，形成映像。激光扫描系统主要有 3 个部分：多边形旋转电动机、发光控制电路、透镜组。旋转电动机主要通过高速旋转的多棱角镜面，把激光束通过透镜折射到 OPC 表面。发光控制电路主要是产生调控过的激光束，主要有激光控制电路和发光二极管组成。透镜组主要通过发散、聚合功能把光线折射 OPC 到表面。

5. 成像系统

成像系统的工作过程大致分为两块：前期的准备工作以及后期的定影成形工作，其整个工作过程又可分为以下 7 个步骤：

1）充电。通过充电辊给 OPC 表面充上高压电。

2）曝光。利用 OPC 表面的光导特性，使 OPC 表面曝光，形成一定形状的不等位电荷区。

3）显影。碳粉颗粒在电场作用下吸附在 OPC 表面被曝光的区域。

4）转印。当打印纸通过转印辊时，被带上与碳粉相反的电荷，使碳粉颗粒按一定的形状转印到纸上。

5）分离。纸张从 OPC 和转印辊上分离出来。

6）定影。已经印上字的打印纸上的碳粉颗粒，需要熔化才能渗透到纸里。

7）OPC 清洁。OPC 表面的碳粉并未完全被转印纸上，通过刮刀清理后，并可完成下一轮转印成像过程。

在定影成形过程中，加热组件是个很重要的部件，它通过一定范围的高温，将碳粉熔化。目前加热部件主要有两种形式：陶瓷加热和灯管加热。陶瓷加热的特点是加热速度快、预热时间短，缺点是易爆、易折；而灯管加热则相对稳定些，缺点是预热时间较长。现在有很多打印机都采用双灯管加热。但不论哪种形式的加热，其温控都是通过热敏元件感应温度变化，自动闭合完成的。

6. 搓纸系统

搓纸系统主要由进纸系统和出纸系统构成。现有的大部分机型都可扩充多个进纸单元，而出纸系统也是根据打印介质的需要，设置成两个出纸口。打印纸在整个输纸路中的走动都是有严格的时间范围，超出了这个时间范围，打印机就会报卡纸。而对具体位置的监控则是通过一系列的传感器监测完成的。目前激光打印机中的传感器大部分是由光敏二极管构成的。

5.3.2 激光打印机的工作过程

首先，计算机把需要打印的内容转换成代码，然后再把这些代码传送给打印机。打印机把这些代码破译成点阵的图样（这个破译过程是相当重要的过程）。破译后的点阵图样被送到激光发生器，激光发生器根据图样的内容迅速作出开与关的反应，把激光束投射到一个经过充电的旋转鼓上，鼓的表面凡是被激光照射到的地方电荷都被释放掉，而那些激光没有照到的地方却仍然带有电荷。这时激光打印机的旋转鼓上已经形成了一个看不见的图像，那些不带有静电的点实际上就是最终打印图像的"隐形图"。

激光打印机的上色装置通常被称为硒鼓，它的主要功能是用来盛装碳粉。碳粉本身也带有静电，因此当旋转鼓经过硒鼓时，后者的碳粉颗粒便会吸附在前者表面那些不带有静电的点上。

经过上色之后，"隐形图"便变成了"显形图"。这时打印机的送纸装置恰好将纸张送到旋转鼓，于是旋转鼓表面的碳粉又被吸附在纸张的表面，这个"显形图"便又转印到了纸张的表面。

这时碳粉还只是吸附在纸张的表面，很容易由于摩擦而脱离，因此激光打印机还有一个加热装置来固定这些碳粉。这个加热装置通常是两个热滚筒，纸张在通过这两个热滚筒时，碳粉颗粒被加热融化，于是这幅"显形图"便被永久地渗透进纸张的表面。

5.4 激光打印机的使用与维护

5.4.1 激光打印机的操作步骤

激光打印机的操作步骤如下：

1）若是与计算机连接使用，将打印机数据传输线与计算机 LP1 接口连接或是用 USB 接口与计算机 USB 口相连接。若是通过网络共享该打印机，可将打印机与网络打印服务器连接或与网络中的某一台客户机连接，并对该打印机进行共享设置。

2）安装纸张。

3）接通电源，并打开电源开关。

4）在计算机中完成打印机的设置工作，若需要还要安装相应的驱动程序。

5）输出打印文稿。

5.4.2 激光打印机的维护与保养

虽然激光打印机的型号很多，但由于其工作原理和使用的材料都基本相同，只是有些规格不同而已，所以，对于激光打印机的一般维护基本上都能通用。

1. 电极丝的维护

由于打印机内有残余的墨粉、灰尘及纸屑等杂物，充电、转印、分离和消电电极丝会被污染，使电压下降，影响正常工作性能。一般来说，若充电、转印电极丝沾上了废粉、纸灰等，会使打印出来的印件墨色不够，甚至很淡，这主要是由于电极丝脏污后使得硒鼓上充电不足，即在硒鼓上产生的潜影的电压不够而吸墨粉不足，当纸走过时其与硒鼓的接触不够紧密，使转印到纸上的墨粉不够，从而使输出的纸样墨色太淡。此外，转印电极丝（槽）污染严重时还会使输出的纸样背面脏污，因为纸样输出时要经过转印电极丝槽。而消电电极污染则会使纸张分离不畅而产生卡纸等故障，或使硒鼓上的残余墨粉清扫不干净，使输出的纸样底灰严重。维护电极丝时应细心地取出电极丝组件（一些型号的打印机不必取出电极丝，可直接在机子上清理），先用毛刷刷掉其上附着的异物，之后再用脱脂棉花将其轻轻地仔细擦拭干净。

2. 激光扫描系统的维护

当激光扫描系统中的激光器及各种工作镜被粉尘等污染后，将造成打印件底灰增加，图像不清。可用脱脂棉花将它们擦拭干净，但应注意不要改变它们的原有位置和角度，也不要用力过大而损坏其相关部件。

3. 定影器部分的维护

定影器部分的维护主要指对定影加热辊（包括橡皮辊）、分离爪、热敏电阻和热敏开关等部件的维护。

（1）定影加热辊的维护

定影加热辊在长期使用后有可能粘上一层墨粉，一般来说，加热辊表面应当是非常干净的，若有脏污则就会影响打印效果。如果打印出来的样稿出现黑块、黑条，以及将图文的墨粉粘带往别处，这表示热辊表面已被损伤，若较轻微，清洁后可使用（但不宜用于硫酸纸）；若严重，则只有更换加热辊了。与加热辊相配对的橡皮辊长期使用后也会粘上废粉，一般较轻微时不会影响输出效果，但若严重时，会使输出的样稿背面变脏。清洁加热辊和橡皮辊时，可用脱脂棉花蘸无水酒精仔细地将其擦拭干净，但不可太用力擦拭加热辊，更切忌用刀片及利物去刮，以免损坏定影加热辊。橡皮辊的擦拭可简单一些，只需将其表面擦干净即可。

（2）分离爪的维护

分离爪是紧靠着加热辊的小爪，其尖爪平时与加热辊长期轻微接触摩擦，而背部与输出的纸样长期摩擦，时间一长，会把外层的膜层摩掉，从而会粘上废粉结块，这样一方面会使其与加热辊加大摩擦损坏加热辊，另一方面，背部粘粉结块后变得不够光滑，阻止纸张的输送，从而使纸张输出时变成弯曲褶皱状，影响质量，甚至使纸张无法输出而卡在此处。因此，如发现输出纸张有褶皱时应注意清洁分离爪，方法是小心地将分离爪取下，仔细擦掉粘在上面的废粉结块，并可仔细地将背部磨光滑，尖爪处一般不要磨，若要磨时，一定要细心操作。擦拭干净后即可小心地重新装上（装上时可将各个分离爪调换使用，以使各处的磨损相近）。

（3）热敏电阻和热敏开关的维护

热敏电阻和热敏开关都是与加热辊靠近的部件，早期的激光打印机将其装在热辊接近中心的部位，后来改进的都是装在加热辊的两头。这两个部件平常无须很多维护，但使用较长时间（输出量较大）的打印机，由于热敏电阻外壳（外包装壳）上会粘上废粉及一些脏物，影响它对温度的敏感性，使其对热辊的感温发生变化，从而使加热辊的表面温度升高，这首先会影响热辊的寿命，加速橡皮辊的老化和分离爪等部件的磨损，加大预热等时间，从而使定影灯管的使用寿命减小。其次，温度太高会使纸张发生卷曲而影响输出，造成卡纸，有时甚至会使硫酸纸、铜版纸等起泡而不能使用。情况严重时甚至会使加热辊烧坏。

维护的方法是要小心地拆下定影器，取下热敏电阻和热敏开关，用棉花蘸无水酒精将其外壳的脏物擦拭干净，操作时一定要细心，不要将其外壳损坏。然后小心地将其装回原位，装上时一定要注意热敏电阻与热辊的距离，以免感温太高损坏部件等。一般来说，要将热敏电阻尽量地接触靠紧加热辊，热敏开关可适当空开一些距离。

4. 光电传感器的维护

光电传感器被污染，会导致打印机检测失灵。如手动送纸传感器被污染后，打印机控制系统检测不到有、无纸张的信号，手动送纸功能便失效。因此，应该用脱脂棉花把相关的各传感器表面擦拭干净，使它们保持洁净，始终具备传感灵敏度。

5. 硒鼓的维护

激光打印机的硒鼓为有机硅光导体，存在着工作疲劳问题，因此，连续工作时间不可太长，若输出量很大，可在工作一段时间后停下来休息一会儿再继续输出。有的用户用两个粉盒来交替工作，也是一种解决办法。至于硒鼓的保养维护，特别是清洁硒鼓对办公人员来说也是一项重要的基础工作，主要工作如下：

1）若要清洁硒鼓的表面应小心地拆下硒鼓组件，用脱脂棉花将表面擦拭干净，但不能用力，以防将硒鼓表层划坏。

2）用脱脂棉花蘸硒鼓专用清洁剂擦拭硒鼓表面。擦拭时应采取螺旋划圈式的方法，擦亮后立即用脱脂棉花把清洁剂擦干净。

3）用装有滑石粉的纱布在鼓表面上轻轻地拍一层滑石粉，即可装回使用。

4）平常在更换墨粉时要注意把废粉收集仓中的废粉清理干净，以免影响输出效果。因为废粉堆积太多时，首先会出现"漏粉"现象，即在输出的样稿上（一般是纵向上）出现不规则的黑点、黑块，如若不加以排除而继续使用，过一段时间在"漏粉"处会出现严重底灰（并有纵向划痕）。产生这种故障的原因是起先废粉堆积过满，使再产生的废粉无法进入废粉仓，而废粉仓中的废粉也会不断"挤"出来而产生"漏粉"现象。由于废粉中包含着纸灰、纤维等脏物，较粗糙，与硒鼓长时间摩擦，而且越来越紧，压力越来越大，最终将硒鼓表面的感光膜磨掉，硒鼓就损坏了。这导致输出的纸样底灰严重，由于它们一直是纵向摩擦，因此在底灰中可见到纵向划痕。所以，在发现输出"漏粉"时应马上清理废粉仓。最后应注意，在硒鼓清洁时要尽量避光操作。

6. 传感器条板及传输器锁盘的维护

用软布略蘸清水，将银白色长条板及传输器锁盘上积存的纸灰等异物擦拭干净，以确保传输无阻。

7. 输纸导向板的维护

输纸导向板位于墨粉盒的下方，其作用是使纸张通过墨粉盒传输到定影组件。进行清洁时，用软布略蘸清水将输纸导板的表面擦拭干净，以确保打印件清楚洁净。

8. 其他传输部件的维护

其他传输部件如搓纸轮、传动齿轮、输出传动轮等一些传动、输纸通道不需要特殊的维护，平常只要保持清洁就可以。对于搓纸轮，若发现搓纸效果不好（即搓不进纸张）时，可检查所用纸张是否纸粉或砂粉太多，尽量不要使用这种质量不好的纸。此外，可用棉花蘸些无水酒精擦拭搓纸轮，即可解决上述问题。若搓纸轮老化严重，可用细砂纸横向砂磨，当然，老化的搓纸轮最终还是要更换的。其他传动橡皮轮的维护一般也同搓纸轮。在进行以上清洁工作之前，必须先关掉激光打印机的电源。

9. 打印机的清洁

碳粉盒中墨粉用完后，打印机的缺粉指示灯亮起，此时应给碳粉盒重新加粉。加粉后粉盒四周应用软布或毛刷清洁干净，同时应将打印机电源线拔掉，并将激光打印机前置盖板打开，用吸尘器吸去残留在机内的墨粉和纸屑（一定不要用嘴去吹，否则会对机件造成损害），并用软布擦干净，然后再放入碳粉盒。这样长期坚持，可以延长打印机的使用寿命，并使其处于良好的工作状态，减少频繁更换常用零部件的费用。激光打印机外部可用干净的湿布或专用清洁剂擦净，并用柔软的干布擦干即可。打印机不需要加注任何润滑剂，较长时间使用打印机后，可以将打印机拆开进行除尘去脏。

5.4.3　激光打印机的常见故障及维修

（1）卡纸

卡纸是打印机的一种常见故障，而不正确的排除方法可能会对机器造成更大的损害。发生卡纸故障后，应先关闭电源，再打开前门，查明卡纸部位。若纸卡在定影组件前面，可直接向打印机内侧方向抽出（取出纸张时，应注意其碳粉颗粒尚未经加温和加压，因此会溅出碳粉）。若纸卡在定影组件附近时，应向内侧方向轻拉出，不要用力向外拉出，避免碳粉污损前置内部。若纸张完全卡在定影组件中，可向外拉出。若卡纸已在出纸部位时，可轻易地将纸张拉出。若纸卡在定影器内并挤成一团，无法由出纸口拉出时，可将托盘打开，在中央处有一排纸标示符号，可打开此处而将卡纸取出。

（2）出纸成波浪状

打印机经常会出现出纸打皱的现象，打出来的纸张成波浪状，严重时可能纸张刚出头就卡住。这种故障主要是由于出纸辊上的橡胶圈老化，与纸张接触时打滑，导致出纸口的出纸速度小于定影器的出纸速度，纸张在出纸口堆积而起皱。橡胶圈老化严重时，甚至不能将纸排出，造成卡纸。因此，这种故障只须更换新的出纸辊即可排除。如果暂时没有新的出纸辊可供更换，可用锉刀将橡胶圈表面锉一遍，即可正常使用一段时间。

（3）使用纸盒送纸方式时，经常不进纸

这种故障主要是由于纸盒搓纸轮太脏或磨损，搓纸时打滑，造成不进纸。如果搓纸轮太脏，只须清洗干净，即可正常使用。如果搓纸轮磨损严重，就必须更换。如果经常或只使用A4 的纸，搓纸轮只是内侧的橡胶圈磨损了，外侧的橡胶圈并未磨损，如果暂时没有新的搓纸轮可供更换，可将搓纸轮清洗干净后，将内外侧橡胶圈互换，即可正常使用一段时间。

（4）纸样深度较浅，且纸样一边深一边浅

激光打印机在使用一段时间后，输出纸样深度越来越浅，并且纸样左右深度不同，呈由深到浅或由浅到深渐变。经过更换新硒鼓，发现情况没有实质性好转。这时初步可以断定是激光器长时间工作后受灰尘污染所致，可拔下打印机电源线，打开顶盖，取下接口板和主板，露出激光器组件。拆下激光器组件，打开激光器的密封塑料盖，用专用镜头纸或无水酒精棉球对各光学透镜、棱镜、反光镜等轻轻擦拭（注意不要用力触动各光学镜片的固定位置），待酒精自然挥发完后，重新装机运行即可。

（5）露白轨迹线

出现该症状最有可能是没墨粉了。将硒鼓取出，轻微左右晃动，再放入打印机内，如打印效果明显有改善，则说明硒鼓内的碳粉不多了；若确认碳粉充足时也出现露白轨迹，则问题要严重一些，需要更换硒鼓。

（6）连续打印时丢失内容

文件的前面几页能够正常打印，但后面的页面会丢失内容或者文字出现黑块甚至全黑或全白，而分页打印时却又正常。这是由于该文件的页面描述信息量相对比较复杂，造成了打印机内存的不足。可以将打印机的分辨率降低一个档次实施打印，最好的解决方法当然是添加打印机的内存。

（7）打印纸面出现碳粉污点

用干燥清洁的软布擦拭打印机内部的纸道，以去除纸道内遗留的碳粉；打印每页只有一个字的三页文件，用来清洁打印机内部的部件；选择高质量的打印纸；如果还存在问题，可能需要更换碳粉盒或硒鼓。

（8）打印出现乱码

打印机自检，以判断打印机本身是否存在硬件故障；检测打印机的电缆及连接，在Window 下打印测试页，以确定打印机驱动程序是否正确安装；检查应用程序本身是否存在问题。

（9）更换主板或微机后不能打印

出现该症状可能是端口类型设置不对，需要在标准打印端口和 ECP 打印端口之间转换一下。可以在 BIOS 设置中进行更改，也可以在"控制面板"→"系统"→"设备管理"→"端口"→"打印机端口"→"属性"→"驱动程序"→"更改驱动程序"→"显示所有设备"中，将"ECP 打印端口"和"打印机端口"互换。

（10）出现平行的白线

一般来说是由于硒鼓内的碳粉不多了。可以将硒鼓取出，左右晃动，再放入机内，如打印正常，说明硒鼓内的碳粉不多了；若打印时还有白线，则需要更换新的硒鼓。

（11）打印出现横条

一般来说是由于显影器周围沾有载体以及墨粉被感光鼓吸附或洒落在纸上或显影器中搅拌装置运转不良或墨粉受潮结块所致。若是反光镜或镜头污染，进行清洁即可。

（12）打印出现纵向黑条

一般可按照感光鼓、清洁部分、显影部分、定影部分的顺序查找故障原因：感光鼓与其他部件接触划伤或者因刮板压力过大而摩擦损伤感光鼓表面；刮板刃口有缺陷或刃口积粉过多；显影辊上墨粉分布不均匀，呈条状分布或刮刀下有杂物；磁辊上沾有条状墨粉结物；定影器入口堵塞，转印后尚未定影的部分与定影器入口摩擦而损伤图像；加热辊表面沾有墨粉等污物。

（13）打印出现纵向白条

故障原因有以下几种：一般来说是感光鼓产生严重划痕造成印不上墨粉；充电电极丝上有污物造成感光鼓相应部分充不上电而出现白条；电源电压低造成充电电压不均匀而产生宽窄不一和边缘不清的白条；转印电极丝局部太脏而无法正常打印；墨粉少且不均匀或分离爪变形。

5.4.4　碳粉的相关知识

1. 激光打印机碳粉的成分组成及其作用

用激光打印机打印文稿质量的好坏，主要是由打印机性能、一体碳粉盒的物理机械性能以及打印机碳粉的质量等几方面所决定。其中，碳粉成分主要由以下成分组成：树脂（主要成像物质，构成碳粉的主体组成部分）；碳黑（主要是成像物质，具有调整颜色深浅的功能，即通常所说的黑度）；磁性氧化铁（在磁辊的磁力吸引下，可携带碳粉吸附在磁辊上）；电荷控制微粒（控制碳粉摩擦过的带电量使用碳粉带电均匀）；润滑剂（硅粒，起润滑作用，同时控制摩擦电荷）；热融塑料（增塑剂，控制碳粉熔点，携带碳粉在熔化状态下渗入纸张纤维，形成最终牢固的图像）。

2. 碳粉对碳粉盒、打印机的影响

碳粉在潮湿及温度变化大的环境中使用，搁置时间稍长便会产生结块现象，使用过程中会对碳粉盒的部件产生损害，从而影响成像质量，并会缩短碳粉盒的使用寿命。

激光打印机通过定影辊给碳粉加热，以便将碳粉熔化后压入纸张。不同的打印机，定影辊的加热温度会有偏差，因此熔点范围较宽的碳粉，与不同打印机的定影辊配合性能良好，使用在不同的打印机上都取得良好的打印质量。而熔点范围较窄的碳粉，打印质量是不稳定的，当碳粉熔点高于定影辊加热温度时，碳粉熔化不够，不能完全渗入纸张纤维，造成图像定影不牢；当碳粉熔点低于定影辊加热温度时，碳粉过度软化，会粘在定影辊上，污染定影辊，容易蹭脏打印纸。

3. 使用打印机碳粉的注意事项

在使用激光打印机碳粉时应注意：①注意介质使用环境温度应保持在 10～35℃、相对湿度 20%～80% 左右；②打印时不可使用变形、破损、褶皱、潮湿、超厚的打印介质；③使用前需将碳粉摇晃均匀，稍放片刻再使用。

4. 正确选择碳粉

目前，随着办公自动化的推广及普及，用户对激光打印机的要求越来越高。为得到高质量的打印效果，除激光打印机的自身质量好外，还要求碳粉黑度好、熔性好、颗粒精细。以下介绍碳粉质量方面的基本知识，通常在选择碳粉时需要关注这些特性：

1）细精度。优质碳粉应该达到粗细均匀的要求。

2）黑度。制版型碳粉，专用增黑配方，使碳粉微粒黑度增加。

3）电性能。制版型碳粉微粒的带电性比一般通用粉要高，保持电荷的能力也强，因此碳粉在磁辊→OPC→纸上的整个转印过程中均保持与机器相关电压，使碳粉能够更充分的转印到纸上，大大减少了残粉损耗。

4）固化力。合格的碳粉产品不论是在复印纸、制版转印纸还是涤纶软片等介质上都有很好的附着力。

5）定影温度。按不同机型的定影温度而设计，使其能在相应的温度下充分熔解，并在短时间内凝固，使用中碳粉在介质上的定影效果更佳，并且不粘定影辊或定影膜，使用分离爪能很容易把纸分离出来，减少卡纸从而减少对相关部件的损坏。

6）摩擦系数小。超细微粒碳粉减少了与感光鼓的摩擦程度，可延长感光鼓的使用寿命，同时刮板极易将残粉清除干净。

5.4.5　硒鼓的选择与保养

1. 硒鼓的分类

硒鼓（见图 5 -6）是激光打印机最主要的一种耗材。激光打印机硒鼓按组合方式可以分为以下 3 类：

1）一体化硒鼓。指光导鼓（感光鼓）、磁鼓（显影辊）以及墨粉盒为一体的硒鼓。这种硒鼓在设计结构上原则上不允许用户添加墨粉。

2）二体化硒鼓。指硒鼓分为两个独立的部分：一部分为光导鼓；另一部分为磁鼓与墨粉盒。用户用完墨粉后，只要更换磁鼓与墨粉盒部件，而不用更换光导鼓。

图 5 - 6　硒鼓

3）三体化硒鼓。指硒鼓分为三个独立的部分：光导鼓、磁鼓和墨粉盒。用户用完墨粉后只要更换墨粉盒。通常有的厂家称其为鼓粉分离技术。

对于二体和三体硒鼓，并不意味着在激光打印机的使用过程中，用户都不需要更换光导鼓，实际上这两类光导鼓与第一类的一体化硒鼓一样，其光导鼓都有一定的使用寿命，甚至还不如一体化硒鼓的光导鼓寿命长。

2. 硒鼓的安装

安装硒鼓前，先要将硒鼓从包装袋中取出，抽出密封条。注意一定要将密封条完全抽出，再以硒鼓的轴心为轴转动，使鼓粉在硒鼓中分布均匀，这样可以使打印质量提高。

3．硒鼓的保养

激光打印机的成像首先是依靠光导鼓的曝光，当硒鼓遇强光时，硒鼓的内外层导通，使得该处的电压与没有曝光处的电压不同，被曝光的地方在定影过程中可以吸引碳粉成像。但是硒鼓某一点被曝光的时间与次数都是有限的，特别在长时间连续曝光时对硒鼓的损坏比较厉害。因此用户平时使用时，应多注意硒鼓的保养。几条注意事项：①不要使硒鼓直接暴露在阳光或其他强光源下；②不要在强光下更换硒鼓，尽可能快地完成安装；③当把硒鼓从打印机上移走，应立刻把它放回包装盒或用较厚的软麻布包起来；④如果硒鼓来自寒冷的地方，那么移到温暖的地方并搁置一个小时或更长时间再使用；⑤硒鼓挡光板用于屏蔽外部的光源，以保护感光硒鼓，因此不要随意打开；⑥不要用手碰感光的硒鼓的表面；⑦不要把硒鼓放置在高温、高湿度的地方；⑧确保硒鼓远离显示器、磁盘驱动器或任何其他磁性物质。

5.5 喷墨打印机的工作原理

目前喷墨打印机是市场上所有打印机种类中使用率和普及率最高的一种，在现代办公中主要用于打印宣传品、照片、标书等，由于性价比的不断提高，也大量走进家庭，并得到广泛的应用。喷墨打印技术早在1960年就有人提出，但过了16年第一部商业化喷墨打印机才诞生，即IBM 4640，其采用连续式喷墨技术。所谓连续式喷墨，是无论印纹或非印纹，都以连续的方式产生墨滴，再将非印纹的墨滴回收或分散。但此技术几乎是用滴的方式将墨点印到纸上，效果极差，因此在现实中毫无实用价值，该机型也很快被新的喷墨技术所代替。喷墨打印机是在针式打印机之后发展起来的，采用非打击的工作方式。其优点比较突出，体积小、操作简单方便、打印噪音低、使用专用纸张时可以打出和照片相媲美的图片等。图5-7所示为目前较为常见的喷墨打印机。

图5-7 喷墨打印机

5.5.1 喷墨打印机的常用术语

下面首先介绍有关喷墨打印机的常用术语和基本概念。

1）打印寿命：一般指覆盖率黑色达到5%，彩色达到15%下可以打印的A4纸页数。

2）打印机分辨率：所有厂家都用DPI（Dots Per Inch，每英寸打印点数）来表示打印机的分辨率，这是一个行业标准，如2400×1200DPI。单色打印时DPI值越高打印效果越好。而彩色打印时情况比较复杂，通常打印质量的好坏要受DPI值和色彩调和能力的双重影响。由于一般彩色喷墨打印机的黑白打印分辨率与彩色打印分辨率可能会有所不同，所以选购时一定要注意看商家所标示的分辨率是哪一种分辨率，是否是最高分辨率。此外，微立升也是衡量一台打印机好坏的一个指标，1微立升代表一滴墨水的体积。注意微立升只是一个容量单位。

3）打印状态初始化：打印状态初始化是指清洗打印头。在新墨盒装机时，打印机会自动检测并作初始化清洗打印头，以便以最好的状态进行打印。

4）×色打印：按使用的墨水的颜色可以分为彩色和黑白，彩色又可以分为 4 色、6 色和 8 色，一般照片级打印机都是配备的 6 色以上的打印墨盒。一般来说墨盒的色彩数越多打印出来的照片的层次感就越丰富。目前具有 8 色打印的打印机有 Canon PRO-100、EPSON P408、HP Designjet Z2100 等。

5）打印速度：喷墨打印机的打印速度一般以每分钟打印的页数（Page Per Minute，PPM）来统计。但因为每页的打印量并不完全一样，所以这个数字一定不会准确，只是一个平均数字。

6）打印幅面：一般喷墨打印机的打印幅面有 A4 和 A3 两种，使用较多的是 A4 幅面的喷墨打印机。

7）打印机接口：目前市场上打印机产品的主要接口类型包括常见的并行接口和 USB 接口。USB 接口依靠其支持热插拔和输出速度快的特性，在打印机接口类型中占有主导地位。有的喷墨打印机还配备了直接和数码照相机连接的接口，也有使用 IEEE 1394 接口等。

8）环保：指墨盒的材料、墨水为无毒无害无致癌物质，其中的大多数材料为可降解的。

9）再生：指在原墨盒的基础上利用原墨盒的主要材料，进行加装墨水再使用。

10）测试线或测试图案：指用来进行测试墨盒喷嘴的一些线条或图案。

11）墨盒分辨率：观测肉眼所能识别的最小字体（检测时一般设定字体大小为 2 ~ 6point，越小越好）。

12）打印流畅性：指墨盒装机后打印机打印过程的优良率（一般以不断线，印迹无缺陷为准）。

13）颜料型墨水：指墨水以颜料为色基的墨水。

14）染料型墨水：指墨水以染料为色基的墨水，目前多数机器用。

15）表面张力：指墨水流动的阻力，一般要求高表面张力。

5.5.2 喷墨打印机的工作过程

在自然界中的色彩几乎都可以由选定的三种颜色以适当的比例混合得到，而且绝大多数的颜色也可以分解成特定的三种单色，这三种选定的颜色被称为三基色，各三基色相互独立，其中任一种基色是不能由另外两种基色混合而得到，当它们相互以不同的比例混合，就可以得到不同的颜色，例如黄色加蓝色等于绿色，而红、蓝、绿怎样混合也不可以得到红、蓝、绿。

通常我们看到的喷墨打印机彩色墨盒正是由几种纯净单一颜色组成，常见的三色墨盒打印机通常就是采用性质比较稳定的青色（Cyan）、品红色（Magenta）、黄色（Yellow）来混合不同的颜色。而四色打印机，通常就加上一种黑色（Key Plate（Black）），用于纯黑色的打印。随着技术的发展，出现了六色墨盒，就是在原有的四色（CMYK）上再加上浅蓝绿色和浅品红色（即 CcMmYK 和 CMYKcm），使得所打印的图片色彩更加逼真。

喷墨打印机的工作过程，简单地说，就是利用控制指令来操控打印头上的喷嘴孔，依照使用者的需求喷出定量的墨水，而根据喷墨打印头的不同，大致上又可分为热气泡式

（Thermal Bubble）喷墨打印机、压电式（Piezoelectric）喷墨打印机两种。

1. 热气泡式喷墨打印机

1979 年，日本佳能公司的研究员成功地研究出气泡式喷墨（Bubble Jet）技术，此技术利用加热组件在喷头中将墨水瞬间加热产生气泡形成压力，从而墨水自喷嘴喷出，接着再利用墨水本身的物理性质冷却热点使气泡消退，由此达到控制墨点进出与大小的双重目的。热气泡式喷墨打印机以 HP、Canon、Lexmark 为市场代表，此种类型的打印机喷嘴上含有许多的微加热原件，利用瞬间加热的方式，让墨嘴中的墨水迅速达到沸点，墨水沸腾时所产生的气泡会产生极大压力，将墨水自喷头挤压而出，落在需要打印的纸张上（见图 5 - 8）。而且此种打印机还具有高喷嘴密度以及成本低的优点，但是相对的，由于喷嘴头时冷时热的动作，容易造成打印头老化的现象，因此一般而言，此种类型打印机多将喷嘴头内建于墨水夹内，在更换墨水夹的同时，也同时更换掉墨嘴，以保证打印出的品质效果。

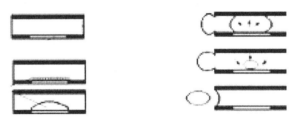

图 5 - 8　气泡式喷墨技术示意

2. 压电式喷墨打印机

1976 年西门子科技的三位研究者 Zoltan、Kyser 和 Sear 研发成功压电式墨点控制技术（EPSON 技术的前身），并将其成功运用在 Siemens PT-80 上，此款打印机在 1978 年量产销售，成为世界上第一部具有商业价值的喷墨打印机。目前，压电式喷墨打印机以 EPSON 的产品为市场代表，此种打印机的喷嘴内含的是微小的电动墨水挤压器，当电流通过这些墨水挤压器的同时，会使挤压器产生作用，将墨水自喷嘴内挤压而出，打印在纸张上。此种打印机具有能产生较高墨滴率的能力，而且也没有墨嘴容易老化的隐忧，但缺点是其成本比起热气泡式打印机要高，而且在喷嘴的密度方面也比较低一些。

采用微电压的变化来控制墨点的喷射，不仅避免了热气泡喷墨技术的缺点，而且能够精确控制墨点的喷射方向和形状。压电式喷墨打印头在微型墨水储存器的后部采用了一块压电晶体。对晶体施加电流，就会使它向内弹压。当电流中断时，晶体反弹回原来的位置，同时将一滴微量的墨水通过喷嘴射出去。当电流恢复时，晶体又向后外延拉，进入喷射下一滴墨水的准备状态。

这两种方法相比，热气泡式打印头由于墨水在高温下易发生化学变化，性质不稳定，所以打出的色彩真实性就会受到一定程度的影响；另一方面由于墨水是通过气泡喷出的，墨水微粒的方向性与体积大小不好掌握，打印线条边缘容易参差不齐，在一定程度上影响了打印质量，这都是它的不足之处。压电式打印头技术是利用晶体加压时放电的特性，在常温状态下稳定地将墨水喷出，对墨滴控制能力较强，还将色点缩小许多，产生的墨点也没有彗尾，从而使打印的图像更清晰，容易实现高达 1440DIP 的高精度打印质量，且压电式喷墨时无须加热，墨水就不会因受热而发生化学变化，故大大降低了对墨水的要求。另外，压电式打印头被固定在打印机中，因此只需要更换墨盒就可以了；而热气泡式喷墨打印机需要在每个墨盒中安装喷墨嘴，这样会增加墨盒的成本。但压电式喷墨打印机的缺点是，如果压电式打印头损坏或者阻塞，则整台打印机都需要维修。

5.6 喷墨打印机的使用与维护

5.6.1 喷墨打印机的关键技术

喷墨打印机的关键技术主要集中在喷头和墨水两方面，其好坏直接影响最终打印的质量。因此，现在的喷墨打印机厂商均在喷头和墨水技术上不断推陈出新，也使喷墨打印机输出的图像质量越来越好。

（1）高分辨率喷头是衡量产品技术的重要因素

彩色喷墨打印机目前达到的 5760×1440DPI 分辨率与其最初时的分辨率已不可同日而语，但各大公司仍在追求更高分辨率的突破。打印分辨率的高低，主要取决于喷墨头的好坏。喷墨的速度主要取决于两个方面的因素：一个是墨滴频率（每秒有多少墨滴），另一个是墨滴大小。而喷墨头的重量也会影响到速度，如重量轻的喷墨头在加速和降速上就比较容易控制。至于分辨率则同样与两个方面的因素有关：一个是喷墨头每一管道的间隔距离，另一个是墨滴的大小。

（2）墨水质量和使用寿命是用户必须考虑的重要因素

彩色喷墨打印机厂商一直认为，能否打印出色彩亮丽、永不褪色的高品质效果，其核心问题在墨水上。如果墨水中的墨色成分耐受不了光线（特别是阳光中的紫外线）的长时间照射，亮丽的输出稿件就会渐渐衰退暗淡。常见的染料型（Dye）墨水便是如此，尽管它能很快渗透进打印介质，也很容易缩小墨滴的尺寸，但它致命的问题是染料在紫外线照射下会褪色，而且也不防水，难以在户外得到应用。另一类墨水被称为颜料型（Pigment），它是由大量悬浮在水中的色素颗粒组成的。颜料墨水具有相对出色的耐磨、耐水性能，但色彩表现一直难如人意。

染料型和颜料型墨水都只能追求质量或是寿命的某一方面，有没有两全其美的方案呢？爱普生公司的"世纪色彩"油性墨就采用"胶囊"技术成功地解决了这一难题。在这种新型墨水中包含大量的色素颗粒，其外部由一层树脂材料包裹，形成一个个特殊的"胶囊"。由于树脂的隔离作用，墨水中的色素颗粒尺寸非常小，只有 0.1μm，是以往颜料墨水颗粒的1/100。其实这层胶囊的作用还不只是让色素颗粒变小，它可以反射紫外线，大大延长打印作品的色彩寿命；"胶囊"落在介质上可以融合成光滑的表面，在提高画面光洁度的同时，还增强了输出的耐水、耐磨能力。其优势首先是使大幅面喷墨输出几乎变得长生不老，降低了户外广告的成本和维护难度；其次，"胶囊"技术也让颜料墨水达到了前所未有的图像质量。

目前爱普生公司的多种机型主要采用的是 6 色快干墨水，在 10μs 内可快速渗透进纸纤维，这不仅减少了墨水的干燥时间，使其在打印输出时墨滴就已定型，而且墨滴的快速着色也提高了墨水的使用效率。

5.6.2　使用喷墨打印机前的基本操作方法

使用喷墨打印机之前，不同的机型需要注意的问题不太一样，而做好使用前的第一次操作或处理对今后打印机的使用是至关重要的。根据不同的厂家的产品，本节介绍一些常见的操作方法。

1. EPSON 系列的操作方法

在操作系统中单击"开始"按钮，选择"设备和打印机"，右键单击打印机，选择"打印机属性"项，再选择其中的"应用工具（Utility）"，然后进行以下操作。

1）打印测试线：选择"测试线检查（Nozzle Check）"，在打印纸上打印出测试线，对比是否完整。

2）清洗打印头：选择"清洗打印头（Head Cleaning）"，注意只有在打印测试线不完整时进行打印头清洗，因为清洗打印头会导致墨水消耗。

3）打印头校准：当打印的文字有错位现象时，进行打印头校准。选择"打印头校准"，依要求及提示一步步进行操作。

2. Canon 系列的操作方法

1）清洗打印头：清洗打印头以清除打印头喷嘴处的阻塞物。当打印变淡或某种颜色不出墨，应清洗打印头。

① 清洗。在操作系统中单击"开始"按钮，选择"设备和打印机"，右键单击相应的打印机，选择"打印机属性"项，选择菜单中的"维护"→"清洗"，出现"打印头清洗"对话框，按照指示进行操作。如果一次清洗没有改善打印质量，可再次清洗。

② 深度清洗。可以对某些打印机型号的打印头进行深度清洗，操作步骤同上，选择"维护"→"深度清洗"即可。

注意： 如果清洗和深度清洗后仍不见改善，则墨水可能用完或打印头已磨损。经常清洗打印头会加速墨水消耗。

2）喷嘴检查：选择"维护"→"喷嘴检查"，出现确认信息，单击"确定"按钮，喷嘴检查图案被打印出来。

3）打印头对齐：选择"维护"→"打印头对齐"，按照提示进行操作。出现"打印头对齐"对话框，选择相关框中的最平滑图案的号码。单击预览窗中最平滑图案的所在位置，可自动设置相关框的号码。完成所有设置后，单击"确定"按钮。按照提示进行操作，当"打印头对齐"对话框再出现时，重复上述步骤。

注意： 如果根据信息提示无法确定哪个图案最平滑，应参照打印机使用手册中的相关说明。

4）更换墨盒。方法如下：

① 取出墨盒，按箭头的方向拉掉黄色封口膜（要撕干净）。

② 将墨盒反转后，左手大拇指压在保护盖帽上，四指平托住封口膜平面，右手大拇指对住保护盖的把手处，其余几指放在定位卡处。

③ 注意不要挤压墨盒的两边，这会造成墨水漏出。

④ 用力旋开保护盖，并将它安放到相应的位置。

注意：颜色的顺序一般为黑色（BK）、靛青色（C）、洋红色（M）、黄色（Y）。

3．HP 系列的操作方法

1）安装打印墨头。连接电源，打开打印机，然后打开打印机顶盖。打印墨头的支架将移动到打印机的中间，打印机的"恢复"灯将闪烁。向上掀动打印墨头的闩，抓住旧打印墨头的顶部，从支架中取出。从包装中取出新的打印墨头，不要触及油墨喷嘴或接点，轻轻地去掉盖住油墨喷嘴的胶带。把新的打印墨头推进支架槽，然后关上打印墨头的闩。关上打印机顶盖。校准打印墨头，使打印质量最好。

2）清洗打印墨头。如果发生了如下情况，则可能需要清洗打印墨头的油墨喷嘴：所打印的字符不完全，或者打印出的结果缺少点或线（这是油墨喷嘴阻塞的症状，是长期暴露在空气中引起的）；或当出现"检查打印墨头"的消息时。方法为单击相应打印机的助手或工具框，选择"维护"→"清洗打印墨头"，按提示一步步地执行。

注意：清洗油墨喷嘴的次数太频繁会缩短打印墨头的使用寿命。

3）打印测试页。在"维护"栏中，选择"打印自检页"，按提示的步骤一步步进行。

4）校准打印头。建议每次更换墨盒时作一次打印头校准，方法是选择"维护"→"校准打印墨头"，按提示的步骤一步步进行。

通过以上逐步操作，使打印机能够正常使用。另外，当打印机长时间不用后再次使用时，往往需要重复以上操作，以保证打印效果好。

虽然各家厂家的打印机操作有一些不同之处，但用户应参照使用说明书的操作要求和步骤进行操作和配置，特别是第一次使用时，应认真阅读打印机使用说明书，并严格按照说明书要求进行必要的配置或设置，以便以后能很好使用该打印机。

5.6.3 喷墨打印机的常见故障及排除

1）堵头：解决方法主要为清洗打印头，读者应参照打印机使用说明书的相关内容进行操作。

2）不认墨盒：这种情况一般出现在有芯片的墨盒中，主要是芯片方面原因。可以通过移动芯片船试试是否能恢复正常工作，否则只能更换。

3）色偏：可先打印测试线，若缺色，则可能是堵头或墨盒为不良品；若不缺色，则可能是墨盒中墨水有问题。应根据判断进行相应的处理。

4）渗墨现象：套色打印时，深色与黑色混打有渗墨现象，这种情况在原装墨盒中也存在，应该属于所用的墨水所致。

5）漏墨：出现这种情况的原因主要是产品的生产工艺导致，尤其是经过空运后，这种情况更易发生。

6）打印不出或缺线：产生的原因一般为黄色标签未撕干净、测试线不完整时未清洗打印头、打印头老化或打印头堵头或其他原因。可以按照相应的原因来加以解决。

5.6.4 喷墨打印机墨盒的日常维护与使用

墨盒是喷墨打印机用户经常面对的耗材，对它的有效使用可以提高打印的工作效率，因此必须注意对墨盒的日常维护工作。

1）当打印机墨盒检测指示灯亮后，表示该墨盒中的墨水已基本用尽，应当适时更换墨盒，以免喷嘴堵塞。按住打印机的进/退纸键约 3s，在打印机喷头开始工作时松开按键（具体操作请参照打印机使用说明书）。打印机喷头将自动停在更换墨盒的位置处。此时打开打印机上盖，掀起墨盒座的卡盖，取出使用完的墨盒，将相应型号的墨盒标贴纸撕干净，按要求放进相应墨盒座，关好卡盖和上盖。

2）按清洗键进行清洗。清洗完后，打印喷嘴测试线，并将它与屏幕上所显示进行对照。如完全一样，证明可以正常打印了；若出现断线、跳线等现象，则需要再次进行清洗，直到打印的测试线与屏幕显示完全一致。

3）新墨盒如果暂时不用，请将出墨口朝下放置。

4）墨盒一旦安装，在未用完前，最好不要取出并重复使用，这样容易在出墨口产生气泡，严重影响打印效果。

5）墨盒安装后最好在 6 个月内使用完，以保证达到最佳打印质量。

6）墨盒在长时间不使用时应置于常温下，并避免日光直射。

5.7　打印新技术简介

在针式、喷墨和激光 3 类打印机中，针式打印机已逐渐退居到少数专用领域，激光打印机特别是黑白激光打印机更多地被用在办公领域，喷墨打印机以其低廉的价格优势占据了家庭和部分办公市场的主导地位。

根据打印原理和工作方式的不同，热转换打印机可以分为热（染料）升华打印机、固体喷蜡打印机、热蜡打印机和微干处理打印机，这些打印机具有输出质量高，图像清晰艳丽、可以使用很多种打印介质等特点，因此主要被应用于专业图像输出领域，它们的价格通常都较高。近年来，又出现 3D 打印技术，其技术发展迅速，应用领域也在不断扩大。

1. 热升华打印机

热升华（Thermal Dye Sublimation）打印机的工作原理是将 4 种颜色（青色、品红色、黄色和黑色，简称 CMYK）的固体颜料（称为色卷）设置在一个转鼓上，这个转鼓上面安装有数以万计的半导体加热元件，当这些加热元件的温度升高到一定程度时，就可以将固体颜料直接转化为气态（在物理学中将固态不经过液化就变成气态的过程称为升华，因此这种打印机被称为热升华打印机），然后将气体喷射到打印介质上。每个半导体加热元件都可以调节出 256 种温度，从而能够调节色彩的比例和浓淡程度，实现连续色调的彩照片效果。在几类热转换打印机中，热升华打印机的输出效果最好，但是它的缺点是打印速度相当慢，对打印介质要求高，从而直接导致打印成本的提高。

2. 固体喷蜡打印机

固体喷蜡（Solid Ink）打印机的工作原理是将青、品红、黄和黑这 4 色固体蜡（Color Stix）作了两次相变，固体蜡原本是附着在打印机的鼓上，打印时做第一次相变熔化成液体并喷到打印介质上，然后立刻被重新固化，即进行第二次相变，在打印介质上形成图像之后，经过两个滚筒的挤压，从而使介质表面变得非常光滑。固体喷蜡打印机打印出的图像效果虽然稍逊于热升华打印机，但是其色彩极为艳丽鲜亮，对打印介质要求也不高，彩色打印速度要比热升华打印机快得多，不过进行单色打印时与进行彩色打印的速度基本相同。

3. 热蜡打印机

热蜡打印机也叫作热转印（Thermal Transfer）打印机，它的工作原理是利用打印头上的半导体加热元件将附着在专用色带上的红、黄、蓝 3 种基色的蜡状彩色物质加热熔化至打印介质上，整个过程要进行 3 次操作才能最终完成打印输出。热蜡打印机的优点是输出清晰度较高，但是其打印成本高，只有使用专用介质才能够保证输出质量。

4. 微干处理打印机

微干处理（Micro Dry Process，简称 MDP）打印机的打印原理是使用了防水的干式油墨，这种油墨工作在非水性状态，打印时直接转印到输出介质上，这样就避免了使用水性墨水时容易出现的渗透、扩散等影响打印质量的现象。由于微干处理打印机使用的油墨经过干式处理后的墨点直径仅为 $40\mu m$，因此能够达到较高的分辨率，例如单色可以轻松实现 1200DPI，彩色打印也能达到 $600 \times 600DPI$，并且在普通纸上也能够得到类似于彩色激光打印机那样的打印质量，输出图样具有照片品质的亮丽效果。

在上述几类热转换打印机中，就打印质量而言，热升华打印机的效果最好，固体喷蜡打印机和微干处理打印机次之；就打印速度和打印成本而言，固体喷蜡打印机和微干处理打印机较具优势。

5. LED 打印机

LED 打印机与激光打印机的打印原理基本相同，基本上这两种打印机都是电子照相打印方式，具体来讲分成 4 个主要阶段：充电、曝光、显影、打印。其中只有曝光部分分为所谓 LED 和激光两种，其他的地方是完全相同的。

LED 打印机是采用了一组发光二极管（LED）来进行扫描感光成像，LED 感光成像采用了密集的 LED 阵列为光发射器，将数据信息的电信号转化为光信号然后发射到感光鼓上。而激光打印成像技术则是将全部的数据信号传送给一个发射装置，发射出的光线经过旋转的多棱镜反射后成像于感光鼓上。这样一来，LED 技术的成像过程明显比激光成像过程要简单一些，也因为这样，通常 LED 打印技术在速度上要略优于激光打印。

现阶段打印机市场仍然以激光打印机为主，但是在不远的将来 LED 打印机有可能会赶超。因为首先在打印质量上，目前为止 LED 方式和激光方式打印质量差不多，但是已经出现了 LED 超过激光的倾向；其次是打印速度，在 8PPM 的时候，两者之间差不多，而若到 30PPM，LED 已经体现出它的优越性，再进一步到 60PPM 甚至 120PPM 时，LED 打印机就超越激光打印机了；第三是分辨率，真实分辨率为 300DPI、600DPI 的时候 LED 和激光打印机还差不多，进入 1200DPI 的时候，真分辨率上 LED 就要比激光先进一点。

6. 3D 打印技术

（1）3D 打印

3D 打印（3DP）即快速成型技术的一种，它是一种以数字模型文件为基础，运用粉末状金属或塑料等可黏合材料，通过逐层打印的方式来构造物体的技术。

3D 打印通常是采用数字技术材料打印机（见图 5-9）来实现的，常在模具制造、工业设计等领域被用于制造模型，后逐渐用于一些产品的直接制造，目前已经有使用这种技术打印而成的零部件。该技术在珠宝、鞋类、工业设计、建筑、工程和施工（AEC）、汽车、航空航天、牙科和医疗产业、教育、地理信息系统、土木工程、枪支设计与制造以及其他领域都有所应用。

图 5-9　3D 打印机

（2）3D 打印机的工作原理

日常生活中使用的普通打印机可以打印平面图像，3D 打印机与普通打印机工作原理基本相同，只是打印材料有些不同，普通打印机的打印材料是墨水和纸张，而 3D 打印机内装有金属、陶瓷、塑料、砂等不同的"打印材料"，是实实在在的原材料，打印机与计算机连接后，通过计算机控制可以把"打印材料"一层层叠加起来，最终把计算机上的蓝图变成实物。通俗地说，3D 打印机是可以"打印"出真实的 3D 物体的一种设备，比如打印一个机器人、玩具车、各种模型甚至是食物等。之所以通俗地称其为"打印机"是参照了普通打印机的技术原理，因为分层加工的过程与喷墨打印十分相似。这项打印技术称为 3D 立体打印技术。

3D 打印存在着许多不同的技术。它们的不同之处在于以可用的材料的方式，并以不同层构建创建部件。3D 打印常用材料有尼龙玻纤、耐用性尼龙材料、石膏材料、铝材料、钛合金、不锈钢、镀银、镀金、橡胶类材料。

（3）3D 打印特点

3D 打印的主要特点体现在以下几个方面：

1）3D 打印带来了世界性制造业革命，以前是部件设计完全依赖于生产工艺能否实现，而 3D 打印机的出现，将会颠覆这一生产思路，这使得企业在生产部件的时候不再考虑生产工艺问题，任何复杂形状的设计均可以通过 3D 打印机来实现。

2）3D 打印无须机械加工或提供模具，就能直接从计算机图形数据中生成任何形状的物体，从而极大地缩短了产品的生产周期，提高了生产率。尽管仍有待完善，但 3D 打印技术市场潜力巨大，势必成为未来制造业的众多突破技术之一。

3）人们可以在一些电子产品商店购买到这类 3D 打印机，目前也有工厂进行直接销售。科学家们表示，3D 打印机的使用范围还很有限，不过在未来的某一天人们一定可以通过 3D 打印机打印出更实用的物品。

4）3D 打印技术在美国国家航空航天局（NASA）的太空探索任务中发挥了重要作用，

国际空间站现有的三成以上的备用部件都可由 3D 打印机制造。这台设备使用聚合物和其他材料，利用挤压增量制造技术逐层制造物品。3D 打印实验也是 NASA 未来重点研究项目之一，3D 打印零部件和工具将增强太空任务的可靠性和安全性，同时由于不必从地球运输，可降低太空任务成本。

思考题

1. 打印机按工作原理分为几类？
2. 简述针式打印机的工作原理。
3. 简述激光打印机的工作原理。
4. 简述激光打印机硒鼓的保养方法。
5. 简述喷墨打印机的工作原理。
6. 简述喷墨打印机墨盒的日常维护中的注意事项。
7. 简述热升华打印机的工作原理。
8. 简述 3D 打印技术的基本原理和应用。
9. 小论文：通过资料收集，论述打印机技术的现状及发展趋势（不少于 1500 字）。

第6章 扫 描 仪

学习目标：

1）了解扫描仪的发展历程。

2）掌握扫描仪的工作原理。

3）熟练掌握扫描仪的使用及维护方法。

扫描仪是除键盘和鼠标之外被广泛应用于计算机中的输入设备。用户可以利用扫描仪输入照片建立自己的电子影集；输入各种图片建立自己的网站；扫描手写信函再用 E-mail 发送出去以代替传真机；还可以利用扫描仪配合 OCR 软件输入报纸或书籍的内容，免除键盘输入汉字的烦琐。所有这些展示了扫描仪不凡的功能，使用户在办公、学习和娱乐等各个方面提高效率并增进乐趣。

6.1 扫描仪概述

6.1.1 扫描仪的发展历程

扫描仪是 20 世纪 80 年代中期才出现的光机电一体化产品，它由扫描头、控制电路和机械部件组成。采取逐行扫描，得到的数字信号以点阵的形式保存，再使用文件编辑软件将其编辑成标准格式的文本储存在磁盘上。从 1987 年的手持式扫描仪诞生至今，扫描仪的品种多种多样，并在不断地发展。

6.1.2 扫描仪的分类

扫描仪主要分为以下几类。

1. 手持式扫描仪

手持式扫描仪于 1987 年出厂，是当时使用比较广泛的扫描仪品种，最大扫描宽度为 105mm，用手推动，完成扫描工作，也有个别产品采用电动方式在纸面上移动，称为自动式扫描。手持式扫描仪绝大多数采用 CIS 技术，光学分辨率为 200DPI，有黑白、灰度、彩色等多种类型，其中彩色类的一般为 18 位彩色，也有个别高档产品采用 CCD 用为感光器件，可以实现 24 位真彩色，扫描效果较好。这类扫描仪广泛使用的时候，平板式扫描仪价格还非常昂贵，而手持式扫描仪由于价格低廉，获得了广泛的应用。后来，随着扫描仪价格的整体下降，手持式扫描仪扫描幅面太窄、扫描效果差的缺点越来越暴露出来。1996 年左右，各扫描仪厂家相继停产了这一产品，从而使手持式扫描仪退出了市场。

2. 馈纸式扫描仪

馈纸式扫描仪又称为滚筒式扫描仪或是小滚筒式扫描仪。20世纪90年代后期，由于平板式扫描仪价格昂贵，手持式扫描仪扫描宽度小，为满足A4幅面文件扫描的需要，厂家推出了这种产品。馈纸式扫描仪绝大多数采用CIS技术，光学分辨率为300DPI，有彩色和灰度两种，彩色型号一般为24位真彩色，也有极少数采用CCD技术，扫描效果明显优于CIS技术的产品，但由于结构限制，体积一般明显大于CIS技术的产品。随着平板式扫描仪价格的下降，这类产品也于1996年前后逐步退出了市场。不过2001年左右又出现了一种新型产品，这类产品与老产品的最大区别是体积很小，并采用内置电池供电，甚至有的不需要外接电源，直接依靠计算机内部电源供电，主要目的是与便携式计算机配套，因此又称为便携式扫描仪。

3. 鼓式扫描仪

鼓式扫描仪也称为滚筒式扫描仪，但与上面所说的馈纸式扫描仪不同。鼓式扫描仪是专业印刷排版领域应用最为广泛的扫描仪，它使用的感光器件是光电倍增管，性能远远高于CCD类扫描仪，一般光学分辨率在1000~8000DPI，色彩位数为24~48位，尽管指标与平板式扫描仪相近，但实际效果不同，当然价格也相差较大，低档的也在10万元以上，高档的可达数百万元。由于该类扫描仪一次只能扫描一个点，所以扫描速度较慢，扫描一幅图花费几十分钟甚至几个小时。

4. 平板式扫描仪

平板式扫描仪又称为平台式扫描仪、台式扫描仪，于1984年上市，是目前办公用扫描仪的主流产品。从指标上看，这类扫描仪的光学分辨率在300~8000DPI之间，色彩位数为24~48位。部分产品可安装透明胶片扫描适配器，用于扫描透明胶片，少数产品可安装自动进纸实现高速扫描，扫描幅面一般为A4或是A3。从原理上看，这类扫描仪分为CCD技术和CIS技术两种，从性能上讲CCD技术优于CIS技术，但由于CIS技术具有价格低廉、体积小巧等优点，因此也在一定程度上获得了广泛的应用。

5. 大幅面扫描仪

一般指扫描幅面为A1、A0幅面的扫描仪，又称工程图纸扫描仪。

6. 底片扫描仪

底片扫描仪又称胶片扫描仪或接触式扫描仪，其扫描效果是平板扫描仪+透扫不能比拟的，主要任务就是扫描各种透明胶片，扫描幅面从135底片到4in×6in（1in=2.54cm）甚至更大，光学分辨率最低也在1000DPI以上，一般可以达到2700DPI水平，更高精度的产品则属于专业级产品。

7. 名片扫描仪

名片扫描仪顾名思义就是能够扫描名片的扫描仪，以其小巧的体积和强大的识别管理功能，成为许多人办公人士的得力商务助手。名片扫描仪是由一台高速扫描仪加上一个质量稍高一点的OCR（光学字符识别系统），再配上一个名片管理软件组成。目前市场上主流的名片扫描仪的主要功能大致上以高速输入、准确的识别率、快速查找、数据共享、原版再现、在线发送、能够导入 PDA 等为基本标准，尤其是通过计算机可以与掌上电脑或手机连接使用这一功能越来越为使用者所看重。此外名片扫描仪的操作简便性和携带便携性也是选购者比较的两个方面。

8. 文件扫描仪

文件扫描仪具有高速度、高质量、多功能等优点，可广泛用于各类型工作站及计算机平台，并能与数百种图像处理软件兼容。对于文件扫描仪来说，一般会配有自动进纸器（ADF），可以处理多页文件扫描。由于自动进纸器价格昂贵，所以文件扫描仪目前只被许多专业用户所使用。

9. 笔式扫描仪

笔式扫描仪又称为扫描笔，是 2000 年左右出现的产品，该扫描仪外形与一支笔相似，扫描宽度大约只有四号汉字相同，使用时，贴在纸上一行一行的扫描，主要用于文字识别。

10. 实物扫描仪

真正的实物扫描仪其结构原理类似于数码照相机，不过是固定式结构，拥有支架和扫描平台，分辨率远远高于市场上常见的数码照相机，但一般只能拍摄静态物体，扫描一幅图像所花费的时间与扫描仪相当。

11. 3D 扫描仪

3D 扫描仪的结构原理与传统的扫描仪完全不同，其生成的文件并不是我们常见的图像文件，而是能够精确描述物体三维结构的一系列坐标数据，输入 3D 模型处理软件中即可完整的还原出物体的 3D 模型，由于只记录物体的外形，因此无彩色和黑白之分。从结构来讲，这类扫描仪分为机械式和激光式两种，机械式是依靠一个机械臂触摸物体的表面，以获得物体的三维数据，而激光式代替机械臂完成这一工作。三维数据比常见图像的二维数据庞大得多，因此扫描速度较慢，视物体大小和精度高低，扫描时间从几十分钟到几十个小时不等。

6.2　扫描仪的工作原理

6.2.1　扫描仪的工作过程

扫描仪（见图 6-1）是图像信号输入设备。它对原稿进行光学扫描，然后将光学图像传送到光电转换器中变为模拟电信号，又将模拟电信号变换成为数字电信号，最后通过计算机接口送至计算机中。

图 6-1　各类扫描仪

1. 扫描仪的扫描方式

目前市场上常见的扫描仪的扫描方式主要有 CCD 扫描和 CIS 扫描两种，由于采用不同的感光器件，也就造成其工作原理有所区别。CCD 扫描是利用 CCD（Charge Coupled Device，电荷耦合器件）扫描的一种方式。CCD 是利用微电子技术制成的一种半导体芯片，这种芯片上有许多光敏单元，可以实现光电转换功能，即通过由一系列透镜、反射镜等组成的光学系统将图像传送到 CCD 芯片上，实现光电转换。它可以把光线转变成电荷，再通过模数转换芯片把模拟信号转变成数字信号，从而形成对应原扫描稿件光图像的电荷图像。扫描仪通过对电荷图像的处理再输出，就基本完成了对扫描稿件的扫描处理。CIS 扫描是利用 CIS（Contact Image Sensor，接触式图像传感器）进行扫描，这种技术与 CCD 技术几乎是同时出现的。CIS 一般是使用制造光敏电阻的硫化镉作感光材料，而硫化镉光敏电阻本身漏电大，各感光单元之间干扰大，严重影响清晰度，这是该类产品扫描精度不高的主要原因。CIS 技术只能使用 LED（发光二极管）阵列作为光源，针对这种光源光色和光线均匀度都比较差、对周围温度敏感等缺点，佳能公司独创了基于 CIS 技术的革新技术——LIDE（LED In Direct Exposure，发光二极管直接曝光）。LIDE 技术对二极管装置及引导光线的光导材料进行了改造，使二极管光源可以产生均匀并且亮度足够的光线用于扫描。

2. 两种扫描方式的优缺点

由于 CCD 扫描是利用 CCD 感光半导体芯片来进行稿件的扫描，所以 CCD 芯片上的光敏单元越多，其成像质量越好。但是由于制造工艺复杂，其制造工艺只有少数几家厂商掌握，所以制造成本高昂。而且由于需要一系列透镜、反射镜等组成的光学系统将图像传送到 CCD 芯片上，造成其体积一般比较大。CIS 扫描方式由以上讨论可以看出，由于本身感光材料的限制，其成像质量并不是太高。所以 CCD 一般面向中、高端用户，而 CIS 一般面向低端用户。虽然 CIS 扫描技术轻巧、超薄，而且价格低廉，但是随着 CCD 技术的成熟，超薄 CCD 扫描仪的大量涌现，以及扫描领域的逐渐扩大，CIS 的缺点越发暴露明显。比较这两种扫描方式，可以看到作为接触式扫描器件的 CIS 对实物及凹凸不平的原稿扫描效果较差；CCD 扫描仪通过一系列光学系统聚焦到 CCD 上直接感光，因此它可以十分方便地进行实物扫描。

3. 扫描仪扫描图像的步骤

在此讨论扫描仪扫描图像的基本方法和步骤以平板式扫描仪为例，实际工作中的操作要以相应扫描仪的操作方法为准。扫描步骤如下：首先将欲扫描的原稿正面朝下铺在扫描仪的玻璃板上，原稿可以是文字稿件或者图纸照片；然后启动扫描仪驱动程序后，安装在扫描仪内部的可移动光源开始扫描原稿。为了均匀照亮稿件，扫描仪光源为长条形，并沿 y 方向扫过整个原稿；照射到原稿上的光线经反射后穿过一个很窄的缝隙，形成沿 x 方向的光带，又经过一组反光镜，由光学透镜聚焦并进入分光镜，经过棱镜和红绿蓝三色滤色镜得到的 RGB 三条彩色光带分别照到各自的 CCD 上，CCD 将 RGB 光带转变为模拟电子信号，此信号又被 A-D 转换器转换为数字电子信号。从 CCD 获取的电信号是对应于图像明暗的模拟信号，就是说图像由暗到亮的变化可以用从低到高的不同电平来表示，它们是连续变化的，即所谓模拟量（Analog）。A-D 转换器的工作是将模拟量数字化，例如将 0 至 1V 的线性电压变化表示为 0 至 9 的 10 个等级的方法是：0 至小于 0.1V 的所有电压都变换为数字 0，0.1 至小于 0.2V 的所有电压都变换为数字 1，……0.9 至小于 1.0V 的所有电压都变换为数字 9。实际上，A-D 转换器能够表示的范围远远大于 10，通常是 $2^8 = 256$、$2^{10} = 1024$ 或者 $2^{12} = 4096$。如果扫描仪说明书上标明的灰度等级是10bit，则说明这个扫描仪能够将图像分成1024个灰度等级；如果标明色彩深度为30bit，则说明红、绿、蓝各个通道都有1024个等级。显然，该等级数越高，表现的彩色越丰富。

至此，反映原稿图像的光信号转变为计算机能够接受的二进制数字电子信号，最后通过串行或者并行接口送至计算机。扫描仪每扫一行就得到原稿x方向一行的图像信息，随着沿y方向的移动，在计算机内部逐步形成原稿的全图。

在扫描仪获取图像的过程中，有两个元件起到关键作用：一个是CCD，它将光信号转换成为电信号；另一个是A-D转换器，它将模拟电信号变为数字电信号。这两个元件的性能直接影响扫描仪的整体性能指标，同时也关系到我们选购和使用扫描仪时如何正确理解和处理某些参数及设置。

6.2.2 扫描仪的基本性能

扫描仪的主要性能指标有x与y方向的分辨率、色彩分辨率（色彩位数）、扫描幅面和接口方式等。各类扫描仪都标明了它的光学分辨率和最大分辨率，分辨率的单位是DPI（Dot Per Inch，每英寸像素点数）。

1. 光学分辨率

光学分辨率是指扫描仪的光学系统可以采集的实际信息量，也就是扫描仪的感光元件——CCD的分辨率。例如，最大扫描范围为216mm×297mm（适合于A4纸）的扫描仪可扫描的最大宽度为8.5in（216mm），它的CCD含有5100个单元，其光学分辨率为5100点/8.5in=600DPI。常见的光学分辨率有300×600DPI、600×1200DPI、1000×2000DPI或者更高。

2. 最大分辨率

最大分辨率又叫作内插分辨率，它是在相邻像素之间求出颜色或者灰度的平均值从而增加像素数的一种算法。内插算法增加了像素数，但不能增添真正的图像细节，因此，在选择扫描仪的分辨率时应更重视光学分辨率，而不要太多考虑最大分辨率。

3. 色彩分辨率

色彩分辨率又叫作色彩深度、色彩模式、色彩位或色阶，是表示扫描仪分辨彩色或灰度细腻程度的指标，它的单位是bit（位）。

色彩位确切的含义是用多少个位来表示扫描得到的一个像素。例如：1bit只能表示黑白像素，因为计算机中的数字使用二进制，1bit只能表示两个值（$2^1=2$即0和1，它们分别代表黑与白）；8bit可以表示256个灰度级（$2^8=256$，它们代表从黑到白的不同灰度等级）；24bit可以表示16777216种色彩（$2^{24}=16777216$，其中红（R）绿（G）蓝（B）各个通道分别占用8bit，它们各有$2^8=256$个等级）。一般称24bit以上的色彩为真彩色，当然还有采用30bit、36bit、42bit等几种。

从理论上讲，色彩位数越多，颜色就越逼真，但对于非专业用户来讲，由于受到计算机处理能力和输出打印机分辨率的限制，追求高色彩位给我们带来的只会是浪费。

4. TWAIN

TWAIN（Technology Without An Interesting Name）是扫描仪厂商共同遵循的规格，是应用程序与影像捕捉设备间的标准接口。只要是支持 TWAIN 的驱动程序，就可以启动符合这种规格的扫描仪。

例如，在 Microsoft Word 中就可以启动扫描仪，方法是选择菜单栏的"插入"→"图片"→"来自扫描仪"。利用 Adobe Photoshop 也可以做到这一点，方法是选择"File"→"Import"→"Select TWAIN_32 Source"。

5. 接口方式

扫描仪按接口主要类型分为 EPP、USB、SCSI3 种，其特点如下：

1）EPP 的最大特点是方便，并且现在的加强 EPP 口和 USB、SCSI 的速度已经很接近，这样就更加突出它的方便性，同时 EPP 口对计算机配置的要求低，所以如果计算机是老主板的话选择 EPP 接口的扫描仪是很好的选择。

2）USB 的最大特点是速度较快，安装方便，可以带电拔插，但它对主板质量要求高，首先必须是支持 USB，另外据测试表明如果主板对 USB 设备供电不足，就有可能导致扫描时死机。随着 USB 应用的日益广泛，USB 接口的扫描仪现在最为普及。

3）SCSI 的优点是速度快、扫描稳定、扫描时占用系统资源少，缺点是成本较高且安装麻烦，现在除高档专业扫描仪外，用得越来越少了。

6.3 扫描仪的使用及维护

6.3.1 扫描仪的使用方法

扫描仪操作基本步骤：

1）将数据传输线与计算机连接。

2）接通扫描仪的电源。

3）安装驱动程序（若需要的话）。

4）安放原稿。

5）驱动扫描仪的驱动程序。

6）选择参数。

7）预扫描。

8）选择扫描范围。

9）选择扫描功能。

6.3.2 扫描仪的使用技巧

不少用户在办公过程中使用扫描仪常常会发现扫描图片的品质不太理想，实际上，出现这种情况主要的还是与用户使用扫描仪的技巧密切相关。以下介绍一些扫描仪的使用技巧，以帮助读者在办公过程中更好使用扫描仪，获得较好的扫描效果。

1. 准备工作

普通用户在使用扫描仪之前，很有必要对扫描仪的基本原理做个初步的了解，这样将有助于正确合理地使用扫描仪。扫描仪获取图像的方式是将光线照射到待扫描的图片或文档上，光线反射后由 CCD 或 CIS 接收，由于图像色彩深浅不一，致使反射光强度也各不相同，感光元件可以接收各种强度的光，并转换为二进制的数字信号，最后由控制扫描的软件将这些数据还原为显示器上可以看到的图像。

为了将图像客观真实地反映出来，必须保证光线能够平稳地照到待扫描的稿件上，在使用扫描前可以先打开扫描仪预热 5~10min，使机器内的灯管达到均匀发光状态，这样可以确保光线平均照到稿件每一处。此外，不要因扫描仪的倾斜或抖动影响到扫描品质，用户应尽量找一处比较平坦、稳定的地方放置，一些用户为节约办公空间而直接将扫描仪置于计算机机箱上方的做法万万不可取。佳能公司的 N 系列扫描仪实现了直立扫描，配有专用扫描仪支架，可以有效节约办公空间。此外，扫描前应仔细检查玻璃上方是否有污渍，若有一定要用软布擦拭干净，以免影响扫描效果。

2. 预扫描

为了节约扫描时间，一些用户常常忽略预扫步骤。其实，在正式扫描前，预扫功能是非常必要的，它是保证扫描效果的第一道关卡。通过预扫有两方面的好处：一是通过预扫后的图像，用户可以直接确定所需要扫描的区域，以减少扫描后对图像的处理工序；二是通过观察预扫后的图像，大致可以看到图像的色彩、效果等，如不满意可对扫描参数重新进行设定、调整，之后再进行扫描，提高扫描的效率。

限于扫描仪的工作原理，扫描得到的图像或多或少会出现失真或变形。因此，好的原稿对得到高品质的扫描效果是格外重要的，而品质不佳的原稿，即使通过软件处理可以改善扫描效果，但终究不能根本性提高扫描的质量。至于那些污损严重的图像，无论如何处理也无法得到期待的效果，因此，一定要尽量使用品质出色的原稿扫描。对一些尺寸较小的稿件，应尽量放置在扫描仪中央，这样可以减少变形的产生。

3. 分辨率

很多用户在办公过程中使用扫描仪时，常常会产生采用多大分辨率扫描的疑问。分辨率越高意味着可以获得更多的图像细节、更清晰的效果以及更完美的色彩还原力，但同时也意味着扫描得到的图像文件增大而且不易处理。对应用较多的 Internet 网站而言，其上的图片分辨率通常在 75DPI 左右，这意味着使用 100DPI 分辨率进行扫描已绰绰有余；而用于印刷的图片的分辨率一般为 300~400DPI，因此要想将作品通过扫描印刷出版，至少需要用到 300DPI 以上的分辨率，当然若能使用 600DPI 则更佳。如果想将扫描后的作品通过打印机打印出来，则必须综合考虑打印机的分辨率才能决定。如一台打印分辨率为 1440DPI 的打印机，大约只须以 360DPI 分辨率扫描图像即可得到不错的打印效果，这是因为打印机与扫描仪的工作原理和分辨率的含义完全不同的缘故。

4. OCR

OCR（Optical Character Recognition，光学字符识别）是指电子设备（如扫描仪或数码照相机）检查纸上打印的字符，通过检测暗、亮的模式确定其形状，然后用字符识别方法将形状翻译成计算机文字的过程，即针对印刷体字符，采用光学的方式将纸质文档中的文字转换成为黑白点阵的图像文件，并通过识别软件将图像中的文字转换成文本格式，供文字处理软件进一步编辑加工的技术。OCR 是扫描仪最常被使用的功能之一，其应用如图 6-2 所示。除了掌握正确的扫描方法外，选择合适的 OCR 软件也极为重要。目前常用的 OCR 软件大多是与扫描仪捆绑销售的，比如佳能扫描仪的 RosettaStone、Omnipage 等。尽管 OCR 软件可以自动识别汉字，但要达到高效准确也需要众多应用技巧。

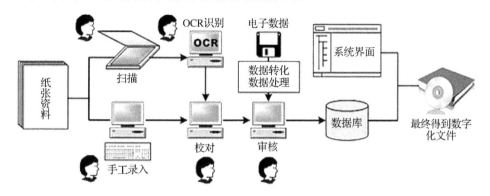

图 6-2　OCR 的应用

扫描文档时须使用黑白模式，同时也要注意这种模式下的 Threshold 值（阈值，表示一个参数范围，大于或小于这个范围都不能产生效应），这是决定何种程度的黑色可被扫描仪视为黑点，这样可以简便地将文字的黑与背景干扰的黑分辨出来，如果调整得当，可加快扫描速度。这个值的调整可以在扫描图像的色调值（Tone Value）统计直方图（Histogram）中，先区分出两个或两个以上的波峰，然后将 Threshold 在两者之间调整，便能找到具备不错区分效果的位置。如果认为这种方式较麻烦，还有另一个简便方法，即通过文字大小来决定分辨率。一般来说，200 或 300DPI 的分辨率可以得到相当不错的效果。如果待扫描的文字比报刊文字还要小，可以将分辨率提高，从而得到可放大的扫描文档，提升识别率。

当用户需要扫描厚度较大的杂志时，若直接扫描，难免会发生内文因无法完全摊开而导致部分文字不清晰及扭曲失真的情况，这样的结果是 OCR 软件无法正确识别的，大大降低识别率。用户不妨在扫描前，将图书拆成一页页的单张，然后再进行扫描。对于一般的报纸，由于本身即是单张形式，因此不存在上述问题，但由于报纸面积通常较大，无法一次扫描，因此预扫时事先框选扫描范围，一次扫描一块区域，这样的辨识效果会大大提高。

5. 透射稿及其他印刷品

除了扫描普通的反射稿外，用户有时也需要扫描透射稿。透射稿包括幻灯片（正片）、负片两种。由于一般的扫描仪是针对反射稿扫描设计，因此在扫描透射稿时建议使用具有胶片扫描功能的或专用胶片扫描仪。

6.3.3　扫描仪的维护

扫描仪可以说是一种比较精致的设备，平时一定要认真做好保洁工作。扫描仪中的玻璃平板以及反光镜片、镜头，如果落上灰尘或者其他一些杂质，会使扫描仪的反射光线变弱，从而影响图片的扫描质量。为此，一定要在无尘或者灰尘尽量少的环境下使用扫描仪，用完以后，一定要用防尘罩把扫描仪遮盖起来，以防止更多的灰尘落在扫描仪上。当长时间不使用时，还要定期地对其进行清洁，同时也要做好相应的保养工作。

（1）清洁扫描仪

先用一块软布把扫描仪的外壳擦一遍。在污垢积得比较厚的地方，可以在湿布上蘸一些清洁剂，然后用力擦几下，最后还要用干净的湿布把用清洁剂擦过的地方再擦一遍，以免残留的清洁剂导致外壳变色。外壳擦好后将其打开，如果发现里面灰尘比较多，则先用吹气球吹吹，用吸尘器吸一遍效果会更好。然后找到扫描仪的发光管、反光镜，取一个蘸了水的脱脂棉，干湿程度以用劲挤压后不出水为宜。然后细心地在发光管和反光镜上擦拭，擦拭的时候注意动作一定要轻，千万不要改变光学配件的位置。当里面全部清洁完毕后把扫描仪安装好，再清洗平板玻璃，由于该面板是否清洁直接关系到图像的扫描质量，因此在清洗该面板时，先用玻璃清洁剂来擦拭一遍，接着再用软干布将其擦干擦净就可以了。不要用有机溶剂来清洁扫描仪，以防损坏扫描仪的外壳以及光学元件。

（2）锁定扫描仪

由于扫描仪采用了包含光学透镜等在内的精密光学系统，使得其结构较为脆弱；为了避免损坏光学组件，扫描仪通常都设有专门的锁定/解锁机构，移动扫描仪前，应先锁住光学组件，但要特别注意的是，再次使用扫描仪之前，一定要首先解除锁定，否则，很可能因为一时的疏忽而造成扫描仪传动机构的损坏。

（3）避免带电接插扫描仪

在安装扫描仪时，特别是采用 EPP 并口的扫描仪，为了防止烧毁主板，接插时必须先关闭计算机。

（4）扫描仪驱动程序的更新

许多用户平时只注重升级显卡等设备的驱动程序，却往往忽略了升级扫描仪的驱动程序，而驱动程序又直接影响扫描仪的性能，并涉及各种软、硬件系统的兼容性。为了让扫描仪更好地工作，应该经常到其生产厂商的网站下载更新的驱动程序。

（5）尽量少使用太高的分辨率

使用扫描仪工作时，不少用户把扫描仪的分辨率设置得很高，希望能够提高识别率，但事实上，在扫描一般文稿时选择 300DPI 左右的分辨率就可以了，过高的分辨率反而可能降低识别率，这是因为过高的分辨率会更仔细地扫描印刷文字的细节，更容易识别出印刷文稿的瑕疵、缺陷，导致识别率下降。

（6）不要频繁开关扫描仪

有的扫描仪要求比较高，在每次使用之前要先确保扫描仪在计算机打开之前接通电源。频繁开关扫描仪的直接后果就是要频繁启动计算机，而且频繁地开关对扫描仪本身也是极为不利的。

（7）不要关闭系统虚拟内存

如果在内存配置较低的计算机中扫描图像，常常会出现系统内存不足的现象，此时可以使用硬盘上的剩余空间作虚拟内存来完成扫描工作，但是当虚拟内存被禁用时，扫描仪就不能继续工作了。

（8）不要将压缩比设置太小

在用扫描仪完成图像扫描任务后，常需要选择合适的图像保存格式来保存文件，有的用户在选用 JPEG 格式时，总认为压缩比设置得越小越方便保存和传输，但是如果设置太小将会严重丢失图像信息。

（9）不要让扫描仪工作在震动的环境中

扫描仪如果摆放不平稳，那么在工作的过程中需要消耗额外的功率来寻找理想的扫描切入点，即使这样也很难保证达到理想的扫描仪垂直分辨率。

思考题

1. 简述扫描仪的工作原理。
2. 简述扫描仪的光学分辨率、最大分辨率、色彩分辨率、TWAIN 和接口方式。
3. 简述扫描仪的使用方法及技巧。
4. 简述清洁扫描仪的方法。
5. 小论文：通过网络收集资料，论述扫描技术的现状及发展趋势（不少于 1500 字）。

第7章　数码复印机

学习目标：

1) 了解复印技术的发展历程。

2) 掌握数码复印机的工作原理。

3) 熟练掌握数码复印机的使用与维护方法。

数码复印机是通过激光扫描、数字化图像处理技术成像的，它既是一台复印设备，又可作为输入/输出设备与计算机以及其他 OA 设备联机使用，或成为网络的终端。因此，随着人类社会进入信息时代，数字化技术更广泛地应用于人类社会生产、生活的各个方面，数码复印机也成为复印设备的主导产品，并以其高效的输出能力、卓越的图像质量、多样化的功能（复印、传真、网络打印等）、高可靠性及可升级的设计系统，而成为人们办公的好帮手。

7.1　复印机概述

7.1.1　复印技术的发展历程

20 世纪初，文件图纸的复印主要用蓝图法和重氮法。重氮法较蓝图法方便、迅速，得到广泛的应用。后来又出现了染料转印、银盐扩散转印和热敏复印等多种复印方式。

1938 年，美国的查斯特·卡尔森（Chester Carlson）将一块涂有硫黄的锌板用棉布在暗室中摩擦，使之带电，然后在上面覆盖以带有图像的透明原稿，曝光之后撒上石松粉末即显示出原稿图像。这是静电复印的原始方式。自卡尔森发明静电复印技术至今，静电复印技术也已发展成一门成熟的技术，并广泛运用到复印机（模拟式、数字式）、激光打印机和普通纸传真机中。1950 年，以硒作为光导体，用手工操作的第一台普通纸静电复印机问世。从 1959 年 9 月美国施乐公司制成世界上第一台落地式办公用 914 型全自动复印机（见图 7 - 1）至今，复印机由模拟式转化为数字式，由黑白复印机变成双色、多色及全彩色复印，由单功能复印变成多功能复印。

20 世纪 60 年代开始的彩色复印的研究，所用方法基本上为三基色分解，另加黑色后成为四色复印。1980 年以后，复印机技术由模拟式静电复印机向数字式复印机转化，到了 20 世纪 90 年代又出现了激光彩色复印机。

技术的发展，使静电复印达到高度成熟的阶段，其应用也更加广泛。为了适应信息时代的要求，应用静电复印技术的产

图 7 - 1　施乐 914

品向着更深化的复合化、彩色化及商务化和网络化迈进，这是 21 世纪复印机发展的大趋势。复印机市场也经历了一次重大变革，即由传统复印向数码复印的方向转变。

7.1.2　复印机的分类

1. 按复印机的工作原理分类

复印机按工作原理分类，主要可以分为模拟复印机和数码复印机。

（1）模拟复印机

模拟复印机生产和应用的时间已经比较长了，其原理为通过曝光、扫描将原稿的光学模拟图像通过光学系统直接投射到已被充电的感光鼓上产生静电潜像，再经过显影、定影等步骤来完成复印。成像系统是静电复印机的核心部分，也是结构和原理都很复杂的部分，它由感光鼓、充电、显影、清洁等装置组成。感光鼓是静电复印机中的关键部件，其主要功能是在静电场的作用下，获得一定极性的均匀电荷，并将照在其表面的光像转换成的静电潜像，经显影剂显影后获得可见的图像。

其工作时主要过程如下：

1）曝光。曝光是复印的第一个过程，当复印机启动后，按下工作键，此时，曝光灯就会照射原稿，经折射镜将原稿反射出来，透过凸透镜反射光线到铝合金圆鼓的表面与上面的导电层发生反应致使这部分电荷散失。

2）显影。显影是利用含树脂的碳粉（带有负电荷），在圆鼓上，带正电荷的电子虚像部分会吸附碳粉，而其他不带正电荷的部分则不会吸附碳粉。经过转印以后，显影就会转移到带有相反的电荷的纸上。

3）定影。显影过程完成以后，纸张就会被滚筒输出，进行加压、加热，这样碳粉内的树脂就会被熔化，渗入纸中，定影的过程也就完成了。最后再将纸张输出，多余的碳粉被清理回收。以上就是复印的全过程。

（2）数码复印机

数码复印机比起模拟复印机是一次质的飞跃，它是一台扫描仪和一台激光打印机的组合体，首先通过 CCD 传感器对通过曝光、扫描产生的原稿的光学模拟图像信号进行光 - 电转换，然后将经过数字技术处理的图像信号输入到激光调制器，调制后的激光束对被充电的感光鼓进行扫描，在感光鼓上产生由点组成的静电潜像，再经过显影、转印、定影等步骤来完成复印过程。现在也出现了不少通过喷墨打印的廉价数码复印机。

由于传统的模拟复印机是通过光反射原理成像，因此会有正常的物理性偏差，造成图像与文字不能同时清晰地表达。而数码复印机则具有图像和文字分离识别的功能，在处理图像与文字混合的文稿时，复印机能以不同的处理方式进行复印，因此文字可以鲜明地复印出来，而照片则以细腻的层次变化的方式复印出来。并且数码复印机还支持文稿、图片/文稿、图片、复印稿、低密度稿、浅色稿等多种模式。

2. 按复印机的用途分类

复印机从用途进行分类，可以划分为家用型复印机、办公型复印机、便携式复印机和工程图纸复印机等。

（1）家用型复印机

家用型复印机价格较为低廉，一般兼有扫描仪，打印机的功能，打印方式主要以喷墨打印为主。

（2）办公型复印机

办公型复印机就是我们最常见的复印机，基本上是以 A3 幅面的产品为主，主要用途就是在日常的办公中复印各类文稿。

（3）便携型复印机

便携型复印机的特点是小巧，其最大幅面一般只有 A4，质量较轻。

（4）工程图纸复印机

工程图纸复印机最大的特点就是幅面大，一般可以达到 A0 幅面，用于复印大型的工程图纸的复印机，同样根据技术原理也分为模拟工程图纸复印机和数字工程图纸复印机，目前数字型产品已较为普及。

3. 按所应用的复印技术分类

复印机按复印技术分类，可分为光化学复印、热敏复印和静电复印 3 类。

（1）光化学复印

光化学复印有直接影印、蓝图复印、重氮复印、染料转印和扩散转印等方法。直接影印法用高反差相纸代替感光胶片对原稿进行摄影，可增幅或缩幅；蓝图法是复印纸表面涂有铁盐，原稿为单张半透明材料，两者叠在一起接受曝光，显影后形成蓝底白字图像；重氮法与蓝图法相似，复印纸表面涂有重氮化合物，曝光后在液体或气体氨中显影，产生深色调的图像；染料转印法是原稿正面与表面涂有光敏乳剂的半透明负片合在一起，曝光后经液体显影再转印到纸张上；扩散转印法与染料转印法相似，曝光后将负片与表面涂有药膜的复印纸贴在一起，经液体显影后负片上的银盐即扩散到复印纸上形成黑色图像。

（2）热敏复印

热敏复印是将表面涂有热敏材料的复印纸，与单张原稿贴在一起接受红外线或热源照射。图像部分吸收的热量传送到复印纸表面，使热敏材料色调变深即形成复印品。

（3）静电复印

静电复印是现在应用最广泛的复印技术，它是用硒、氧化锌、硫化镉和有机光导体等作为光敏材料，在暗处充上电荷接受原稿图像曝光，形成静电潜像，再经显影、转印和定影等过程而成。静电复印有直接法和间接法两种。直接法是在涂有光导材料的纸张上形成静电潜像，然后用液体或粉末的显影剂加以显影，图像定影在纸张表面之后即成为复印品；间接法则先在光导体表面上形成潜像并加以显影再将图像转印到普通纸上，定影后即成为复印品。20 世纪 70 年代以后，间接法已成为静电复印的主流和发展方向。

静电复印机主要有 3 个部分：原稿的照明和聚焦成像部分；光导体上形成潜像和对潜像进行显影部分；复印纸的进给、转印和定影部分。

原稿放置在透明的稿台上，稿台或照明光源匀速移动对原稿扫描。原稿图像由若干反射镜和透镜所组成的光学系统在光导体表面聚焦成像。光学系统可形成等倍、放大或缩小的影像。

表面覆有光导材料的底基多数为圆形，称为光导鼓，也有些是平面的或环形带形式的。以等倍复印时，原稿的扫描速度与光导体线速度相同。光导材料在暗处具有高电阻，当它经过充电电极时，空气被电极的高压电所电离，自由离子在电场的作用下快速均匀地沉积在膜层的表面上，使之带有均匀的静电荷。

从以上介绍我们知道，目前数码复印机是主要使用的复印机，特别是在办公中，其应用十分广泛，因此，本章将主要介绍数码复印机。

7.2　数码复印机的特点与性能指标

前面已经简要介绍了数码复印机的工作原理，目前常见的数码复印机如图 7-2 所示。

图 7-2　数码复印机

7.2.1　数码复印机的特点

由于数码复印机采用了数字图像处理技术，使其可以进行复杂的图文编辑，大大提高了复印机的复印能力、复印质量，降低了使用中的故障率，其主要优点体现在以下几个方面：

1）一次扫描，多次复印。数码复印机只须对原稿进行一次扫描，便可一次复印达数百份之多。因减少了扫描次数，所以减少了扫描器产生的磨损及噪声，同时减少了卡纸的机会，提高了复印效率。

2）整洁、清晰的复印质量。数码复印机有文稿、图片/文稿、图片、复印低密度稿、浅色稿等多种模式功能，支持 256 级灰色浓度、400DPI 的分辨率，充分保证了复印品的整洁、清晰。

3）电子分页。一次复印，分页可达数百份。

4）先进的环保系统设计。无废粉、低臭氧、自动关机节能，图像自动旋转，减少废纸的产生。

5）强大的图像编辑功能。支持自动缩放、单向缩放、自动启动、双面复印、组合复印、重叠复印、图像旋转、黑白反转、25% ~400% 缩放倍率。

6）可升级为高速激光传真机。现代高性能的数码复印机可以直接传送书本、杂志、钉装文件，甚至可以直接传送三维稿件。

7）可升级为 A3 幅面双面激光打印机。可升级为 20 ~45 张/min 的高速 A3 幅面双面激光打印机，解析度高达 600DPI。不仅可以直接与计算机连接，也可与网络连接，成为高速激光网络打印机。同时，经扫描到内存的原稿，可以经过计算机编辑后，以 400DPI 的清晰度进行多达数百份打印。

7.2.2　数码复印机的性能指标

作为数码时代的办公设备，数码复印机自然也有许多独到的技术指标。与其他多数 OA 设备一样，其关键的技术指标值得关注。

1）输出分辨率。数码复印机的输出分辨率是最为重要的技术指标之一。数码复印机的输出分辨率远远优于标称 1200DPI 喷墨技术的输出设备，通常 1200DPI 的分辨率对于日常办公来说是足够了。

2）扫描分辨率。扫描分辨率的意义在于保证输出原稿的清晰度，其实数码复印机主要用于文稿和图表的复印。如果用于复印照片，由于输出的是"黑白"效果，一般 600DPI 的扫描输入对于办公来说也够了。

3）内部配置情况。一般来说，数码复印机都配置较大容量的内存，以便有能力实现连续复印，并且在作为网络输出设备时能够容纳尽可能多的等待队列，有的产品还会内置处理器以使复印机处理数据的能力更加强大。内存容量越大越好，内置处理器的产品要比没有处理器的产品要好，不过这样价格也稍微高一些。因此，用户应该根据应用的需求情况来选择，尤其工作量特别大的用户，应该选择存储器容量大，并且带有处理器的数码复印机产品。

4）复印速度。复印机的运行速度取决于三个方面：输出速度，预热时间和首页输出时间。输出速度是影响复印机运行速度的最主要因素，同时也在很大程度上影响到了产品的档次和价格。购买之前应分析一下现在及将来每个月大概的复印量是多少、复印高峰期每小时要复印的份数有多少，这些数据将决定购买何种档次的复印机，然后根据分析结果来选购机型。

5）复印幅面。复印幅面也是影响复印件价格的一个重要因素，同时也是影响方便性的重要因素。主流的数码复印机都具有 A3 以上幅面的复印能力，而目前低端便携机的复印幅面多为 A4，如果在工作中的复印需求比较多样，建议还是购买 A3 以上幅面比较放心。而如果工作中需要经常复印工程类图纸，则须考虑 A0 幅面的机器。

6）缩放比例范围。所谓缩放就是复印机对需要复印的文稿进行放大或缩小后再输出，但由于技术问题，复印机只能在一定范围来进行缩放，如果可复印的最大幅面和稿件都是 A3 大小，则稿件无法再进行放大了。

7）连续复印能力。连续复印是指对同一复印原稿，不需要进行多次设置，复印机可以一次连续完成的复印的最大的数量。连续复印因为可以避免了对同一复印原稿的重复设置，节省了每次作为首页复印多花时间，因此对于经常需要对同一对象进行多份复印的用户而言是相当实用的。

8）首张复印时间。首张复印时间是指在复印机完成了预热处于待机的状态下，用户完成了在稿台放好复印原稿，盖好盖板等一切准备工作后，从按下按钮向复印机发出复印指令到复印机输出第一张复印稿所花费的时间。

9）特殊功能。特殊功能是指复印机的功能是否能满足用户使用过程中出现的一些特殊需求。如有的用户经常要复印带有订书钉的文件、红头文件等特殊原件，有的要用复印机制透明胶片，有的要将原件按特定比例缩放来复印，还有的需要进行双面复印或多份原稿一次性成套复印。因此在购买时，需要了解复印机是否具有所需要的功能。

10）扩展功能。大多数数码复印机都具有一定的扩展功能让用户选择，这也是数码复印件的一个很重要的性能指标，表现在如机器能否加装选购件，如送稿器、双面器、分页装订器等。这些选配件能使用户加快办公效率，最大限度地享用复印机所带来的方便、快捷功能。

7.3 数码复印机的使用与维护

7.3.1 数码复印机的安放要求

为确保机器性能的安全和正常，在初次安装以及使用期间搬移数码复印机时，请注意下列事项：

1）复印机应安装在符合规定的电源插座附近，以便连接。

2）复印机电源引线只得直接与电源插座连接，电源插座必须符合额定电压和电流的规定要求而且还必须带有接地。

3）复印机应避免在下述场所安放使用：

① 潮湿之处。

② 阳光直射之处。

③ 灰尘极多之处。

④ 通风条件不良之处。

⑤ 易受温度或湿度剧烈变化影响之处。（如在空调或加热器附近）

4）复印机应安放于平坦、稳定之处使用，环境条件如下。

① 使用机器的最佳条件：$20 \sim 25\,^{\circ}\!C$，$(65 \pm 5)\% \, RH$。

② 温度和湿度：$15 \sim 35\,^{\circ}\!C$，$30\% \sim 75\% \, RH$。

7.3.2 数码复印机的基本操作方法

复印机平常要注意防尘、防潮、防震，尽量减少搬动，要搬的话一定要水平移动，不可倾斜。复印玻璃稿台不可粘有涂改液、手指印等脏东西，注意保护好稿台，不然的话会影响复印效果。复印纸最好使用 $80g$ 优质、白度高、纸纹细且滑光的复印纸，可以延长复印机硒鼓寿命，保持良好的复印效果。工作下班时要关闭复印机电源开关，切断电源。不可未关闭机器开关就去拉插电源插头，这样会容易造成机器故障。

（1）预热

按下电源开关，开始预热，面板上有指示灯显示，并出现等待信号。当预热时间达到，机器即可开始复印，这时会出现可以复印信号或以音频信号告知。

（2）检查原稿

拿到需要复印的原稿后，应大致翻阅一下，需要注意以下几个方面：原稿的纸张尺寸、质地、颜色，原稿上的字迹色调，原稿装订方式、原稿张数以及有无图片等需要改变曝光量。这些因素都与复印过程有关，必须做到心中有数。对原稿上不清晰的字迹、线条应在复印前描写清楚，以免复印后返工。可以拆开的原稿应拆开，以免复印时不平整出现阴影。

（3）检查机器显示

机器预热完毕后，应看一下操作面板上的各项显示是否正常。主要包括以下几项：可以复印信号显示，纸盒位置显示，复印数量显示为"1"，复印浓度调节显示，纸张尺寸显示。一切显示正常才可进行复印。

（4）放置原稿

根据稿台玻璃刻度板的指示及当前使用纸盒的尺寸和横竖方向放好原稿。需要注意的是，复印有顺序的原稿时，应从最后一页开始，这样复印出来的复印品顺序就是正确的。

（5）设定复印份数

按下数字键设定复印份数。若设定有误可按"C"键，然后重新设定。

（6）设定复印倍率

一般复印机的放大仅有一档，按下放大键即可，缩小倍率多以 A3 ~ A4、B4 ~ B5 或百分比等表示，了解了复印纸尺寸，即可很容易地选定缩小倍率。如果无须放大、缩小，可不按任何键。

（7）选择复印纸尺寸

根据原稿尺寸、放大或缩小倍率按下纸盒选取健。如机内装有所需尺寸纸盒，即可在面板上显示出来；如无显示，则需更换纸盒。

（8）调节复印浓度

根据原稿纸张、字迹的色调深浅，适当调节复印浓度。原稿纸张颜色较深的，如报纸，应将复印浓度调浅些，字迹线条细、不十分清晰的，如复印品原稿是铅笔原稿等，则应将浓度调深些。复印图片时一般应将浓度调淡。

7.3.3　数码复印机特殊功能的利用

1. 自动送稿器的使用（若配有自动送稿器）

使用自动送稿器可以提高复印效率，避免每次放稿都要掀起稿台盖板的麻烦。使用时首先按下自动送稿按键，指示灯点亮，在供稿台放上原稿。原稿放好后，自动送稿器会一页一页地送稿，机器即自动开始复印。自动送稿器的另一个功能是使机器预热后自动开始复印。方法是在预热过程中，设定好各选项，如纸盒选择，浓度调节、放大或缩小等，然后在供稿台上按上述要求放上原稿，机器预热完马上自动开始复印。

应当注意，卷曲、折皱、折叠的原稿，带书钉、曲别针，胶带或糨糊未干的原稿，背面发黑的原稿，粘在一起或装订的原稿和过薄的原稿不能自动送入。但是，利用一些特殊复印技巧，仍可自动送入较薄的或不十分平整的原稿。方法是在将易卡住的原稿一页一页送入时，打开左侧原稿回转盒，进行半自动送稿复印，即用右手送入原稿，用左手接住印过的原稿，这样，原稿几乎不会卡住。原稿卡住时也要掀开回转盖，轻轻拉出，一般从与玻璃接触一侧取出更容易。如果难以取出，可拆下夹住原稿的压板，取出原稿。原稿取出后，若卡纸信号灯仍亮，一般是供稿台上已放上原稿，将此页原稿向外拉一些，信号即可消除。曾卡过的原稿之后的一页原稿，由于卡纸信号的出现未能复印，须取出重新放在供稿台上，再次复印。

利用半自动送稿器复印双面原稿而不套印双面复印时，须先印每页原稿页码数字大的一面，待此页原稿从机内排到稿台上时，再将其放在送稿台上，复印另一面。例如，先印第1页，然后再印第3页。

2. 自动分页器的使用

利用自动分页器进行分页时，必须从原稿的最后一页开始复印。分页器一般为 15 格，可将复印品分成 15 份，复印品超过 15 份时，须先复印 15 份，再继续复印余下的份数。

使用自动分页器时，纸盒内装的纸张应凸面朝上，这样不致在复印品进入分页格时出现错插现象（即后印出的一页插入先复印的几页之间，乱了顺序）。每层分页格约能容纳 30 页复印品，超过时即易发生卡纸。因此，复印品过多时应在复印过程中取出，分别放好，待全部复印完，再将两部分叠放在一起进行装订。

在自动送稿器与分页器同时使用时，应注意防止原稿偏斜造成复印品缺陷，以致残品被夹进复印品之中，难于发现。因此，应在复印过程中随时留意分页器中最上层的复印品，只要此页完好，则以下多层的复印品应是好的。

自动（半自动）送稿器与自动分页器同时使用时，如遇到原稿大小参差不齐的情况，而复印份数又在分页份数以上时，可先印分页器分页份数的余份，如需要复印 40 份，而分页器仅可分 15 份，这时应先印 5 份。复印这 5 份时，可对大小不一的原稿进行放大或缩小，统一到一种尺寸的复印纸上。取其中 1 份作为第二次复印余下 25 份的原稿。这时可使用自动（半自动）送稿器，而且只须进行原稿复印就行了。而第一次复印的原稿尺寸不同且有放大、缩小的麻烦，故不能使用送稿器快速复印。

在对色调不一的多页原稿进行多份复印时，亦可先复印余份统一色调，然后再以复印品为原稿进行多份复印，这样可避免反复调节显影浓度的麻烦。

使用自动分页器还要注意选用光洁度好、尺寸合适的复印纸，并应在复印前将纸盒中的纸张充分抖开、磕齐。否则，一旦因静电吸引双张纸粘在一起，就会出现复印品缺陷或卡纸现象，使分页出现错误。

3. 大容量供纸箱的选用

一些高速复印机可选用容量为 1500～2000 张纸的供纸箱。这种纸箱附加在机器右侧，从下供纸盒处进纸，供纸箱需要单设电源。使用前须将选择器旋钮设定好，以满足不同纸张尺寸的要求，接通电源开关，指示灯点亮，无纸时指示灯闪烁。

当需要变更复印纸尺寸时，可向右拉出纸箱，打开纸箱盖和上盖松开塑料旋钮，提起隔板，将选择器旋钮调到所选纸张尺寸的号码位置，最后关好纸箱盖，将纸箱推接到主机上。如果加纸后指示灯仍闪烁不止，则说明复印纸未放好或纸箱未关严，此时不能进行复印。

4. 自动复印功能的利用

有些复印机在供稿盘上放好原稿后，机器即可在预热完毕后自动开始复印，还有些机器的自动供纸板亦有此功能，预热时将一张复印纸放在供纸板上，预热后即可自动复印，也有的机器在操作面板上设置一个"Stand by"按键和指示灯，开机预热时按下此键，指示灯亮，在纸盒内有纸的情况下，预热完毕机器即自动运转，如设定好复印数量等。

5. 插入复印和停止键的使用

在绝大多数复印机上都设有此二键，但能够正确运用的用户并不多。插入复印键又叫暂停键，它是用来中断正在复印的多份文件，临时加进一个更为急用的文件的。复印过程中按下此键，机器立即停止复印，复印数量显示变为"1"，重新设定一个复印数值即可复印急用的文件，复印完后机器又回到原来中断时的显示状态，可继续进行原来的多份复印。如果按错插入复印键，要恢复中断前的复印数量按下停止键即可。

停止键主要是多份复印时到了所需份数或发现原稿放置不正等意外现象时使用的。按下此键后机器停止运转，复印份数回到"1"，再复印时需重设。有些小型机将停止键和复印份数清除键设为一个键，其功能相同。

7.3.4　数码复印机的使用技巧

复印是一项技术性较强的工作，技术熟练不但可以提高工作效率，而且可以节省纸张、减少浪费，保证机器的正常运转。以下介绍一些应当掌握的复印技巧。

1. 合适的曝光量

复印过程中会遇到各种色调深浅不一的原稿，有些原稿上还夹杂着各种字迹，如铅印件上的圆珠笔、铅笔批示等，遇到这种情况应当以较浅的字迹为条件，减小曝光量，使其显出，具体方法是加大显影浓度，将浓度调节向加深的一端；对于照片、图片等反差小、色调深的原件则应减小显影浓度，将浓度调节向变淡的一侧。如果复印品质量仍难以令人满意，则可加大曝光量，做法是将曝光窄缝板（有的设在充电电极上，有的是单独装在感光鼓附近）抽出，把光缝调宽大些，或是调高曝光电压即可使图像变淡。

2. 双面复印

有些高档复印机只有自动复印双面的功能，而绝大多数机器要复印双面仍须将复印品重新装入纸盒，再印第二面。双面复印技巧的用途很多，如广告、说明书、名片、表格以及页数过多、需要减小厚度的文件。这样做不仅节省一半纸张，而且减小装订文件所占空间，更容易装订。在套印双面之前，应使复印纸间充分进入空气，防止出现双张现象。先印单数页码，再根据所使用机器的类型，将复印品装入纸盒，复印双数页码的一面。有的机器应将第一次复印品上下两端位置不变地调过来，文字面朝下，装入纸盒，再复印第二面；有的则原封不动装入纸盒即可。前者是直线进纸的机型，后者是曲线进纸，进纸口与出纸口在机器同侧的机型。另有一点要注意的是，采用光导纤维矩防透镜的机器，原稿正放，复印品也是正的；而采用镜头的机器，原稿正放，复印品却是反的，即上下颠倒。特别是在复印小张双面复印时（不是复印纸尺寸）时，采用镜头的机器较难操作，最好在复印第一面时使原稿位于复印纸尺寸中间，印第二面时也放中间即可。但这样做两面可能出现误差。另一种方法是印第一面原稿时放在稿台上部右端，印第二面时放在上部左端，而复印纸上下端不动，只是将其字迹朝下放入纸盒。套印多页双面文件时可能出现双面文件现象，使页码套错，需要时常留意查看第二面的页码是否正确，不正确时应停机，看一下纸盒中剩的待套印的复印品，继续印完，然后补印错的几页。

3. 遮挡方法的应用

复印工作经常遇到原稿有污迹、需要复印原稿局部、去原稿阴影等情况，须利用遮挡技巧来去掉不需要的痕迹。最简便的办法是用一张白纸遮住这些部分，然后放在稿台上复印，即可去掉。复印书籍等厚原稿时，常会在复印品上留下一条阴影，也可以用遮挡来将其消除，方法是在待印一页之下垫一张白纸，即可消除书籍边缘阴影。如果还要去掉两页之间的阴影，可在暂不印的一页上覆盖一张白纸，并使之边缘达到待印一页字迹边缘部分，即可奏效。

4. 反向复印品的制作

在设计、制图工作中，有时需要按某一图案绘制出完全相同的反方向图像，如果利用复印机来做，是比较方便的。做法是取一张复印纸和一张比图案大些的复制纸（透明薄纸），在薄纸边缘部分涂上胶水，并与复印纸黏合，待干燥后即可进行复印。复印时复制纸须朝上，印完后将其撕下，将所需反面图案的一面（即复印时的背面）朝下放在稿台玻璃上，再进行复印，即可得到完全相同的反向图案。复制纸亦可用绘图的硫酸纸或透明的聚酯薄膜代替。

5. 教学投影片的制作

利用复印机可以将任何文字、图表复印在透明的聚酯薄膜上，用来进行投影教学。具体做法是将原稿放好，调节好显影浓度，利用手工供纸盘送入聚酯薄膜。如果薄膜容易卡住可在其下面衬一张复印纸，先进入机器的一端用透明胶纸粘住。已转印且图像正常但被卡在机内的薄膜，可打开机门送它到达定影器入口，然后旋转定影辊排纸钮，使之通过定影器而定影排出。转印不良导致墨粉将图像擦损的薄膜，可取出用湿布擦净墨粉，晾干后仍可使用。此外，还可利用复印机制作名片、检索卡片等，操作方法与上述的双面复印差不多，不再赘述。在掌握了复印机性能和不损坏机器的前提下，还可在其他材料（如布）上复印出文字图像。

6. 加深浓度避免污脏的方法

两面有图像的原稿，要想在复印时图像清晰，而又不致透出背面的图像而使复印品脏污，最简便的方法就是在要复印的原稿背面垫一张黑色纸。没有黑纸时，可以打开复印机稿台盖板，复印一张，印出的就是均匀的黑色纸，即可用来垫底。这一方法在制作各种图纸时经常用到，原因是图纸上的线条要浓度大，而空白部分又必须洁净。

7.3.5 复印过程中的常见问题及处理

按下复印开始键，机器便开始运转，数秒钟后纸张进入机内，经过充电、曝光、显影、转印、定影等工序即可复印出复印品。复印过程中常会遇到一些问题，如卡纸、墨粉不足、废粉过多等，必须及时处理，否则就不能继续复印。复印过程中卡纸是不可避免的，但如果经常卡纸，说明机器有故障，需要进行维修。

（1）卡纸

卡纸后，面板上的卡纸信号亮，这时须打开机门或左（定影器）右（进纸部）侧板，取出卡住的纸张。一些高档机可显示出卡纸张数，以"P1""P2"等表示，"P0"表示主机内没有卡纸，而是分页器中卡了纸。取出卡纸后，应检查纸张是否完整，不完整时应找到夹在机器内的碎纸。分页器内卡纸时，须将分页器移离主机，压下分页器进纸口，取出卡纸。以下具体的分析复印机可能卡纸的原因，使用户能够迅速地查出卡纸的部位，并排除卡纸故障：

1）对位辊磨损及驱动离合器损坏。对位辊是复印机纸张搓出纸盒后，带动纸张前进对位的硬橡胶辊，分别位于纸张的上下两侧。对位辊磨损后会使纸张前进速度减慢，纸张会经常卡在纸路中段。对位辊驱动离合器损坏使辊无法旋转，纸张无法通过，出现这种情况，应更换新的对位辊或做相应处理。

2）纸路传感器故障。纸路传感器多设在分离区、定影器出纸口等处，采用超声波或光电元器件对纸张的通过与否进行检测，如传感器失灵就无法检测到纸张的通过情况。纸张在前进中，当碰触传感器运输的小杠杆，阻断了超声波或光线，从而检测出纸张已通过，发出进行下一步程序的指令。如果小杠杆转动失灵，就会阻止纸张前进，从而造成卡纸故障，故应检查纸路传感器是否正确动作。

3）分离爪磨损。长期使用的复印机，机器感光鼓或定影辊分离爪会严重磨损，因而出现卡纸。严重时，分离爪无法将复印纸从感光鼓或定影辊上分离下来，使纸缠绕其上出现卡纸故障。此时，应用无水酒精清洗定影辊和分离爪上的墨粉，拆下磨钝的分离爪，用细砂纸打磨锋利，这样一般能使复印机继续使用一段时间。如果不行，只有更换新的分离爪。

4）定影污染。定影辊是复印纸通过时的驱动辊，定影时受高温熔化的墨粉容易使定影辊表面污染（特别在润滑不良和清洁不良时），使复印纸粘在定影辊上。这时应检查辊上是否清洁、清洁刮板是否完好、硅油补充是否有效、定影辊清洁纸是否用完。若定影辊污染则用无水酒精清洗，并在表面涂上少许硅油，严重时应更换毡垫或清洁纸。

5）出口挡板位移。复印纸经过纸路传输后，复印纸通过出口挡板输出，完成一个复印程序。长期使用的复印机，出口挡板有时发生位移或偏斜，阻止复印纸顺利输出，造成卡纸故障。这时应对出口挡板进行校正，使挡板平直，活动自如，卡纸现象就会消除。

（2）纸张用完

纸张用完时面板上会出现纸盒空的信号，装入复印纸，可继续复印。

（3）墨粉不足

墨粉不足信号灯亮，表明机内墨粉已快用完，将会影响复印质量，应及时补充。有些机型出现此信号时机器停止运转，有些机型仍可继续复印。加入墨粉前应将墨粉瓶或筒摇动几次，使结块的墨粉碎成粉末。

（4）废粉过多

从感光鼓上清除下来的废墨粉收集在一只废粉瓶内，装满后会在面板上显示出信号，有些机器与墨粉不足使用同一个信号，这就更应当注意检查，当废粉装满时要及时清倒掉。有些机型要求废粉不能重复使用，特别是单一成分显影机器，否则会影响显影质量。

思考题

1. 什么是数码复印机？
2. 简述复印机的分类，每一类的特点是什么？
3. 简述数码复印机的工作原理。
4. 简述数码复印机的特点。
5. 简述数码复印机的性能指标。
6. 简述数码复印机的基本操作方法。
7. 简述数码复印机的常见问题的处理方法。
8. 小论文：通过网络收集资料，论述我国数码复印技术的现状及发展趋势（不少于1500字）。

第8章 数码照相机

学习目标：
1）了解数码照相机的发展历程。
2）掌握数码照相机的工作原理。
3）熟练掌握数码照相机的使用与维护方法。

随着数码科技的发展，将视听和通信领域相结合，在 20 世纪 90 年代，一种崭新的数码影像产品——数码照相机诞生了，并使传统的摄影技术发生了一次重大的变革。数码照相机（Digital Camera，DC）其实质是一种非胶片相机，采用 CCD（电荷耦合器件）或 CMOS（互补金属氧化物半导体）作为光电转换器件，将被摄物体以数字形式记录在存储器中。

8.1 数码照相机概述

8.1.1 数码照相机的发展历程

照相机在人们的生活中极为普及，并逐步成为现代办公中不可或缺的办公设备之一。从第一款数码照相机（见图 8-1）的发明到现在得到极大地推广应用，应归功于信息技术的发展，以及数码照相机的开发商和销售商，乃至最早使用数码照相机的摄影爱好者等，正因为他们极力地推举图像数字化，才使得数码照相机在较短的时间内就能轻松走进现代办公和广大百姓家中。1969 年，美国的贝尔电话研究所发明了 CCD。它是一个将"光"的信息转换成"电"的信息的"魔术师"。当时的索尼公司开发团队中，有一个叫越智成之的年轻人，对 CCD 非常感兴趣，并开始对 CCD 进行研究。但是由于这项研究距离商品化还遥遥无期，所以越智成之只能默默地独自进行研究。通过索尼的研发团队 8 年的研发，终于在 1981 年发布了全球第一台不用感光胶片而用磁记录方式的电子静物照相机——静态视频"马维卡"（MABIKA）照相机，虽然它最终并没有成为商品，但引起了广泛的关注，因为它意味着全新的照相系统——把光信号变为电子信号的 CCD 和磁碟记录方式。这也就是数码照相机的最早雏形。1988 年富士公司与东芝公司在德国科隆博览会上，展出了共同开发的、使用闪存卡的"富士克斯"（Pujixs）数字静物照相机 DS-1P（见图 8-2），在这前后，富士、东芝、奥林巴斯、柯尼卡、佳能等公司相继发布了数码照相机的试制品，如佳能 RC-701、卡西欧 VS-101、富士 DS-X、东芝 MC2000 等。这些产品的推出大大刺激了大众的好奇心，不需要感光胶片的照相机同样可以记录影像成为当时最热门的话题之一。不过由于这些试制品造价昂贵、体积庞大，因而不利于它的普及，当时大多数消费者还是把数码影像作为一项高科技产品来看待。无法想象仅仅若干年以后，数码照相机就成为人人都能够拥有的普通电子产品。

图 8 - 1　早期数码照相机　　　　　图 8 - 2　富士 DS-1P

1994 年数码影像技术已经以一日千里的速度获得了空前发展。柯达公司是数码照相机研发和推广的先驱，在这一年其推出了全球第一款商用数码照相机 DC40。相比之前各大公司研发的各类数码照相机试制品，DC40 能够以较小的体积、较为便捷的操作以及较为合理的售价被一部分消费者接受，成为数码照相机历史上一个非常重要的标志。

1995 年 2 月，卡西欧公司发布了当时给全球数码照相机领域造成轰动的一款产品 QV-10。这款照相机具有 25 万像素，分辨率为 320 × 240 像素。这样的配置在当时已经是非常主流的了，然而其售价却在当时刷新了历史新低，仅以 6.5 万日元上市。

1996 年，佳能公司与奥林巴斯公司相继推出了自行研发的数码照相机，随后，富士、柯尼卡、美能达、尼康、理光、康太克斯、索尼、东芝、JVC、三洋等近 20 家公司也先后加入到数码照相机研发和生产的行列中；在这一年都推出了各自品牌的产品。因此这一年成为数码照相机历史上非常重要的一年；也有人将这一年称之为数码照相机全民普及化的一年。

1997 年 9 月，索尼公司发布了 MVC FD7，这是世界上第一款使用常规 3.5in 软盘作为存储介质的数码照相机。11 月柯达公司发布了 DC210，这款数码照相机使用了 109 万像素的 CCD 图像传感器，而且还开始采用变焦镜头，使得数码照相机的发展有了全新的突破。

1998 年的数码照相机市场已绝不仅仅只是把其看作新鲜玩具那么简单了。这是消费级数码照相机大发展的一年，大量低价"百万像素"数码照相机成为整个市场的一大看点，同时，也成为市场的主流产品。这一年推出的数码照相机，不仅像素大大提高，画质有了质的改进，而且功能丰富，向着体积小型化、功能集成化发展。当然，最重要的是，其价格进一步下降。

1999 年 3 月，奥林巴斯公司发布 C-2500L，这是全球第一款配备了 250 万像素 CCD 的数码照相机。全球各大光学厂商、感光器材厂商、计算机外设厂商以及影像设备厂商都纷纷投以重金，全力抢占这个技术研发的制高点。在 1999 年的一年中，就有 20 多种 200 万像素以上的数码照相机被投放市场。而在单反数码照相机领域，1999 年也有了全新的产品，尼康公司发布了首款自行研制的单反数码照相机 D1，这款产品的问世让消费者对于单反数码照相机有了全新的认识，也引发了最早的单反数码照相机竞争。

进入 2000 年，不论在计算机性能还是存储设备方面，都有了很大程度的提高。因此数码照相机的像素也在 200 万的基础之上继续提升，300 万以及更高像素的数码照相机成为市场的开发热点。而变焦镜头则成为厂商们关注的又一对象，10 倍或更高倍的光学变焦的数码照相机开始出现在市场中。

进入到 2004 年之后，数码照相机迎来了一个全新的时代，之前的照相机更多是具备试验形式，所有的数码单反机型也都有对应的胶片照相机在同期进行研发，以保证技术上的同步。但是 2005 年之后就连续出现了多款全部独立研发的照相机，小型数码照相机也逐步成型，完全抛弃了胶片时代的思路。

在 2004 年还有一些其他的很有特色的产品，分别是世界上首款一体化的 645 数码单反照相机玛米亚 ZD，其采用了 2200 万像素传感器，尺寸也高达 135 照相机的两倍。同年的爱普生 R-D1 则是世界上第一款旁轴照相机，对于曾经的徕卡用户来说这是唯一的选择。

2007 年出现了一款在整个照相机历史上很重要的产品，那就是尼康 D3。其虽然使用了全画幅传感器，但是很新的工艺和仅有 1200 万的低像素瞬间掀起了人们对于高感的一种崇拜，当时 ISO 6400 可以说是 D3 的口号，也是一种大家的向往。

2009 年之后，照相机市场迎来了一个全新的改革高峰，出彩的普遍均为小型数码照相机，而且绝大多数都是在功能上做了创新，比如索尼 G3 内置了 Wi-Fi 以及浏览器可以连接无线网络，算是世界上第一台智能照相机；三星 ST550 使用了独特的双屏设计，可以让被拍摄者乃至于自拍带来方便甚多的体验。富士 W1 采用了双镜头双传感器设计，是第一台民用级的真 3D 设备。

随着技术的发展，以及数码照相机的日益普及，各大厂商的产品性价比得到极大提升，主要体现在照相机的分辨率不断提升、存储容量越来越大、功能越来越强、设计更加人性化、外部设备越来越丰富等，许多产品也能满足专业摄影者使用。随着时间的延续，数码照相机市场的发展也将永无止境，在像素节节攀升的情况下，这一指标已经不再能吸引消费者的眼球，而更多具有个性以及实用功能的产品才能真正赢得消费者的认可。

8.1.2　数码照相机的分类

目前数码照相机的分类很多，如果按图像传感器来分，可分为 CCD 数码照相机和 CMOS 数码照相机。

1. CCD 数码照相机

CCD 数码照相机是指数码照相机使用 CCD 图像传感器来记录图像，属中高级数码照相机。CCD 本身是不能分辨各种颜色的光，要用不同颜色的滤色片配合使用，因此 CCD 数码照相机有以下两种工作方式：

1）利用透镜和分光镜将光图像信号分成 R、G、B 3 种颜色，并分别作用在 3 片 CCD 上，这 3 种颜色的光经 CCD 转换为仿真电信号，然后经 A-D 转换器转换为数字信号，再经 DSP（Digital Signal Processor，数字信号处理器）处理后存储到存储器中。

2）在每个像素点的位置上有 3 个分别加上 R、G、B 3 种颜色滤色片的 CCD，经过透镜后的光图像信号被分别作用在不同的传感器上，并将它们转换为仿真电信号，然后经 A-D 转换器转换为数字信号，再经 DSP 处理后存储到内存中。

2. CMOS 数码照相机

CMOS 数码照相机是指数码照相机使用 CMOS 图像传感器来记录图像，其工作方式与 CCD 数码照相机相似，目前属低档照相机。

CCD 图像传感器与 CMOS 图像传感器比较 CMOS 图像传感器易与 A-D 转换电路、DSP 电路等集成在一起。CCD 图像传感器只能单一的锁存到成千上万的采样点上的光线的状态，CMOS 则可以完成其他的许多功能，如 A-D 转换、负载信号处理、白平衡处理及相机控制（白平衡调整就是通过图像调整，使在各种光线条件下拍的照片色彩与人眼看到的景物色彩一样）。另外，CMOS 图像传感器还有耗电小的优点，其耗电量约为 CCD 图像传感器的 1/10。但目前 CMOS 图像传感器在解析力和色彩上还不如 CCD 图像传感器，图像有噪声，准确捕捉动态图像的能力还不强。

8.2　数码照相机的工作原理

8.2.1　数码照相机的基本结构

　　数码照相机与传统的胶片照相机的最大区别是在它们各自的内部结构和原理上。它们的共同点是均由光学镜头、取景器、对焦系统、快门、光圈、内置电子闪光灯等组成，现在的数码照相机既有取景器还有液晶显示器 LCD。但数码照相机还有其特殊的结构，如 CCD 或 CMOS、仿真信号处理器、A-D 转换器、DSP、图像处理器、图像存储器和输出控制单元等。目前较为常见的数码照相机如图 8-3 所示。

图 8-3　数码照相机

以下是数码照相机的主要部件及其主要功能（见图 8-4）。

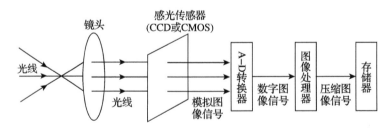

图 8-4　数码照相机主要部件的主要功能

　　1）镜头：把光线会聚到 CCD 或 CMOS 图像传感器上，起到调整焦距的作用。对于定焦数码照相机，镜头、物体和聚焦平面间的理想距离被精确计算，从而固定了镜头和光圈的位置。对于变焦（ZOOM）数码照相机，有一个机械装置，可以带动镜头组前后运动，一直让镜头保持在聚焦平面中央，能够捕捉到距离镜头的远近的物体。

　　2）CCD（CMOS）：把镜头传来的图像信号转变为仿真电信号。

　　3）A-D 转换器：将 CCD 产生的仿真电信号转换为数字信号，并传输到图像处理单元。

　　4）DSP：通过一系列复杂的数学运算法，如加、减、乘、除、积分等，对数字图像信号进行优化处理，包括白平衡、彩色平衡、伽马校正与边缘校正等。

5）图像压缩：图像压缩的目的是为了节省存储空间，利用 JPEG 编码器把得到的图像转换为静止压缩的图像（JPEG 格式）。

6）总体控制电路：MCU（主控程序芯片）能协调和控制测光、运算、曝光、闪光控制及拍摄逻辑控制。当电源开启时，MCU 开始检查各功能是否正常，若正常，相机处于准备状态。

7）存储器：用于存储经过压缩的图片文件。

8.2.2　数码照相机的工作过程

数码照相机在使用过程中，半按快门对准被摄的景物（快门 ON 状态，与胶片照相机相反），从镜头传来的光图像经过光电转换器（CCD 或 CMOS）感应将光信号转换成为一一对应的仿真信号，再经 A-D 转换器转换，把仿真电信号变成数字信号，最后经过 DSP 和 MCU 按照指定的文件格式，把图像以二进制数码的形式显示在 LCD 上，如按下快门，则把图像存入存储器中。

1. 数码照相机的工作步骤

1）开机准备。当打开相机的电源时，其内部的主控程序就开始检测各部件是否正常。如某一部件有异常，内部的蜂鸣器就会发出警报或在 LCD 上提示错误信息并停止工作；如一切正常，就进入准备状态。

2）聚焦及测光。数码照相机一般都有自动聚焦和测光功能。当打开电源时，照相机内部的 MCU 立即进行测光运算，从而进行曝光控制、闪光控制及拍摄逻辑控制。当对准物体并把快门按下一半时，MCU 开始工作，图像信号经过镜头测光（TTL 测光方式）传到 CCD 或 CMOS 上并直接以 CCD 或 CMOS 输出的电压信号作为对焦信号，经过 MCU 的运算、比较再进行计算、确定对焦的距离和快门速度及光圈的大小，驱动镜头组的 AF 和 AE 装置进行聚焦。

3）图像捕捉。在聚焦及测光完成后再按下快门，CCD 或 CMOS 就把从被摄景物上反射的光进行捕捉并以红、绿、蓝 3 种像素（颜色）存储。

4）图像处理。把捕捉的图像进行 A-D 转换、图像处理、白平衡处理、色彩校正等，再到存储区合成在一起形成一幅完整的数字图像，在图像出来后再经过 DSP 进行压缩转换为 JPEG 格式（静止图像压缩方式），以便节省空间。

5）图像存储。在图像处理单元压缩的图像送到存储器中进行保存。

6）图像的输出。存储在数码照相机存储器的图像通过输出端口可以输出送到计算机，可在计算机里通过图像处理程序（软件）进行图形编辑、处理、打印或网上传输等。

2. AE 功能和 AF 功能

在中高级的数码照相机中，一般都含有 AE 功能和 AF 功能。

1）AE 功能：当照相机对准被摄物体时，CCD 根据镜头传来的图像亮度的强弱，转变为 CCD 数字电压信号，DSP 再根据 CCD 数字电压信号进行运算处理，并把运算结果传输给 MCU，迅速找到合适的快门速度和镜头光圈的大小最佳值，由 MCU 控制 AE 机构进行自动曝光。

2）AF 功能：直接利用 CCD 输出的数字电压信号作为对焦信号，经过 MCU 的运算比较，驱动镜头 AF 机构前后运动。

8.2.3 数码照相机的特性

数码照相机是集光学、机械、电子于一体的现代高技术产品，它集成了影像信息的转换、存储和传输等多种部件，具有数字化存取模式、与计算机交互处理和实时拍摄的特点。

1）立即成像。数码照相机属于电子取像，可立即在液晶显示器、计算机显示器或电视上显示，可实时监视影像效果，也可随时删除不理想的图片。

2）与计算机兼容。数码照相机存储器里的图像输送到计算机后，通过影像处理软件可进行剪切、编辑、打印等，并可将影像存储在计算机中。

3）电信传送。数码照相机可将图像信号转换为电子信号，经局域网或 Internet 进行传输。

8.3 数码照相机的使用与维护

8.3.1 选择数码照相机的基本要点

在选择数码照相机时，应注意以下几个问题：

（1）品牌

目前，数码照相机已有近百个品种，国内市场上常见的品牌有柯达、奥林巴斯、佳能、卡西欧、索尼、富士、尼康等。

（2）成像质量

数码照相机的成像质量，除镜头质量的因素外，很大程度上取决于成像芯片的像素水平。像素点数目越多，像素水平就越高，图像的分辨率也就越高，被摄画面表现的也就越细腻、清晰、层次分明。低档数码照相机的像素水平一般较低，像素点只有几百万；中高档数码照相机的像素水平较高，像素点大都在 1000 万以上。像素水平和分辨率越高，照相机的档次与价位也就越高，成像质量也就越好。

在选购数码照相机时，在财力允许的情况下，分辨率越高当然越好，但也不要一味追求高分辨率，而应根据用途量力而行。一般来说，如果拍摄是用于在计算机屏幕上显示，或应用在网页设计上，那么选择如 1000 万像素的经济实用型照相机就可以了；如果想输出影像，要求照片相对清晰、逼真，则应选择中档以上分辨率的照相机（如 1600 万像素以上的机型）；而专业摄影师或编辑记者，对图片质量要求较高，则应选择高分辨率的照相机（如 2000 万像素以上的机型）。

（3）存储介质

数码照相机存储容量的大小决定所能拍摄照片的张数，在经济条件允许的前提下，存储量越大越好。目前，多数照相机可配套使用移动式存储卡（见图 8-5），它给容量的扩充带来方便，能像底片一样，拍完后换上另一个存储卡继续拍摄，大大增加可拍张数。

图 8-5　存储卡

（4）自动变焦功能

早期的数码照相机类同于低档的傻瓜照相机，聚焦精度差，曝光方式单一且范围窄。近年来越来越多的数码照相机采用了 CCD、TTL 自动聚焦方式，进一步提高了聚焦精度，使画面质量有了较大的提高；在曝光模式上，快门先决式自动曝光、光圈先决式自动曝光、手动曝光模式均有，消费者可根据习惯爱好及自身摄影技艺而选择。

（5）镜头品质

目前大多数数码照相机都采用了内置变焦镜头，并在镜面中使用了非球面镜片，光圈的档位数也由 2~3 档提高到 6 档以上；镜头的口径也明显加大，变焦镜头已有多种产品，使拍摄的灵活性和成像质量有了较大提高；大部分照相机还具有电子变焦功能，可提高超远拍摄能力，对野外科考人员特别适用。

镜头方面，变焦倍率和 F 值最关键。对于数码照相机来说，变焦倍率越大，远景拍摄就越方便，但相应地镜头就越大，价格也越高。如果只是把数码照相机用作记录用途，而采用尽可能轻便的产品的话，可以选择无变焦功能的产品。而稍微需要一点变焦功能的话，有 3 倍左右的变焦功能也就足够用了。但是，在产品规格中也许会出现"光学变焦倍率"和"数码变焦倍率"两项。其中体现镜头性能的是"光学变焦"。"数码变焦"是指将部分图像裁剪出来进行放大的功能。所以，利用数码变焦进行放大的越多，画质就越差。由于镜头的焦距会因摄影元件的尺寸而有所不同，因此直接进行比较没有太大的意义。基本上所有的规格中都会标明换算成 35mm 相机后的焦距。F 值表示镜头亮度。不用闪光灯在中午进行拍摄时，达到 F4.5 左右就足够了。但是当经常在傍晚时分或光线昏暗的室内拍摄时，最好达到 F3.5 或 F2.8 左右。虽说如此，镜头的性能并不能仅由规格来判断，其模糊度、色彩表现性能以及外部光量和像差等数据并不写在规格中，但这些参数也是表征镜头效果的参数。另外，摄影目的和个人兴趣不同，喜好也就不同，这方面的知识可参考相关杂志上刊登的测试报告及文章。

（6）液晶显示功能

具备液晶显示功能的数码照相机，可以让人方便地浏览编辑照片，还能在拍摄前预览并先行检视拍摄对象，删除不想要的照片，以便在下载到 PC 前，充分利用相机的有限存储量。目前，显示器的显示方式有放大显现、幻灯显现、连续播放、多幅同时显现等方式；显示屏通常为 2.7in 和 3in，有些产品已达到 3.5in 以上。显示屏窗口越大，应该说越方便。

（7）其他应注意事项

对相机的易用性影响较大的规格包括从打开电源到可以拍摄之间的启动时间、可连续拍摄的最短时间以及从按下快门到快门关闭之间的时滞。为了不放过任何拍摄时机，显然这些指标的数值越小越好。

8.3.2　数码照相机的使用技巧

1. 数码照相机变焦功能的使用

通常用户在使用数码照相机变焦时会遇到一些问题，首先应了解什么是变焦。变焦是指镜头可任意改变焦距，即一般人所说的伸缩镜头，如 35 ~ 105mm 就是指镜头能在 35mm 与 105mm 之间改变其焦距。定焦是指镜头本身已被固定在一个焦距，不能任意改变其焦距，如 50mm 就是指镜头只有 50mm 的焦距而不能将焦距伸长或缩短。定焦、变焦都是针对镜头而言的，都是指镜头的焦距性质。定焦镜头一般比变焦镜头的成像质量要好，即定焦镜头比较锐利。其次，镜头焦距指的是平行的光线穿过镜片后，所汇集的焦点至镜片之间的距离。基本上，若是被摄体的位置不变，镜头的焦距与物体的放大率会呈现正比的关系。当被摄物体位置不变的时候，镜头的焦距越大，被摄体在照片上被放大得越大。按照距离来讲，就是焦距越大，能拍到的物体就越远。

镜头焦距是数码照相机镜头最重要的特性之一。因为数码照相机用于成像的影像传感器（CCD）的面积又不像传统 135 照相机那样单一，而是多种多样的，所以数码照相机的焦距与 135 照相机的焦距不同。通常来说，数码照相机的焦距只是相对 135 照相机而言的。为了让传统照相机使用者很容易地了解消费级数码照相机的镜头焦距的意义，厂家通常会针对其传感器的面积与镜头焦距，将之转换成 135 照相机的等值焦距，从而使摄影者较容易联想该机型的拍摄角度与景深效果的性能。所以，数码照相机上的焦距是换算后的相当于 135 照相机的焦距。数码照相机一般都会标出光学变焦的倍数和数码变焦的倍数。变焦镜头是传统照相机常用的镜头，因其焦距可在一定幅度内调节，使摄影者根据拍摄范围的需要，只要简单地调节镜头焦距即可，其方法与传统照相机的调节方法相同，这种变焦镜头的变焦就是光学变焦。像有些数码照相机的镜头焦距为 38 ~ 115mm（相当于 135 照相机），便说明它是 3X 的光学变焦，意思是原始的镜头焦距为 38 mm，经过镜头系统的伸缩改变，最大可以将镜头焦距调整到 115mm。在相同的拍摄距离下，可以将被摄体放大 3 倍。而现在的数码照相机已经演进成小型的计算机一般，在有些数码照相机上，除了具有光学变焦之外还增加了数码变焦的功能。数码照相机内部嵌入了操作系统，可以执行既定的程序，透过程序的演算及光学系统的配合，可以将被摄体再做局部放大，以插补的方式仿真出光学变焦的效果，这就是所谓的数码变焦。若一台数码照相机的光学变焦为 3X，数字变焦为 4X，则该照相机合并运用光学变焦及数码变焦功能，可以达到 12X 的放大能力。数码变焦必然会损耗掉影像的品质，光学变焦的影像品质胜过数码变焦，在使用的过程中应尽量采取光学变焦的功能。在一般的拍摄状况下，不建议使用数码变焦的功能，因为数码变焦噪声比较大，结果会出现马赛克效应，造成图像品质不好。

各种数码照相机的变焦设计也不一样。有些数码照相机是自动按键变焦，有些是手动旋转变焦。自动变焦通常出现在消费级照相机上。它是在机身上有一个变焦按键（见图 8 - 6a），用 W 和 T 表示，W 表示缩小，T 表示放大。像仿单反数码照相机就是手动旋转变焦的，它是在镜头上有一个变焦环，旋转变焦环就可以放大、缩小（见图 8 - 6b）。而数码单反照相机都是通过镜头上的变焦环来变焦的（见图 8 - 6c）。

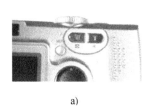

a)　　　　　　　　　　　　　b)　　　　　　　　　　　　　c)

图 8-6　数码照相机变焦方式

a）W 和 T 变焦　　b）普通数码照相机变焦环　　c）数码单反照相机变焦环

在使用数码照相机变焦时，其实有一个和传统照相机一样的问题，就是在整个变焦范围内，当用短焦端拍摄时，取景范围比较广，所以不容易拍虚，可以保证图像的清晰效果。当用长焦端拍摄时，取景范围小，这时的照片质量往往是不好控制的，稍稍一不留神就会造成图像模糊。所以在使用长焦拍摄时，如果有三脚架的话尽量使用三脚架，如果没有，可以借助外界的物体依靠一下，尽可能的把持照相机平稳，以确保所拍照片的质量。

2．A 模式的使用

A 模式的全称是光圈优先自动曝光模式，它的工作原理是：拍摄者根据自己的需要手动设定光圈参数，然后照相机根据测光结果自动给出相应的快门值，从而完成正确的曝光参数组合。

不同于程序自动曝光模式只能给出一系列固定的"快门、光圈"参数组合的特点，A 模式可以让拍摄者自由选择相机的光圈值，同时与其配合的快门值也是连续可变的，因此对于一些相对要求严格的曝光场所，A 模式具备更强的自主性和适用性；而对于一些喜欢自己控制拍摄过程的摄影者，A 模式也是获得更完美效果的一种有效途径。

关于 A 模式在照相机上所处的位置，其实都是大同小异。如图 8-7 所示是两种 A 模式的标示方法，这样通过转盘来选择 A 模式的方式是比较常见的一种形式，实际使用时只要直接将模式转盘拨到"A"，相机就设定为 A 模式了。

图 8-7　A 模式位置图

在选定 A 模式之后，在 LCD 上一般就会显示"快门、光圈"的参数，就是数码照相机在选定 A 模式后显示的曝光参数。如显示为绿色的"F2.8"就是光圈值，是可以通过右边的上下箭头按钮进行手动调节的，而白色的"1/8"字样就是相机根据手动设定的光圈值而自动给出的快门值。

当改变光圈值的时候，相应的快门值也会随之而变，以保持一个合适的曝光参数。在另一方面，如果保持选定的光圈值不动，但是移动照相机改变取景视角，由于对应的场景亮度发生了变化，曝光参数也需要作出相应调整，此时，快门值就会自动调整到合适的数值，从而确保光圈优先的自动曝光的准确性。

在摄影中通常所说的"大光圈小景深、小光圈大景深"的摄影原理，该原理在 A 模式中得到最好的体现，可根据拍摄场景的实际景深需要，利用光圈优先模式，手动设定合适的光圈值，然后照相机自动给出对应的快门值，从而快速完成合适景深表现的完美照片拍摄，这就是 A 模式最重要的特点和优势。利用 A 模式的这个特性，就可以在拍摄人像、花卉等特写画面时，选用较大的光圈（数字越小，光圈越大，如 F2.8、F2.0、F1.8 等），从而有效地虚化背景，获得突出的主体画面。而在拍摄前后景都要求具备一定清晰度的照片，如风光、产品广告等，就需要缩小光圈以求得大景深的画面效果。

3. S 模式的使用

S 模式的全称是快门优先自动曝光模式（见图 8-8），它的工作原理是：拍摄者根据自己的需要手动设定快门速度，然后照相机根据测光结果自动给出相应的光圈值，从而完成正确的曝光参数组合。

图 8-8　S 模式位置图

S 模式可以让拍摄者自由选择照相机的快门速度，同时与其配合的光圈值也是全程连续可变的，因此在一些对拍摄速度有特殊要求的曝光场所，如飞驰的汽车、体育比赛等，S 模式具备很强的自主性和实用性；而对于一些喜欢利用曝光速度上的技巧进行拍摄的摄影者来说，S 模式可以获得一些意想不到的画面效果。S 模式的代表字符，除了常见的"S"以外，还有些照相机厂家也使用"Tv"表示。关于不同厂商的这些标识的不同，请在实际使用时参考相应的照相机使用说明书的相关内容。

所谓快门优先，就是在拍摄时要优先考虑快门速度，即在对快门速度十分敏感的拍摄场合，如拍摄一些运动的物体，以及手持拍摄时轻微的抖动，这些都对曝光时的快门开启时间有特殊的要求。通常在拍摄中慢速快门无法凝固快速移动的物体，但是却可以显示出它的运动轨迹；高速快门可以将高速移动的物体变成静止的画面，但却失去了原本运动的状态。这两个方面看起来似乎是矛盾的，所以在实际使用中，需要根据拍摄意图灵活设定合适的快门值，以便换取所希望的画面效果。

4. 夜景人像模式的使用

首先分析一下拍摄夜景人像的过程。首先，使用数码照相机拍摄夜景人像场景的一种方法是可以提高相机感光度，这种方法可以一定程度上提高快门速度（避免主体人物虚动）或缩小光圈（增大画面的景深，背景的夜色可以得到好的表现）；但是提高感光度后，容易导致画面质量降低。另一种方法是使用闪光灯给主体人像补光，使用闪光灯还有一个好处是可以把照相机的快门速度降低而不至于主体人物因晃动等原因产生虚化，因为在闪光灯和快门共同开启的极短瞬间内，影像已经定格。夜景人像模式（见图 8-9）正是依据这个原理来设计的。

图 8-9　夜景人像模式

　　拍摄夜景人像时，即使使用了闪光灯也很容易造成曝光不足（前景人物或者背景曝光不足），而使用夜景人像模式可以很轻松地解决这个难题，该模式能够帮助拍摄者轻松获得夜景人像照片。但是这只是一个折中的办法，因为在平衡一个画面上的前景人像和背景夜色时，此模式只是采用了近似的折中办法。对于追求完美的摄影者，最好还是增加一些自己的主观控制，使用手动模式加上闪光灯来拍摄，这样效果会更好些。

　　5. 人像模式的使用

　　在拍摄人像时就可以采用人像模式。拿到一台不太熟悉的照相机时，只要选择人像模式（见图 8-10），拍摄的照片就不会有问题，因此这个模式在各类数码照相机上得到了广泛的应用。不过，这个看似简单的模式要想真正用好，其实并不那么简单，需要拍摄者在使用过程中不断总结和研究，才可以利用其优势留下完美的精彩瞬间。

人像模式

图 8-10　人像模式

　　6. 运动模式的使用

　　运动模式（见图 8-11）顾名思义是针对拍摄运动的物体而设计的，即在动体摄影中的运用。

　　动体摄影须在被摄对象显著甚至急速的变动中进行拍摄。所以，与拍摄静态的物体相比，动体摄影的难度要更大一些。动体摄影中，快门速度是一个决定性因素。在拍摄运动物体时，快门速度的运用不外乎以下 3 种情况：一是快门速度快了；二是快门速度慢了；三是快门速度适中。运用 3 种不同的快门速度，会产生相应的动态效果：快门速度快，运动物体影像被"凝固"，其优点是影像能被清晰地记录下来，现在的照相机都拥有很高的快门速度，有的达到1/2000s 或 1/4000s，甚至是 1/8000s，这样凝固动

图 8-11　运动模式

态瞬间就更轻松了；快门速度慢，运动物体影像虚糊，具有强烈的动感；快门速度适中，运动物体影响虚实结合，既能表现出物体的面貌，又能表现出动感。

　　拍摄者可以根据自己的表现意图选择相应的快门速度。运动模式就是针对动体摄影的第一种情况而设置的。当启用运动模式时，照相机将自动测试现场环境下所需要的曝光量，并自动将光圈值设置为镜头的最大口径，也就是在准确曝光的前提下，设置最高的快门速度，以达到凝固动体的动态瞬间的目的。

7. 手动模式的使用

数码照相机已经拥有了光圈优先自动曝光模式、快门优先自动曝光模式、人像模式、夜景人像模式、运动模式等，可以解决所有遇到的难题了，还用得上听起来那么复杂和麻烦的手动模式吗？

在照相机的模式转盘中可以看到手动模式，用字母 M 表示（见图 8 - 12）。有些高端的数码照相机没有模式转盘，而是提供了模式按钮（MODE），结合右侧的旋转盘可以调节不同的曝光模式。另外，不同品牌不同型号的数码照相机的曝光模式转盘设计稍有不同，有的模式转盘在照相机顶部的左侧，有的在右侧；还有的设计在照相机的后面等。

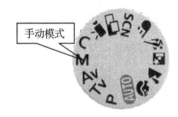

手动模式

图 8 - 12　手动模式

使用手动模式，可以让摄影师方便地制造不同的图片效果，自主性很高。如拍摄雨景时，需要雨丝运动轨迹的图片，可以加长曝光时间，使用三脚架把快门速度降低到 1/8s ~ 1/30s，同时还要调整光圈，保证画面的景深；这时，使用其他曝光模式都是无能为力的，手动模式的优势就显示出来了。因此，使用手动模式，主要是摄影者可以主观地控制一些不同寻常的画面效果，解决一些拍摄中的极端情况。

8.3.3　数码照相机的维护与保养

1. 镜头以及滤光镜的清洁

平时，当不使用数码照相机的时候或在拍摄的间隙时，应盖好镜头的防护罩，以免灰尘粘在镜头上。现在的镜头一般都有多层镀膜，一不细心就会把镀膜擦伤。当发现镜头上沾上了灰尘，就用擦眼镜或擦照相机镜头专用柔软的布轻轻擦拭。对于粘在镜头边缘部位等不容易用柔布擦去的灰尘，要用"吹尘器"或细棉花（脱脂棉）棒擦去。

（1）清洁镜头

清洁镜头的基本步骤：建议不到万不得已不要擦拭镜头，且擦拭之前要先准备一些工具。常规工具有镜头水、镜头纸（或者湿镜头纸）、镜头布（或麂皮）、吹气球、脱脂棉。清洁镜头时先用吹气球吹去灰尘，个别吹不走的用镜头纸细心擦去，一定要细心，不要用力太大。取少许脱脂棉，沾镜头水，湿一点好，细心擦去仍在镜头上的灰尘、污渍。这个过程不可硬来，否则易损伤镜头。在确保表面无可见的灰尘颗粒后，可以大面积擦拭。先准备较小的棉花球（用湿镜头纸也可）若干，压扁成饼状，大小以镜面的 1/3 为宜。再准备大棉花球若干，也压扁成饼状，大小以镜面的 2/3 ~ 3/4 为宜，尽量不要让棉纤维暴露工作面上。用小棉花球沾镜头水，尽量干一点，由中心以螺旋状擦拭镜面，不要反复摩擦。然后，趁镜头水未干时，用大棉花球以同样方式轻擦镜面。若一次效果不满意，可以再来一次，但用过的棉花球就不要再用了。千万注意不要让镜头水直接接触镜头表面，一定要用镜头纸，否则可能会损伤镜头的镀膜或者镜头水沿镜片边缘渗入镜头内，造成镜片起雾，甚至脱胶。如果没有镜头水，可以朝镜头表面哈气来代替。但是得注意：哈气时不要噘着嘴，应该张大嘴巴，轻轻哈气，这样才不会喷出唾沫，只要在镜头表面产生一层薄雾就行了。如果镜头是由塑料镜片组成的，那最好还是不要用镜头水，也不要用酒精加乙醚的混合液来清洁镜头，确实需要擦时还是用哈气的办法。

（2）清洁过程中的注意事项

无论如何细心擦拭，对镜面镀膜总是有损害的，所以不到万不得已决不要擦拭镜头。清洁过程中应注意以下几点：

1）不要用沾有酒精的柔布或棉花棒擦拭镜头，因为经常用酒精擦拭镜头，容易使镜头变色，而一旦镜头染上了颜色，就不能拍摄实际色彩了。

2）哈气时注意口腔清洁，因为这样容易使嘴里的东西粘在镜头上。如果相对镜头哈气的时候，应先把口漱干净后再哈气。

3）不要用刚拿过食物的手去触摸镜头，因为用粘有油腻的手去触摸，就会弄脏镜头，影响拍摄的图像质量。

4）清洁镜头的时候，不要忘记顺便擦拭一下防护罩的内侧，因为在拍摄过程中，防护罩的内侧容易粘上灰尘，所以在清洁镜头时，应顺便擦拭防护罩的内侧。

2. 液晶显示屏以及操作键的清洁

数码照相机最容易受伤的部分应该就是 LCD。光洁的 LCD 受了损伤，轻则留下点点指纹污迹，重则道道伤痕。为防止 LCD 受损伤可在 LCD 屏幕上贴一层屏幕保护贴，可以用细致的眼镜布和细棉花棒擦拭液晶显示屏以及取景器，并用细棉花棒擦拭操作键的周围。在一些像变焦杆等容易积污渍的部位，可用沾有少量酒精的棉花棒来擦拭。但擦完后最好用干的棉花棒再擦拭一遍，以免酒精挥发后留下痕迹。

3. 存储卡的保养

一般来说存储卡在购机时都被放置在盒套中，长时间不使用时最好也要放回原来的盒套内保存，尤其是对于 SD 卡、SONY 记忆棒等就更加应该注意，因为它们本身较薄、体积小，容易被屈折。拿卡时也要注意方法，如图 8－13 所示。

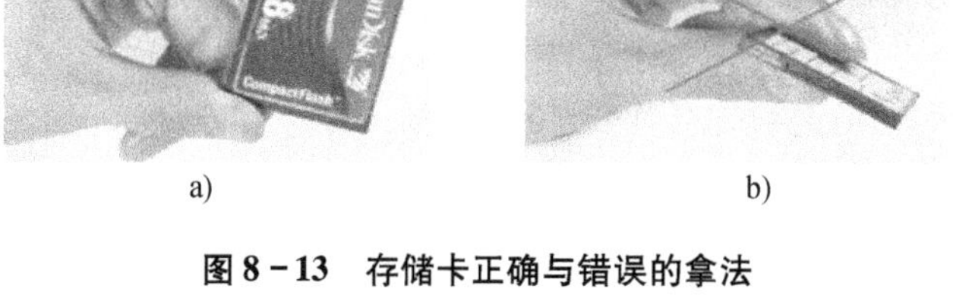

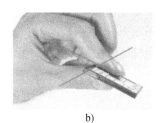

a)　　　　b)

图 8－13　存储卡正确与错误的拿法

a）正确　b）错误

4. 电池的保养

目前市场上销售的充电电池一般分为两种：一种是镍氢/镍镉电池；另一种是锂电池。

当镍氢/镍镉电池里的电量还没有用完就继续充电的话，容易使电池的使用时间越来越短，导致最后只能使用几十分钟就没有电了。所以最好等电完全用完了以后再充电，在出外拍摄之前必须要确认是否还有足够的电量。

新电池使用原则：新电池使用有一个激活过程，前 3 ~ 4 次充电时间要在 3h 以上，并且每次要用完后再充。否则，即使是锂电池，也会影响使用。将新电池插入充电器接上电源后，充电器充电指示灯亮，充电开始。连续充电 4h，期间，即使充电指示灯灭，如果时间不到，仍继续充。每次充电都如此，连续 3 ~ 4 次后，既可转为正常使用。

存储仓和电池仓挡板上出现有灰尘时，应用软刷或吹气球清除，用无腐蚀性的清洁剂擦拭照相机的金属部分。如果长时间（两周以上）不用照相机，最好把电池取出，如果电池漏液，会腐蚀相机的电路板和元件，使照相机无法正常工作。

5. 数码照相机的维护

对数码照相机的维护主要注意以下几点：

1）防水防潮。作为电子产品，数码照相机的最大敌人莫过于水气的侵蚀，不细心进水或者长时间不用时暴露在潮湿的空气中，都会对其内部的电子元器件造成不同程度的腐蚀或氧化。在使用中应注意，首先，如果需要在诸如有瀑布的风景区这类空气湿度较大的场合下拍摄的话，要避免淋雨、溅水和落水等情况的发生；其次，避免暴露在潮湿的空气中，建议在放置数码照相机的盒子或机套内放入干燥剂。另外，如果长时间不使用数码照相机，可以在适当的时候取出开机给它通通电，这样做也可以达到除湿的目的。

2）防摔防震。数码照相机是一个脆弱的设备，内部元器件和镜头组件都经不起摔打。在使用过程中如果不细心落地，后果是不堪设想的，轻的就只是刮花外壳，严重的可能就涉及成像模糊、镜头不伸不缩、LCD 破裂这些故障。在使用中要注意：首先，拍摄时要尽量把照相机带挂在脖子上，防止由于持机不稳跌落相机的状况；其次，放置照相机时要找一个平稳的地方放置，防止由于撑托物不稳让照相机滑落，放置时也要注意数码照相机的摆放位置，要立式摆放，因为平躺放置很容易让镜头磕破 CCD 前面的玻璃，从而造成成像不良，或者是让硬物划伤 LCD。

3）防尘防污。这主要是对镜头部分而言，镜头镜片过脏会影响成像，镜筒内部保护不当也会进灰而影响 CCD 感光，还有 LCD 污垢较多也会影响拍摄者的视觉效果。在使用中需要注意：首先，数码照相机在有风沙等灰尘较大的环境里使用时，拍摄动作要快，用完马上装入机套；数码照相机的镜头更是要重点保护的对象，不使用时要及时盖上镜头盖，拍摄中间也要注意不让手指在镜片上留下指纹。其次，擦拭镜头也是平时保养的重要一环，无论擦拭镜头还是 LCD，只能使用擦拭眼镜的软质眼镜布，市场上有很多不合格的镜头纸只会带来副作用。正式擦拭镜头时的方向必须从中心向外旋转擦拭，切勿简单地直接对着镜头哈气然后擦拭，眼镜布也要保证干燥。如果镜头上只有浮灰，只需要使用吹气球（也称洗耳球）吹去即可，不能用口直接吹气，当然如果频繁地擦拭镜头也会有反作用。

思考题

1. 简述数码照相机的定义。
2. 简述数码照相机的基本结构。
3. 简述数码照相机的工作原理。
4. 简述数码照相机的工作步骤。
5. 简述数码照相机的基本特性。
6. 简述数码照相机的变焦功能的使用方法。
7. 简述数码照相机的维护与保养方法。
8. 小论文：通过网络收集资料，论述数码照相机技术的现状及发展趋势（不少于1500字）。

第9章 投 影 仪

随着信息时代的到来，计算机多媒体技术与网络技术迅猛发展，大到指挥监控中心、网管中心的建立，小到临时会议、技术讲座的进行，都渴望获得大画面、多彩色、高亮度、高分辨率的显示效果。近些年来迅速发展的大屏幕投影仪（见图9-1）技术成为解决彩色大画面显示的有效途径，应用范围不断拓展，市场也因需求的增长日渐活跃。

图9-1 投影仪

9.1 投影仪概述

9.1.1 投影仪的发展历程

投影仪主要通过最早开发成功的 CRT 投影技术、随后开发的 LCD 投影技术以及近些年发展起来的 DLP 投影技术等显示技术实现将音像图形放大。CRT 投影仪的历史甚至可以追溯到 20 世纪 50 年代。然而直到 20 世纪 80 年代，CRT 投影技术才正式作为商业用途。当时，CRT 投影仪主要用在商务飞机上，进行录像资料的播放。随后，该技术得到了长足的发展，应用领域也从飞机发展到会议室、教室和剧院。20 世纪 80 年代中期，个人计算机快速发展，越来越需要向大量观众展示计算机中的文本和数据，这就对投影仪提出了更高的技术要求。在 20 世纪 80 年代后期，随着计算机工作站和图形处理软件的广泛应用，也就相应地产生了能投影高分辨率图形和动画的图形投影仪。自 1992 年开始，国外很多公司开始发展和制造采用其他技术的投影仪，包括 LCD 和 DLP 投影仪等。从此 CRT、LCD 和 DLP 三足鼎立的局面开始出现。1995 年，单片 LCD 投影仪迅速崛起，开始在市场上销售，但由于单片结构在性能和色彩方面存在缺陷，所以 1996 年，改进了的三片式 LCD 投影仪开始投放市场。同年，第一款基于 DLP 技术的投影仪也面世了，而且从那时起，DLP 技术就开始向产业化迈进。DLP 技术为投影仪以更高的亮度、更高的分辨率、更轻的质量以及更低的成本为目标，在不断发展着。不过，在 1996 年至 2002 年之间，LCD 投影仪由于在性能和色彩方面表现出色，基本上代表了这个时期投影仪产品发展的最高水平。与此同时，CRT 投影仪开始走下坡路。

9.1.2 投影仪的分类

1. CRT 投影仪

CRT（Cathode Ray Tube，阴极射线管）是应用较为广泛的一种显示技术。CRT 投影仪把输入的信号源分解到 R（红）、G（绿）B（蓝）3 个 CRT 的荧光屏上，在高压作用下发光信号放大并会聚，在大屏幕上显示出彩色图像。

2. LCD 投影仪

LCD（Liquid Crystal Display，液晶显示器）投影仪又分为液晶板投影仪和液晶光阀投影仪两类。LCD 投影仪是液晶显示技术和投影技术相结合的产物。液晶是介于液体和固体之间的物质，本身不发光，工作性质受温度影响很大，其工作温度为 $-55 \sim +77℃$。投影仪利用液晶的光电效应，即液晶分子的排列在电场作用下发生变化，影响其液晶单元的透光率或反射率，从而影响它的光学性质，产生具有不同灰度。

三片式 LCD 投影仪是用红、绿、蓝 3 块液晶板分别作为红、绿、蓝三色光的控制层。光源发射出来的白色光经过镜头组后会聚到分色镜组，红色光首先被分离出来，投射到红色液晶板上，液晶板"记录"下的以透明度表示的图像信息被投射生成了图像中的红色光信息。绿色光被投射到绿色液晶板上，形成图像中的绿色光信息，同样蓝色光经蓝色液晶板后生成图像中的蓝色光信息，3 种颜色的光在棱镜中会聚，由投影镜头投射到投影幕上形成一幅全彩色图像。

3. DLP 投影仪

DLP（Digital Light Processing，数字光处理）投影仪以 DMD（Digital Micromirror Device，数字微镜器件）作为成像器件。DMD 是可通过二位元脉冲控制的半导体器件，该器件具有快速反射式数字开关性能，能够准确控制光源。其基本原理是，光束通过一高速旋转的三色透镜后，再投射在 DMD 上，然后通过光学透镜投射在大屏幕上完成图像投影。

9.1.3 投影仪的主要应用

（1）家庭影院型投影仪

应用于家庭的投影仪，其特点是亮度都在 1000lm 左右（随着投影的发展这个数字在不断地增大，对比度较高），投影的画面宽高比多为 16:9，各种视频端口齐全，适合播放电影和高清晰电视节目，适于家庭用户使用。

（2）便携商务型投影仪

一般把质量低于 2kg 的投影仪定义为商务便携型投影仪，这个质量跟轻薄型便携式计算机不相上下。商务便携型投影仪的优点有体积小、质量轻、移动性强，是传统的幻灯机和大中型投影仪的替代品。轻薄型便携式计算机跟商务便携型投影仪的搭配，是移动商务用户在进行移动商业演示时的首选搭配。

（3）教育会议型投影仪

一般定位于学校和企业应用，采用主流的分辨率，亮度在 2000～3000lm 左右，质量适中，散热和防尘做得比较好，适合安装和短距离移动，功能接口比较丰富，容易维护，性能价格比也相对较高，适合大批量采购普及使用。

（4）主流工程型投影仪

相比主流的普通投影仪来讲，工程投影仪的投影面积更大、距离更远、光亮度很高，而且一般还支持多灯泡模式，能更好地应付大型、多变的安装环境，对于教育、媒体和政府等领域都很适用。

（5）专业剧院型投影仪

这类投影仪更注重稳定性，强调低故障率，其散热性能、网络功能、使用的便捷性等方面做得很强。当然，为了适应各种专业应用场合，投影仪最主要的特点还是其高亮度，一般可达 5000lm 以上，最高可超 10000lm。由于体积庞大、质量重，通常用在特殊用途，如剧院、博物馆、大会堂、公共区域，还可应用于监控交通、公安指挥中心、消防和航空交通控制中心等环境。

（6）测量投影仪

这类投影仪不同于以上几类投影仪，早期称为轮廓投影仪，随着光栅尺的普及，投影仪都安装上高精度的光栅尺，人们便又称其为测量投影仪（国内较著名的测量投影仪有高诚公司生产的 CPJ-3015 等）。其作用主要是将产品零件通过光的透射形成放大的投影，然后用标准胶片或光栅尺等确定产品的尺寸。由于工业化的发展，这种测量投影仪已经成为制造业最常用的检测仪器之一。按其投影的方式又可分为立式投影仪和卧式投影仪；按其比对的标准不同可分为轮廓投影仪和数字式投影仪。

9.1.4 投影仪的发展趋势

新技术随之而来的总是新产品的诞生。LED 光源的应用，为投影仪机身小型化开辟了新的道路。由于 LED 光源体积小，且具有很多显示技术优点，所以更适于研发小巧的投影机，使用户的投影更加随身化和自由化。继大屏智能手机后，投影仪迎来了多屏时代的又一革命：微型投影时代。

微型投影市场定位随着体积、清晰度的提升，由以前的个人娱乐、个人办公慢慢成为能作为家庭影院、小型会议办公的设备。微投市场不断扩大，消费者也对微投产品从新奇到熟悉，并理性地去挑选合适的产品。虽然微投行业发展很快，但相比于历史悠久的传统投影设备而言，微投更像一个对传统投影的补充。

微型投影仪的功能：及时、便利地将"小屏"内容投放"大屏"，放大画面同时放大分享带来的快乐体验。伴随着移动智能终端产品的蓬勃发展，移动终端产品作为"内容"集散地的角色已无可替代。

微投有着节能、便携的特点，尤其是移动设备的井喷以及新光源（激光光源、LED 光源固态光源）亮度的提升，为微投的发展提供了良好的平台，而智能手机、IPAD 更能增加微投的应用功能。嵌入式微投得益于智能终端产品的庞大规模，数量增长很快，但是受限于亮度及分辨率，实际投影出来的画面质量还是不够好，实际体验欠佳；而专业投影厂商重视的独立型微投近两年的进步非常明显，亮度及分辨率不断升级，机身轻薄且性越做越好，投影画面色彩也很好。无线应用等新功能的完善推动独立性微投越来越多进入人们的工作和生活中。

9.2 投影仪的工作原理

9.2.1 CRT 投影仪的工作原理

CRT 投影仪（见图 9-2）是早期开发出来的产品，技术成熟、色彩丰富、还原性好，具有丰富的几何失真调整能力，但其重要技术指标如亮度值始终徘徊在 300lm 以下。另外，CRT 投影仪操作复杂，使用 3 个投影镜头，汇聚调整十分困难，需要专门的技术人员花费较多的时间方能安装完成，机身体积大，只适合安装于环境光较弱、相对固定的场所，不宜搬动。

CRT 投影仪的特有性能指标如下：

1）会聚性能。会聚是指红绿蓝 3 种颜色在屏幕上的重合。

图 9-2 CRT 投影仪

对 CRT 投影仪来说，会聚控制性显得格外重要，因为它有 R、G、B 3 种 CRT，平行安装在支架上，要想做到图像完全会聚，必须对图像各种失真均能校正。机器位置变化，会聚也要重新调整，因此对会聚的要求，一是全功能，二是方便快捷。会聚有静态会聚和动态会聚两种，其中动态会聚有倾斜、弓形、幅度、线性、梯形、枕形等功能，每一种功能均可在水平和垂直两个方向上进行调整。除此之外，还可进行非线性平衡、梯形平衡、枕形平衡的调整。

2）CRT 的聚焦性能。图形的最小单元是像素。像素越小，图形分辨率越高。在 CRT 中，最小像素是由聚焦性能决定的，所谓可寻址分辨率，即是指最小像素的数目。CRT 的聚焦机制有静电聚焦、磁聚焦和电磁复合聚焦 3 种，其中以电磁复合聚焦较为先进，其优点是聚焦性能好，尤其是高亮度条件下会散焦，且聚焦精度高，可以进行分区域聚焦、边缘聚焦、四角聚焦，从而可以做到画面上每一点都很清晰。

9.2.2 LCD 投影仪的工作原理

LCD 投影仪本身不发光，它使用光源来照明 LCD 上的影像，再使用投影镜头将影像投影出去。利用液晶的光电效应，即液晶分子的排列在电场作用下发生变化，影响其液晶单元的透光率或反射率，从而影响它的光学性质，产生具有不同灰度层次及颜色的图像。LCD 投影仪又分为液晶板和液晶光阀两种。

1. 液晶板投影仪

按照液晶板的片数，LCD 投影仪（见图 9-3）可分为单片式 LCD 投影仪（使用单片彩色 LCD）和三片式 LCD 投影仪（使用 3 片单色 LCD）。

（1）单片式 LCD 投影仪

单片式 LCD 投影是现代投影仪的前驱，早在 20 世纪 80 年代美国的 INFOCUS 公司及北欧的 ASK 公司均已开始单片 VGA 级别的 LCD 投影仪的研发。在 1996 年前后单片式 LCD 投影仪的开发到达鼎盛阶段，还曾用于多个品牌的液晶背投。

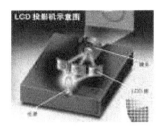

图 9 - 3 LCD 投影仪
示意图

单片式 LCD 投影仪的优点是组装简单、结构简单、稳定可靠，没有单片 DLP 投影仪的彩虹现象，也没有三片式 LCD 投影仪的颜色错位的可能。

其缺点是因为使用单片彩色的 LCD，所以红色的点仅穿透红光而吸收绿光及蓝光，绿点和蓝点同样也仅通过 1/3 的光，所以透光效率不佳，由于光利用率低，通常亮度较低（一般不会超过 1200 ANSIlm），由于采用的液晶尺寸较大（3~15in），通常体积较大，质量也难以降低到目前便携机的水准（4kg 以下），分辨率一般在 XGA 以下（特殊工程机除外）。因为一个全彩的点须由红、绿、蓝 3 个基本色点所组成，所以降低了画面的解析度，色彩较为呆板且缺少层次。

目前，单片式 LCD 投影仪的应用呈现明显的两极分化情况，使用在最高端和最低端的领域，高端领域主要偏重单片液晶的可靠性，低端领域主要偏重单片液晶的低价格、高性价比。

（2）三片式 LCD 投影仪

三片式 LCD 投影仪的原理是光学系统把强光通过分光镜形成 R、G、B3 束光，分别透射过 R、G、B3 色液晶板；信号源经过 A-D 转换，调制加到液晶板上，通过控制液晶单元的开启、闭合，从而控制光路的通断，R、G、B3 束光最后在棱镜中汇聚，由投影镜头投射在屏幕上形成彩色图像。三片式 LCD 投影仪的色彩饱和度高、层次感好、色彩自然，是液晶板投影仪的主要机种。

三片式 LCD 投影仪的优点是光利用率很高（高于目前市场另一主流产品单片 DLP 投影仪）、色彩鲜艳、分辨率高、技术成熟，没有单片 DLP 投影仪的彩虹现象。

其缺点是对比度、层次感仍不如同规格 DLP 投影仪，开口率（可以理解为显示器件的光传输率）比 DLP 低，近距离观看存在一定的"纱窗"现象，在灵巧性方面也比不过 DLP 投影仪，目前能见到最轻巧的三片式 LCD 投影仪一般在 1.5kg 以上，而 DLP 可以做到 1kg 以下，甚至 0.4kg 左右。

2. 液晶光阀投影仪

液晶光阀投影仪是 CRT 投影仪与液晶光阀相结合的产物。为了解决图像分辨率与亮度间的矛盾，它采用外光源，也叫被动式投影。一般的光阀主要由 3 部分组成：光电转换器、镜子和光调制器，它是一种可控开关。通过 CRT 输出的光信号照射到光电转换器上，将光信号转换为持续变化的电信号；外光源产生一束强光，投射到光阀上，由内部的镜子反射，通过光调制器，改变其光学特性，紧随光阀的偏振滤光片，将滤去其他方向的光，而只允许与其光学缝隙方向一致的光通过，这个光与 CRT 信号相复合，投射到屏幕上。

液晶光阀投影仪是目前亮度、分辨率最高的投影仪，亮度可达 6000 ANSIlm，分辨率为

2500×2000 像素，适用于环境光较强、观众较多的场合，如超大规模的指挥中心、会议中心及大型娱乐场所，但其价格高、体积大，且光阀不易维修。

LCD 技术一直是投影领域关键的显示技术之一，基于 LCD 技术的产品也占据市场相当比重。与 CRT 投影仪相比，LCD 投影仪具有很多优点：体积小巧、质量轻、便于携带；色彩丰富，几乎所有的液晶投影仪都能提供 24 位真彩色；操作简单。但 LCD 投影仪有一个先天不足的问题：亮度损失。由于液晶板上覆盖的栅格会阻挡光线透过，高分辨率时问题尤其严重，甚至会有 60% 的光线由此损失掉，严重影响了 LCD 投影仪的亮度表现。为了解决这一问题，爱普生公司采用了微透镜技术，索尼公司也采用了一种复眼透镜技术。另外，为提高亮度和色彩表现能力，目前 LCD 投影仪大都采用了 3 片液晶板成像结构，因此其光学系统相对复杂，这给系统减小体积和质量造成了一定障碍。为减小体积，只有采用缩小液晶板尺寸的方法，而液晶板尺寸的减小，将带来透光率的下降，影响产品的亮度输出，因此 LCD 投影仪在超小型领域每迈出一步，都要比 DLP 技术付出更多。

9.2.3 DLP 投影仪的工作原理

DLP 投影仪（见图 9-4）也可分为单片 DLP 投影仪与三片 DLP 投影仪，另有两片的 DLP 投影仪，主要针对投影光源中红黄色缺乏，从丰富画面色彩、提高光效的角度对单片 DLP 投影仪做出一定提升，属单片 DLP 与三片 DLP 之间的折中产品，但因为非常少见，故不加以介绍。

图 9-4 DLP 投影仪示意图

美国德州仪器（TI）的 Larry J Hornbeck 在 1987 年成功地应用 MOEMS 技术发明了 DMD，以 1024×768 像素分辨率为例，在一块 DMD 上共有 1024×768 个小反射镜，每个镜子代表一个像素，每一个小反射镜都具有独立控制光线的开关能力。小反射镜反射光线的角度受视频信号控制，视频信号受数字光处理器 DLP 调制，把视频信号调制成等幅的脉冲调制信号，用脉冲宽度大小来控制小反射镜开、关光路的时间，在屏幕上产生不同亮度的灰度等级图像。

DLP 投影技术的推广应用是显示领域划时代的革命，由于数字技术的采用，使图像灰度等级达 256~1024 级，色彩达 256~1024 种，图像噪声消失，画面质量稳定，精确的数字图像可不断再现，而且历久弥新。反射式 DMD 的应用，使成像器件的总光效率达 60% 以上，对比度和亮度的均匀性都非常出色。

DLP 投影仪清晰度高、画面均匀、色彩锐利。三片 DLP 投影仪亮度可达 2000lm 以上，它抛弃了传统意义上的会聚，可随意变焦，分辨率高，不经压缩分辨率可达 1280×1024 像素。

1. 单片 DLP 投影仪

单片 DLP 投影仪是目前 DLP 投影仪的主流产品，主要用于商用数据投影仪、绝大多数的家庭娱乐投影仪以及大屏幕背投电视，其主要优势是由于采用单显示芯片和简单的光路结构，所以成本较低。

　　单片 DLP 投影仪具有液晶投影难以比拟的对比度、超灵巧的体积、几乎无网格的类似电影胶片的画面。在亮度方面，单片 DLP 投影仪相对三片式 LCD 投影仪，没有偏振光损失，但在色轮上（类似单片液晶的滤色片）会损失 2/3 的光线，加之 DLP 的开口率一般比液晶高出 25% 左右，所以在实际产品中，单片 DLP 投影仪的亮度与同规格的三片式 LCD 投影仪已经比较接近（TI 已成功开发 0.55in XGA 级别 DMD 芯片）。

　　DMD 微镜能以 5000 次/s 速度开关，其微秒级的速度远超过液晶像素毫秒级的开关速度。再加上 DDR RAM 的配合，数据处理速度再次提升。所以就本质而言，它更有能力将画面的快速动作准确再生；LCD 技术由于开关速度较慢，快速移动的影像画面可能会看起来模糊一点。在整机的可靠性方面，DLP 投影仪采用了全封闭式光学引擎结构设计，进而避免了粉尘污染。

　　传统 LCD 投影仪为迅速散去面板高热，往往采用开放式光学引擎结构设计，通过风扇吸取空气达到降温目的，因此不可避免会吸入粉尘，久而久之可能影响面板的显示，但单片 DLP 投影仪中的色轮机构是磨损性的机械构件，长时间使用下也可能有老化的情况。

　　DMD 的器件特性确定了 DLP 投影仪是真正的全数字化产品，而无须经过液晶、PDP、LCOS 等器件在连接数字信号时所必需的转换，这将有利于 DLP 投影仪在未来数字视频的连接、驱动。目前 DLP 投影仪保持着投影领域最旺盛的发展势头，在市场份额上几乎已经与 LCD 投影仪并驾齐驱，并有超越的趋势。单片 DLP 投影仪的缺点主要在色彩方面，无论是彩虹现象还是色彩量化中均存在问题，而通过优化色轮上色彩的分区、转速是主要的解决办法。

　　2. 三片 DLP 投影仪

　　对于必须提供高亮度输出的专业应用场合，如电影院、大型会议室、礼堂、舞台，就可能采用 3 片 DMD 的架构。三片 DLP 投影仪可以提供更高的亮度，并且完全取消了色轮，也就没有彩虹现象了。

　　在目前量产的产品中，三片 DLP 应该是最完美的技术模式，不过，三片 DLP 的产品价格非常昂贵、品种稀少，主要集中在巴可、科视、富可视、PD 等少数几个品牌中，如今的实际应用几乎限定在数字电影领域。

　　DLP 投影仪具有以下的优点：①DLP 技术使图像随窗口的刷新而更加清晰，它增强了黑白对比度、描绘边界线和分离单个颜色，将图中的缺陷抹去；②无论远近图像总是非常清晰，并且最大化地填充屏幕；③更多的光线打在屏幕上使图像演示效果在光亮中如同在黑暗中一样好；④数字彩色的再现保证了图像更加逼真，没有发亮的斑点；⑤DMD 可 1 万多次无故障运行，因此 DLP 投影仪理论上能使用 1 千多年，实际需求大时可稳定地运行 30 年以上；⑥超便携 DLP 投影仪能在屏幕上投影 1000lm 亮度而质量极轻。

9.3　投影仪的技术指标和接口

9.3.1　投影仪的技术指标

　　投影仪的性能指标是区别投影仪档次高低的标志。投影仪的性能指标有很多，这里只谈谈几个主要指标。

　　1）光输出（Light Out）：是指投影仪输出的光能量，单位为流明（lm）。流明是与光输出有关的一个物理量。亮度是指屏幕表面受到光照射发出的光能量与屏幕面积之比，亮度常用的单位是勒克斯（lx）。当投影仪输出的光通过一定时，投射面积越大亮度越低，反之则亮度越高。决定投影仪光输出的因素有投影及荧光屏面积和性能及镜头性能，通常荧光屏面积越大，光输出越大。带有液体耦合镜头的投影仪镜头性能好，投影仪光输出也可相应提高。

2）水平扫描频率（行频）：电子在屏幕上从左至右的运动叫作水平扫描，也叫作行扫描。每秒钟扫描次数叫作水平扫描频率。视频投影仪的水平扫描频率是固定的，为15.625kHz（PAL制）或15.725kHz（NTSC制），在这个频段内，投影仪可自动跟踪输入信号行频，由锁相电路实现与输入信号行频的完全同步。水平扫描频率是区分投影仪档次的重要指标。频率范围在15kHz~60kHz的投影仪通常叫作数据投影仪，上限频率超过60kHz的通常叫作图形投影仪。投影仪的水平扫描频率都有一个范围，如果来自计算机等图像源的输入信号的水平扫描频率超出此范围，则投影仪将无法投放，通常显示"NO SIGNAL"。如果计算机显示配置较高，建议不要购买低端的水平扫描频率较差的投影仪，否则将无法投射出理想的图像效果，甚至无法使用。

3）垂直扫描频率（场频）：电子束在水平扫描的同时，又从上向下运动，这一过程叫作垂直扫描。每扫描一次形成一幅图像，每秒钟扫描的次数叫作垂直扫描频率，也叫作刷新频率，它表示这幅图像每秒钟刷新的次数。垂直扫描频率一般不低于50Hz，否则图像会有闪烁感。

4）视频带宽：投影仪的视频通道总的频带宽度，其定义是在视频信号振幅下降至0.707倍时，对应的信号上限频率。0.707倍对应的增量是-3dB，因此又叫作-3dB带宽。

5）真实分辨率：指液晶板的分辨率。在液晶板上通过网格来划分液晶体，一个液晶体为一个像素点。那么，如果一台液晶投影仪的真实输出分辨率为800×600像素时，就是说在液晶板的横向上划分了800个像素点，纵向上划分了600个像素点。这种物理分辨率越高，则可接收图像源分辨率的范围越大，投影仪的适应范围越广。通常用真实分辨率这样的物理分辨率来评价液晶投影仪的价值。两台外观看似相同的液晶投影仪，如果一台的真实分辨率为800×600像素，而另一台的真实分辨率为1024×768像素，则后者的价格可能是达到前者价格的两倍。

6）颜色：投影仪投射图像所能表现的颜色数量。现在，几乎所有的投影仪都支持24位真彩色。

7）对比度：投影仪投射图像中黑与白的比值，也就是从黑到白的渐变层次。比值越大，从黑到白的渐变层次就越多，从而色彩表现越丰富。

8）画面尺寸：指投出的画面对角线的尺寸。要投放出需要的尺寸，须将投影仪安装在与投影屏幕相应的距离上。投影距离是指投影仪镜头与屏幕之间的水平距离。

9）吊顶功能：为了使用方便，不少用户会将投影仪安装在天花板上。这时候投影仪的底面朝上，所以投影仪的吊顶功能具有图像颠倒功能，以便将投影仪倒置吊在屋顶上进行投影。通常投影仪高级菜单中有"Ceiling"（天花板）选项，可以做到将投影的图像翻转。

10）背投功能：有不少用户会将投影仪安装在背透幕的后面进行投影。这时候投影仪需要利用背投功能将图像的左右颠倒过来。通常投影仪高级菜单中有"Rear Proj"（背面投影）

选项，将投影的图像反向投射。

9.3.2　投影仪的接口

1）计算机输入接口：指计算机显示信号的输入接口，会议室用机型一般有两个接口，可同时连接两台计算机，便携机中一般只有一个接口。

2）计算机输出接口：指计算机显示信号的输出接口，通过此接口可连接显示器。如果投影仪没有此接口，要想连接显示器，可使用 VGA 分配器来实现。

3）视频信号：对于视频信号，一般的投影仪可支持 NTSC、PAL 及 SECAM 3 种制式。

4）标准视频输入：具有标准视频输入接口（RCA）。标准视频信号在输出时要进行编码，将信号压缩后输出，接收时还要进行解码。这样会损失一些信号。

5）S 视频输入：具有 S 视频输入接口（S Video）。由于 S 视频信号不需要进行编码、解码所以没有信号损失，因此 S 视频信号比标准视频信号质量好。

6）音频输入输出：具有音频输入输出接口，可将计算机、录像机等的音频信号输入进来，通过自带扬声器播放，还可以通过音频输出接口连接功放、外接喇叭。

9.4　投影仪的使用与维护

9.4.1　投影仪使用中的常见问题

1. 投影仪相关设备开关电源顺序

由于投影仪是与其他相关设备连接使用的，最好按照以下的顺序打开设备：首先，如果投影仪的图像源不是计算机的话，最好先将图像源的设备打开；其次，如果在使用投影仪时想要得到较好的声音效果而且又有独立的音响设备，这时候应该把音响设备打开；接下来，可以把投影仪打开了，投影仪需要预热一段时间才可以使用；对于大多数的情况，用户是用计算机与投影仪相连的，在这种情况下最后打开的是计算机。如果是要关闭投影仪的电源，可以按照相反的顺序。

虽然，不按照以上的顺序可能也看不出有什么大影响，但是为了投影仪长期稳定的使用，建议最好养成良好的规范操作习惯。

2. 投影仪与其他设备连接

在投影仪的背部有很多接口，而投影仪使用时可以与之连接的设备有很多，用户应参照使用说明书中有关接口介绍来选择使用接口。

3. 投影仪与笔记本电脑连接使用

在使用投影仪时，相当一部分的场合下是与便携式计算机连接使用的。但是便携式计算机的使用与台式机略有些不同，在键盘上可以选择投影仪的图片来源，即需要在便携式计算机的键盘上按键设定来启动投影仪（见表 9-1），让其将显示器上的图像投射出来。

表 9-1　不同便携式计算机中启动投影仪的按钮

NEC	Panasonic	东芝	富士通	苹果	IBM	SONY
Fn + F3	Fn + F3	Fn + F5	Fn + F10	在操作面板上的调整"镜像"	Fn + F7	Fn + F7

4. 投影仪灯泡的使用

投影仪的灯泡在工作时会产生很高的温度，而目前投影仪的内部元器件的集成度较高，体积比较紧凑。所以对于投影仪的使用来说，散热是一个非常重要的问题。在使用中要让投影仪有良好的通风散热条件，不要使投影仪的底部和支撑面贴得太近，不要在投影仪的通风口处放置任何东西，尤其是书本或者布等，以免通风不畅，影响散热。

在投影仪中一般有两个风扇，一个是吸气风扇，用于将外界的新鲜空气吸入投影仪中，冷却投影仪的器件；另一个是排气风扇，用于将冷却部件后的高温度的空气排出投影仪外。

在吸气风扇的外部有一个空气过滤网，会将空气中的灰尘过滤掉，避免其进入投影仪内部。所以，首先要保证使用的室内环境较清洁，其次定期清理空气过滤网上的灰尘，避免进气量不够影响冷却效果。

将投影仪关机时，一定要先关机呈等待状态，等投影仪内部温度降低、风扇停转后再关掉电源开关，否则会严重降低投影仪的使用寿命。

投影仪的灯泡是投影仪的主要耗材，安装的灯泡均有工作时间的限制。当有下列情况发生时应该更换投影仪的灯泡：投影的图像开始变黑或者投影效果开始恶化；投影仪顶部的错误指示灯以每秒 1 次的频率红灯闪烁，表明虽然没有到灯泡的使用寿命，但是应该尽快更换灯泡了；当投影仪持续使用到灯泡寿命时间，"LAMP REPLACE" 信息会显示在屏幕上，这时候投影仪内部的时间计数器开始提示灯泡的使用寿命快到了，即使当前的投影效果仍然很好。

5. 投影仪的梯形校正

梯形校正是指当投影仪的光学镜头的轴线位置不处于水平位置时（绝大多数用户在使用投影仪时都处于这样的情况），会产生投影屏幕出现梯形的图像屏幕，而不是正方形的投影屏幕。此时可以通过投影仪的梯形校正功能来弥补这种缺陷。

6. 投影仪的轨道调整

投影仪接收到图像源的信号，经过主板的解析处理，会产生打开液晶体的动作。元素颜色的光线有序的通过液晶体后投射出正确的图像。可以将这些光线看成一列列的火车，按照自己的轨道驶向正确的目的地。但是有时投影仪没有正常工作，也就是有的光线没有按照正确的轨道路线行驶。这时候，投影出的图像就出现了一些垂直条纹，可以按"Tracking ＋／－"按钮进行调整，强行的改变光线行进的路线，直到满意为止。

7. 投影仪的同步调整

与投影仪的轨道调整类似，元素颜色的光线需要有序的按照规定的时间通过液晶体，这样才能投射（也就是刷新）出正确的图像。如果投射会的图像出现闪烁、模糊时，可能是投影仪的同步性不好了。这时候需要按"Sync ＋"或"Sync －"键进行调整，矫正投影仪的同步性，直到投射的效果满意为止。

8. 投影仪偏色

投影仪投射图像与打印机有相似的地方，3 种元素颜色很像喷墨打印机的墨水，将图像"打印"在屏幕上。在投影仪主板解析处理图像源的信号时，会产生一点偏差，在用信号还原图像的色彩时，也会与图像源稍微有所不同。但是只要是偏差不太大，都应该是正常的现象。

但是如果投射的图像有严重的偏色甚至是错误，如将图像源的黄色投射成了紫色，那就是投影仪的硬件故障了。还有一种情况，在投射的图像上出现了白色的亮点，那就是投影仪的液晶板坏了，造成大量的光线通过液晶体投射出了错误的图像。

9. 投影仪的流明叠加

有些投影仪有流明（亮度）叠加功能，如果需要增加投影图像的亮度，可以使用多台投影仪同时投影图像。这些投影仪在机身上具有镜头移动调节开关，可使投影的图像完全重合。而投射图像的流明（亮度）基本上可以达到这几台投影仪标称流明数的总和。在较大的光线较亮的场所（商场、展会等）中，这种功能是非常有用的。

10. 投影仪与周边设备的组合使用

投影仪使用过程中，针对不同的客户环境和需求，搭配不同的周边设备，能够使投影演示达到最佳的效果。围绕着投影仪，有很多的周边产品，如常见的投影屏幕，多应用于教学、实物演示需要的视频展台，此外还有投影仪中央控制系统、智能投影白板等。

（1）投影屏幕

跟随着投影仪发展的脚步，投影屏幕近来同样变化较快，主要反映在投影屏幕材料的应用方面。新材料屏幕对投影仪的影像效果有很大的提升作用，如果与屏幕搭配得当，可以起到意想不到的效果。投影屏幕的形式也是多种多样的，桌上型、壁挂型、支架型等。此外，还有一种薄膜投射型的屏幕，它可以贴在透明的玻璃上，接受投射光，投影效果令人耳目一新。投影屏幕是投影仪周边设备中最常使用的产品。

（2）视频展台

视频展台常用于教育教学培训、电视会议、讨论会等各种场合，可演示文件、幻灯片、商品、零部件、三维物体等。现在相当多的单位只配备了胶片投影仪，作为胶片投影仪的替代者，视频展台在功能、性能方面比胶片投影仪都具备相当大的优势。近年来，由于国内厂家大规模的生产和产品价格的下降，普通视频展台的价格已经可以让普通用户接受。视频展台搭配投影仪在教学中的应用可以称得上完美的组合。展台上的文档、实物、实验活动……都可以通过大屏幕投影出来，让观看者得到视觉上的享受。视频展台搭配投影仪还可在很多场合应用。视频展台有多种设计：双侧灯台式、单侧灯台式、带液晶监视器的展台（视频展台上的小液晶监视器让用户便于检查被投物图像，在展示过程中不用另外准备监视器，也不用看着屏幕放置被投物）、可以连接计算机进行数据交换（计算机通过视频捕捉卡连接展台，通过相关程序软件，可将视频展台输出的视频信号输入计算机进行各种处理）等。

（3）中央控制系统

投影仪作为新型演示设备，发展前景广阔，使用过程中需要与多种设备相连接。中央控制系统提供了包括投影仪在内的音视频输入输出设备（展台、电视、录像机、VCD/DVD）、接口设备、计算机以及相关媒体的连接与控制，使同一演示场合的多种设备操作控制变得轻松，让投影演示更加流畅。中央控制系统适用于会议厅、培训中心、会议中心、远程电视会议、多媒体教室、指挥控制中心、家庭自动化、室内灯光以及环境控制。一般的中央控制系统由四部分组成：用户界面；中央控制主机；各类控制接口；受控设备等。用户操作控制系统由多种方式，常见的用户界面包括按钮式面板、计算机显示器界面、触摸屏界面以及无线遥控设备（射频、红外）等。

（4）智能投影白板

智能电子白板能与计算机、投影仪搭配使用。投影仪将计算机显示画面投射到电子白板上，演示者可以在白板上任意注释和修改画面，并将讲解后的画面（以图像格式）存入到计算机中。有触摸功能的白板可与投影仪配合（一般使用背投）组成大型的触摸屏，使操作更加便利。

9.4.2　投影仪的选购

1. 选购投影仪前的准备

1）分析输入信号源。根据所显示信号源的性质，投影仪可分为普通视频型、数字型、图形型 3 类。只显示全电视信号时，可选择普通视频型投影仪；要显示 VGA 输出的信号，可选择行频 60kHz 以下数字型投影仪。为了节约资源，做到恰到好处，则可按实际的投影内容决定购买何种档次的投影仪，若所放映的软件是以一般教学及文字处理为主的，可选购 SVGA（分辨率为 800×600 像素）；若要求高一些，则可选择 XGA（1024×768 像素），现在主要流行 SXGA（1280×1024 像素）产品和 UXGA（1600×1200 像素）产品。当显示高分辨率图形信号时，须选择行频在 60kHz 以上的投影仪。

2）确认使用方式。投影仪使用方式分为桌式正投、吊顶正投、桌式背投、吊顶背投。正投是投影仪在观众的同一侧；背投是投影仪与观众分别在屏幕两端（需背投幕）。若固定使用，可选择吊顶方式。如果有足够的空间，选择背投方式整体效果最好，如空间较小，可选择背投折射的方法。

3）清楚显示环境。根据使用环境（房间大小、照明情况），确定机器相应指标（如亮度）。

4）关注服务质量。投影仪价值较高，配件、耗材（灯泡）也比较昂贵且多为专用品，因此，在购买前要考虑一定的使用成本，并事先考察供应商的服务水平，了解服务内容。

2. 现场选购

确定所选机型后，现场加电条件下，如何通过所投画面来鉴别投影仪的实际指标呢？

1）检查水平扫描跟踪频率范围。根据技术指标上给出的水平扫描频率扫描范围，从中选高、中、低 3 个频率，计算出 3 个频率点相对应的图像分辨率。检查投影仪在这 3 个分辨率下，是否能正常显示。如出现行不同步现象，即画面扭动或抖动等，说明水平扫描跟踪不良。

2）检查聚焦性能。用投影仪内部产生的测试方格，或信号发生器、计算机产生的测试方格，将聚焦调至最佳位置，再将图像对比度由低向高变化，观察方格的水平和垂直线条是否有散焦现象，如有，则说明聚焦性能不良。

3）检查视频带宽。视频带宽直接影响视频的细节部分。用计算机或信号发生器产生一个投影仪所能达到最高分辨率的白底图形信号，观察屏幕上的最小字符图形是否清晰。如侧机视频带宽不足时，屏幕所显示横线条较实，而竖线条发虚，图像细节模糊不清。

4）LCD 投影仪的现场检查。打出一个全白图像，观察颜色均匀度如何。一般来说，LCD 投影仪的颜色均匀度很难达到较高标准，但质量好的机器颜色均匀度相对好一些。另外，LCD 投影仪的防尘是难题，一个很小的灰尘，如落到液晶板或镜片上，就可能被放大得很清晰。在全白图像上，由小至大调整光学聚焦，观察屏幕上如有彩色斑点出现，则可能是液晶板或镜片上落有灰尘，估计机器的防尘系统有问题。

9.4.3　屏幕的选购

在具体选购屏幕前，需要了解屏幕的主要技术指标。

1）增益：在入射光角度一定、入射光通量不变的情况下，屏幕某一方向上亮度与理想状态下的亮度之比，叫作该方向上的亮度系数，把其中最大值称为屏幕的增益。通常把无光泽白墙的增益定为 1，如果屏幕增益小于 1，将削弱入射光；如果屏幕增益大于 1，将反射或折射更多的入射光。

2）视角：屏幕在所有方向上的反射是不同的，在水平方向离屏幕中心越远，亮度越低；当亮度降到 50% 时的观看角度，定义为视角。在视角之内观看图像，亮度令人满意；在视角之外观看图像，亮度显得不够。一般来说屏幕的增益越大，视角越小（金属幕）；增益越小，视角越大。

屏幕从功能上分为反射式、透射式两类。反射式用于正投，透射式用于背投。正投幕又分为平面幕、弧型幕。平面幕增益较小、视角较大，环境光必须较弱；弧型幕增益较大、视角较小，环境光可以较强，但屏幕反射的入射光在各方向不等。从质地上分为玻璃幕、金属幕、压纹塑料幕等，为一般适用范围。

3）尺寸：屏幕的尺寸是以其对角线的大小来定义的。一般视频图像的宽高比为 4:3，教育幕为正方形。如一个 1.83m（72in）的屏幕，其宽为 1.5m、高为 1.1m。

9.4.4　投影仪的保养与维护

投影仪是一种精密电子产品，它集机械、液晶或 DMD、电子电路技术于一体，因此在使用中要从以下几个方面加以注意（以液晶投影仪为例），注意对投影仪的保养和维护。

1）机械方面。严防强烈的冲撞、挤压和震动，因为强震可能会造成液晶片的位移，影响放映时 3 片 LCD 的会聚，出现 RGB 颜色不重合的现象，而光学系统中的透镜，反射镜也会产生变形或损坏，影响图像投影效果，而变焦镜头在冲击下会使轨道损坏，造成镜头卡死，甚至镜头破裂无法使用。

2）光学系统。在使用设备时应注意对环境的防尘和通风散热。目前使用的多晶硅 LCD 板一般只有 1.3in，有的甚至只有 0.9in，而分辨率已达 1024×768 或 800×600 像素，也就是说每个像素只有 0.02mm 左右，灰尘颗粒足够把它阻挡。而由于投影仪 LCD 板充分散热一般都有专门的风扇以每分钟几十升空气的流量对其进行送风冷却，高速气流经过滤尘网后还有可能夹带微小尘粒，它们相互摩擦产生静电而吸附于散热系统中，这将对投影画面产生影响。因此，在投影仪使用环境中防尘非常重要，一定要严禁吸烟，因为烟尘微粒更容易吸附在光学系统中，因此要经常或定期清洗进风口处的滤尘网。目前的多晶硅 LCD 板都是比较怕高温的，较新的机型在 LCD 板附近都装有温度传感器，当进风口及滤尘网被堵塞，气流不畅时，投影仪内温度会迅速升高，这时温度传感器会报警并立即切断灯源电路。所以，保持进风口的畅通，及时清洁过滤网十分必要。吊顶安装的投影仪，要保证房间上部空间的通风散热。

3）灯源部分。目前，大部分投影仪使用金属卤素灯（Metal Halide），在点亮状态时，灯泡两端电压 60～80V，灯泡内气体压力大于 1MPa，温度则有上千摄氏度，灯丝处于半熔状态。因此，在开机状态下严禁震动或搬移投影仪，防止灯泡炸裂，停止使用后不能马上断开电源，要让机器散热完成后自动停机，在机器散热状态断电造成的损坏是投影仪最常见的返修原因之一。另外，减少开关机次数对灯泡寿命有益。

4）电路部分。严禁带电插拔电缆，信号源与投影仪的电源最好同时接地。这是由于当投影仪与信号源（如 PC）连接的是不同电源时，两零线之间可能存在较高的电位差。当用户带电插拔信号线或其他电路时，会在插头插座之间发生打火现象，损坏信号输入电路，由此造成严重后果。投影仪在使用时，有些用户要求信号源和投影仪之间有较大距离，如吊装的投影仪一般都距信号源 15m 以上，这时相应信号电缆必须延长。由此会造成输入投影仪的信号发生衰减，投影出的画面会发生模糊拖尾甚至抖动的现象。这不是投影仪发生故障，也不会损坏机器，解决这个问题的最好办法是在信号源后加装一个信号放大器，可以保证信号传输 20m 以上而没问题。

以上以 LCD 投影仪为例介绍了一些投影仪使用中的要点，DLP 投影仪与其相似，但可连续工作时间比 LCD 投影仪机长，而 CRT 投影仪的维护相对较少，由于基本不搬动，所以故障率相对低一些。但无论何种投影仪发生故障，用户都不可擅自开机检查，因为机器内没有用户可自行维护的部件，并且投影仪内的高压器件有可能对人身造成严重伤害。所以，在购买时不仅要选好商品寻好价格，更要选好商家，弄清维修服务电话，有问题向专业人员咨询，才不会有后顾之忧。

思考题

1. 简述投影仪的发展历程。
2. 简述投影仪的分类。
3. 简述 LCD 投影仪的工作原理。
4. 什么是光输出（Light Out）？
5. 投影仪相关设备应该按照怎样的顺序开关电源？
6. 什么是水平扫描频率（行频）？
7. 什么是真实分辨率？
8. 在日常使用中应如何使用投影仪灯泡？
9. 简述投影仪保养与维护方法。
10. 小论文：通过网络收集资料，论述投影仪技术的现状及发展趋势（不少于 1500 字）。

第10章　数码印刷技术

电子技术的飞速发展和计算机的广泛应用，标志着信息时代的到来，各行各业都在进行着一场深刻的科技革命。历史悠久的印刷业也不例外，数码印刷技术在近几年得到迅猛发展，令业内人士刮目相看。它不仅对传统胶印印刷产生了巨大的冲击，更给出版业、信息业、通信业带来了新的革命。由此产生的深远的影响，已经远远超过了印刷的范畴。常见的数码印刷机如图10-1所示。

图10-1　数码印刷机

10.1　数码印刷概述

10.1.1　数码印刷的发展历程

数码印刷（Digital Printing）这个概念到目前为止国际上还没有一个标准定义，主要存在两个观点：一个是计算机行业的观点，另一个是印刷行业的观点。在计算机行业，人们把由数据输出到纸上的技术过程均称为数码印刷，不管它是黑白的还是彩色的，因此人们也把这种意义上的数码印刷机称为打印机（Printer）。而在印刷行业，人们则把由数字信息代替传统的模拟信息，直接将数字图像信息转移到承印物上的印刷技术叫作数码印刷。对数码印刷可以定义为：数字化印刷就是将数字化的图文信息直接记录到承印材料上进行印刷，也就是说输入的是图文信息数字流，而输出的也是图文信息数字流，要强调的是它是按需印刷、无版印刷。数码印刷涵盖了多种不同的印刷技术，比如静电复制、喷墨技术、离子谱法、磁流体等。不过所有的数码印刷技术都有一个共同特点：它们直接采用电子文件而得到印张。实际上，现今所有的印刷方式在某种程度上都属于数字化。不论怎样，基于纸张进行复制的设备一般是打印机、复印机和印刷机。

在 1995 年，由打印机打印得到的印张数目第一次超过了所有型号的复印机复制得到的印张总数目，这为惠普公司的发展创造了条件，它们制造了一种叫 Mopier 的打印机，它可以同时打印多份文件。在当时，如果要选择一种打印机来打印多份原稿而不选用常规的复印机的话，那最佳选择则是 Mopier 打印机。

1990 年，施乐公司推出划时代的 DocuTech 135，即每分钟 135 页的黑白生产型数码印刷机，并在之后的十几年中不断地研发和升级，从而形成了著名的 DocuTech 产品系列。这样的高端数码印刷机对低端的黑白胶印领域形成了挑战，低端的数码打印机抢占了部分胶印与中档复印机的业务量。在数码印刷发展历程中，以下各种数码印刷设备得到推广应用：

1）打印机。与计算机紧密相连，有大有小，有每分钟 1～100 页不同的打印速度，单面打印。从桌面打印机到生产型打印机，打印机的生产能力逐渐加强，质量也有所改善（比如 EPSON 和 HP 机型）。

2）打印型印刷机。这是当前人们描述一种高端的黑白或彩色打印机的术语，其印刷速度可以达到每分钟 50 页或更高。为了得到理想状态中的印刷速度，这些设备一般都采取了巧妙的纸张传输方法。使用滚筒可能会导致堵纸，所以皮带成为一种理想选择，利用机械来传输皮带上的纸张，或者使用卷筒纸。因为针对每页印张对感光滚筒或皮带重新成像的方法会影响生产速度，所以针对一定数量或全部印张只成像一次。这种高速、大容量的打印机通常都带有不同水平的在线装订或后加工能力，比如 Xerox Docucolor 和 Xeikon DCP。

3）扫描型打印机。扫描型打印机是指系统内带有扫描仪的打印机，通常扫描仪被内置在系统中，如佳能 CLC 型号。

4）印刷机。正如人们了解的那样，印刷机采用印版和油墨，将相同的图文信息印刷到大幅面纸张上，经过裁切而得到大量的印张。印刷机利用图文载体，将图文信息复制到纸张上，理想情况下，每个印张都是相同的。典型代表有海德堡 Speedmaster 系列印刷机。

5）印刷型打印机。一种带有在机自动生成图文载体能力的印刷机，这类设备具有不同程度的可变印刷能力，通常在设备后端配有一套喷墨系统，如海德堡 Quickmaster-DI。

10.1.2　数码印刷的特点与分类

1. 数码印刷的特点

1）数码印刷突破了传统印刷技术的瓶颈，实现了真正意义上的一张起印、无须制版、全彩图像一次完成。极低的印刷成本及高质量的印刷效果比传统印刷系统经济方便，极少的系统投资、数码化的操作方式及有限的空间占用，使系统具有更大的市场前景，是对传统印刷的最好补充，也是传统印刷的换代产品。

2）数码印刷机具有投资极少、印刷成本极低、印刷尺寸可选、印刷质量高、占用空间小、操作人员少及运行成本极低、印刷材质类型厚度选择性大等优势，有很大的投资价值。再加上专业的数码印刷墨水，可以实现颜色饱和艳丽，色域宽广，过渡性好，远远超过传统印刷效果。与国外昂贵的数码快印机相比，具有投资料少、见效快的特点。

3）数码印刷机可印刷任何材质，包括皮革、金属、亚克力、PC/PE/PP/PBT/PVC 塑材、玻璃水晶、有机玻璃、KT 板、瓷砖等各种材质，印制范围涵盖个人用品、工艺礼品、办公用品、文具标牌、家装建材、鲜花布艺、服饰鞋帽等几十类数万种物品，可用于任何行业，使用范围更广、效果更好、成本更低、材料更环保，更符合市场的需求。

2. 数码印刷的分类

（1）按时限的技术分类

数码印刷系统主要是印前系统和数码印刷机组成，有些系统还配上装订和裁切设备，从而取消了分色、拼版、制版、试车等步骤。目前数码印刷机分为两大阵营：机成像印刷（Computer-to-plant/CTP 或 Direct Image/DI）和可变数据印刷（Variable Imagedigital Presses）两种。

1）机成像印刷（DI）。指将制版的过程直接拿到印刷机上完成，省略了中间的拼版、出片、晒版、装版等步骤，从计算机到印刷机是一个直接的过程。机成像印刷机实为胶印机，集成了印版成像系统，制好的印版可用于印刷大量的同一内容的印品，印刷方式与传统胶印一样。

2）可变数据印刷。指在印刷机不停机的情况下，连续地印刷过程中需要改变印品的图文（也就是所谓的数据），即在印刷过程不间断的前提下可以连续的印刷出不同的印品图文。可变数据印刷根据成像原理不同，又可以分为以下 3 大类：

①电子照相（Electrophotographic）。又称静电成像（Xerography）技术，利用激光扫描的方法在光导体上形成静电潜影，再利用带电色粉与静电潜影之间的电荷作用力实现潜影，作用将色粉影像转移到承印物上完成印刷，是应用最广泛的数码印刷技术。

②喷墨印刷（Ink-jet Printing System）。将油墨以一定的速度从微细的喷嘴射到承印物上，然后通过油墨与承印物的相互作用实现油墨影像再现。按照喷墨的形式又可分为以下 2 种：

● 按需喷墨（Drop-on-demand）。也叫作脉冲给墨，其与连续供墨的不同就在于作用于储墨盒的压力不是连续的，只是当有墨滴需要时才会有压力作用，受着成像计算机的数字电信号控制。由于没有了墨滴的偏移，墨槽和循环系统就可以省去，简化了印刷机的设计和结构。通过加热或压电晶体把数字信号转成瞬时的压力。压电技术是产生墨滴的最简单方式之一。利用了压电效应，当压电晶体受到微小电子脉冲作用会立即膨胀，使与之相连的储墨盒受压产生墨滴。其中最有代表性的喷墨技术要属压电陶瓷技术。

● 连续喷墨（Continuous Inkjet）。利用压力使墨通过窄孔形成连续墨流，产生的高速使墨流变成小液滴，小液滴的尺寸和频率取决于液体油墨的表面张力、所加压力和窄孔的直径。在墨滴通过窄孔时使其带上一定的电荷，以便控制墨滴的落点。带电的墨滴通过一套电荷板使墨滴排斥或偏移到承印物表面需要的位置，而墨滴偏移量和承印物表面的墨点位置由墨滴离开窄孔时的带电量决定。

③其他技术。如电凝成像技术（Elecography），其基本原理是通过电极之间的电化学反应导致油墨发生凝聚，使油墨固着在成像滚筒表面形成图像区域，而没有发生电化学反应的空白区域的油墨仍然是液体状态，再通过一个刮板将空白区域的油墨刮去，使滚筒表面只剩下图文区固着油墨，再通过压力作用转移到承印物上，完成整个印刷过程。

（2）按照技术来源设备分类

根据技术来源，市场上现有的数码印刷设备大致可分为以下 3 大类：

　　1）数码印刷一体机。由复印机技术加数码技术发展而来，其功能比较全面，可以进行扫描、复印、打印和数码发布。该类设备属于多功能数码印刷系统，是数码印刷的一类，由以前的单一的输出设备转变了数码输入、输出一体的设备。

　　数码印刷一体机的特点与优势：输出速度有每分钟 20～100 页甚至更高，适应市场面广；由于数码技术的加入保证了质量稳定；设备操作简单，工作环境清洁；数码"集团"服务系统变成现实，用户更方便；系统造价低，具有较强的竞争力。

　　2）数码多功能一体机。由打印机技术为基础发展而来，这类设备从原理上讲与前者相同，但由于不具备高速激光打印机特点，所以多数数码一体机只能在低速（每分钟 30 页以下）市场中竞争，甚至争夺传真机的市场和打印机的市场。这类设备很难进入数码印刷市场。

　　3）数码印刷机。一些产品是由印刷机技术、数码技术和电子油墨技术发展而来，还有一些数码印刷机产品是由印刷机技术加数码技术和在机直接制版技术发展而来的，这是由于厂家技术所决定的。

10.1.3　数码印刷的应用领域

　　当前，数码印刷主要的应用领域如下：

　　1）个性化礼品市场。目前个性化印刷已经成为礼品流行趋势。在礼品上印上自己的照片或者喜欢的图片、图标、文字，摆脱礼品千篇一律的外观，更能体现礼品的价值和送礼者独具匠心。

　　2）家庭装修及家具市场。国内家庭装修市场庞大，家庭个性化的装修也正在悄然流行。用户按照自己喜好的家居风格，在装饰画、瓷砖、家具、地板上印制自己喜欢的照片或者图像，用自己喜爱的风格装饰自己的家，营造真正属于自己的个性空间。

　　3）个性化用品市场。时下流行的手机和数码产品市场的用户中相当一部分是年轻时尚的群体，在这些产品上印制自己的标志是彰显个性的最好体现。一些随身携带的物品，如化妆镜、打火机、钱包、背包等也是这些用户体现自我个性的很好方式。

　　4）个性化影像消费品市场。数码影像飞速发展，人们已经不再局限在把自己的照片印在相纸上。数码印制系统可以将任何图像印在水晶、玻璃、亚克力、金属、陶瓷、油画布等等物品上。不同材质上印制的产品效果和给人的感觉是不一样的，人们可以将自己的照片印制在不同的材质上，丰富了照片的表现形式和效果。

　　5）流行文化周边产品市场。数码印制系统还可以根据当前流行趋势，方便地将当前流行一些电影、动漫中的图片或流行元素印制在一些物品上。

　　6）广告及标牌市场。高质量、高价格、中小批量广告及标牌制作，如各种金属会员卡、考勤卡、胸牌、挂牌、授权牌等全彩色印制，这是传统印刷技术难以达到的。

　　7）专业打样。一次成型，无须制版，部分材料可反复使用，成本低；计算机直接排版、修改、制作，操作简单、效率高，大幅降低成本。

　　8）专业高质小批量。打印喷墨直接印刷，无须制版出片，非转印和贴膜，图像质量高，色彩定位准确；可打印介质丰富，客户群广。

10.2　数码印刷工艺流程

数码印刷使印刷过程得以自动和简易化，并建立了"先分发、后印刷"的概念。像其他新技术一样，数码印刷需要熟练和高水平的操作员，从计算机到纸张，直接经印刷机作输出，其工艺流程如图 10－2 所示。

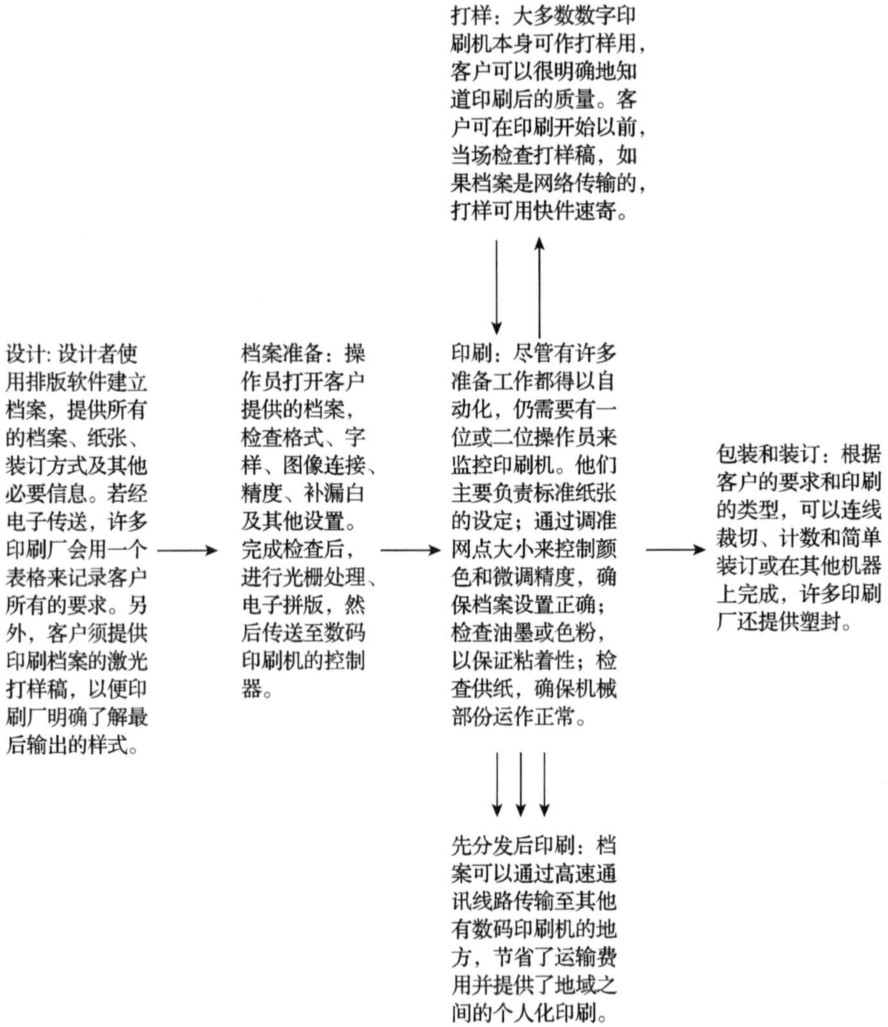

打样：大多数数字印刷机本身可作打样用，客户可以很明确地知道印刷后的质量。客户可在印刷开始以前，当场检查打样稿，如果档案是网络传输的，打样可用快件速寄。

设计：设计者使用排版软件建立档案，提供所有的档案、纸张、装订方式及其他必要信息。若经电子传送，许多印刷厂会用一个表格来记录客户所有的要求。另外，客户须提供印刷档案的激光打样稿，以便印刷厂明确了解最后输出的样式。

档案准备：操作员打开客户提供的档案，检查格式、字样、图像连接、精度、补漏白及其他设置。完成检查后，进行光栅处理、电子拼版，然后传送至数码印刷机的控制器。

印刷：尽管有许多准备工作都得以自动化，仍需要有一位或二位操作员来监控印刷机。他们主要负责标准纸张的设定；通过调准网点大小来控制颜色和微调精度，确保档案设置正确；检查油墨或色粉，以保证粘着性；检查供纸，确保机械部份运作正常。

包装和装订：根据客户的要求和印刷的类型，可以连线裁切、计数和简单装订或在其他机器上完成，许多印刷厂还提供塑封。

先分发后印刷：档案可以通过高速通讯线路传输至其他有数码印刷机的地方，节省了运输费用并提供了地域之间的个人化印刷。

图 10－2　数码印刷工艺流程

数码印刷实现了"先分发、后印刷"的概念。通信技术的发展使电子文件的传送更加容易和有效，各种印刷品的电子稿件可以传向世界各地的数码印刷服务站，并在当地印刷，解决了传统的"先印刷、后分发"带来的误期和高昂的运费等各种问题。通过一些特殊软件的处理，数码印刷的内容可以在一次印刷过程中进行变化。传统过程中，往往为同一出版物制作几个版本，但这种做法通常困难而昂贵。现在，数码印刷的个性化功能可以提供可变数据印刷功能。用户可以用它来制作高度个性化的资料以满足各种读者的需求，这种个性化极强的资料，因其带有高度针对性的信息，将更具有影响力。

10.3　数码印刷技术的优点

数码印刷与传统胶印作业过程相比有其自身的优点，作业过程比较如图 10-3 所示。

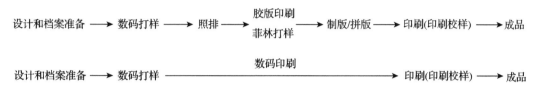

图 10-3　传统胶版印刷与数码印刷作业过程比较

数码印刷技术与传统印刷技术相比，有以下优点：

1）周期短。数码印刷无需菲林，自动化印前准备，印刷机直接提供打样，省去了传统的印版，不用软片，简化了制版工艺，并省去了装版定位、水墨平衡等一系列的传统印刷工艺过程。

2）真正零库存。在印刷和出版业最大的问题是库存，大量的印刷品占据了大量的库存空间和资金，这在传统的印刷方式下是无法避免的。而采用数码印刷，可采取用多少印多少、按需随时印刷的方式，可以做到真正的零库存。

3）快捷灵活。由于数码印刷机中的印版或感光鼓可以实时生成影像，档案即使在印前修改，也不会造成损失。用户可以一边印刷，一边改变每一页的图像或文字。

4）网上在线印刷。所有文件都可以通过互联网高速远距离进行传输，用户足不出户，就可以实现数码印刷。

5）随到随印。采用数码印刷可开展的主要业务有数码彩色印刷，黑白/彩色复印、打印、装订，大幅彩印，以及名片、个性挂历、台历、精美画册、宣传单、个性喜帖、请柬、期刊、海报、灯箱、标书、扫描文件、招贴画、房地产广告宣传册、书刊、精美包装、个性明信片、菜谱、桌卡、胸卡、识别证、个人作品集、个人影集、纪念册等各类图文印刷、设计。数码印刷技术能做到的就是让用户的想法快速成真，真正做到瞬间再现、瞬间得到。

10.4　数码印刷技术的发展趋势

10.4.1　激光式数码印刷系统的现状

目前，市场上激光式数码印刷设备，无论从供应商数量来说，还是从用户角度来说，都受到高度重视。激光式数码印刷设备分为两类：第一类是转印带式的数码印刷设备，凡是激光式数码印刷设备的核心部件"感光鼓"都对纸张有着严格的要求，因为酸性和碱性纸对感光鼓都有损害，所以要求使用中性纸，部分厂家为了降低对纸张的要求和使用成本，而设计成转印带式的数码印刷设备，但这类设备往往设备造价要高一些；第二类是直接接触式的数码印刷设备，纸张直接接触感光鼓，对纸张要求比较苛刻，使用成本较高，但是设备设计成本相对要低些。在激光式数码印刷机深受欢迎的同时，我们不能不看到目前的激光式数码印刷设备还面临着以下一些技术障碍：

1）速度障碍。目前的激光式数码印刷系统（以黑白为例）最高速度为 180 页 A4 纸/min，其原因是所有的激光式数码印刷设备的工作原理都必须经过感光和定影，而定影部分是靠高温将墨粉熔化，这就导致了难以实现高输出速度。

2）印刷幅宽障碍。由于激光式数码印刷设备的感光部分都是采用 LED（感光二极管阵列）来决定印刷幅宽，因此，目前在市场上所见到的多是 A3 + 幅宽，其他大幅宽尺寸的设备很少见。

3）彩色印刷质量障碍。由于激光原理所限，许多彩色激光数码印刷都会在不同颜色叠印时，出现不同程度的"漏白"，越是高速越严重。

4）感光与定影受温度影响导致印刷质量的不稳定。如果设备连续运行，受运行摩擦等因素影响，感光与定影部件温度升高，从而导致印刷中的色彩逐渐变淡。

所有针对以上存在的技术障碍的解决方案成本都较高，这也是激光式彩色数码印刷设备发展的主要障碍。

10.4.2　数码印刷技术的未来发展

由于以上种种技术发展的障碍，全球业内人士纷纷在研发其他技术，寻找数码印刷技术的新发展，主要体现在以下几个方面：

1. 喷墨技术的数码印刷系统

1）高精度的喷墨技术在数码打样中的应用。近 10 年来，高精度的数码喷绘机在印前的数码打样中得到广泛的应用。尽管其速度较慢，但其精度和色彩空间的描述都达到了印前打样的要求，更重要的是其给了众多业内人士以期盼，那就是实现高速喷墨技术的数码印刷系统。

2）高速喷墨数码印刷系统的关键技术难点。要想将高速数码印刷系统应用到传统的印刷领域，必须解决如下几个技术难点：高速高精度的喷头技术；高速高精度喷头的自动清洗最长间隔时间；高速高精度喷头用的即打即干墨水等。

3）高速喷墨数码印刷系统的技术突破。2004 年英国的赛尔（XAAR）公司宣布出品 Omnidot 380 和 Omnidot 760 高精度高速喷头，打印分辨率为 720 ~ 1440DPI，喷印线速度为 1650mm/s，自动清洗最长时间为 8h。

传统激光数码印刷设备厂商向高速发展，同时也在发展喷墨印刷技术，这些都显示出数码印刷成为广大厂商一致看好的业务；喷墨印刷在未来高速数码印刷领域将有更广阔的应用空间。另外，为之配套的墨水生产厂家随后宣布能为此提供配套墨水。最近两年喷头技术的发展无论在墨水的适应种类，还是在可靠性、精度、喷墨速度甚至可组件方面都有了较快的发展，这无形中给研制喷墨高速数码印刷系统提供了基础。

2. Tonejet 技术

一种全新的 Tonejet 技术也已研制成功，它的最大优点是墨水的生成成本几乎跟传统的印刷油墨相当，同时又具有传统油墨印刷的效果。

3. 其他技术方向的发展

电子束技术原理的数码印刷系统不受温度和幅宽的限制，可以实现高速输出，速度可以达到 1000 页/min。

10.4.3　高速喷墨数码印刷系统的国际发展动态

在高速喷墨数码印刷领域中，柯达万印、爱克发与 Thieme、日本网屏等都在积极进行开发性研究工作，并取得可喜的成绩并相继推出较为成熟的产品。

在高速喷墨数码印刷系统的设计中，机械和喷头部分已经不再是难点，支持高速喷墨数码系统的高速 RIP 系统及高速 RIP 下的数字化流程系统和主持高速数码系统生产的高速自动排版软件成为难点。从高速喷墨数码印刷系统的发展角度来说，这也是那些拥有 RIP 技术、流程技术和排版软件技术的公司的机遇。

这一发展无形中给本来在市场发展中处于低迷的印艺技术商提供一个前途无量的机遇。国际上有业内专家预言："高速喷墨数码印刷系统的兴起将给传统的印刷机械制造业带来巨大冲击！预测未来 10 年的印刷设备提供商的巨头将不再是海德堡，而是那些拥有喷墨印刷技术的提供商。"

思考题

1. 简述何为数码印刷。

2. 简述数码印刷与传统胶印作业过程相比有何特点。

3. 小论文：通过网络收集资料，论述数码印刷技术的现状及发展趋势（不少于 1500 字）。

第11章 视频会议系统

学习目标:

1) 掌握视频会议系统的基本概念及知识。

2) 了解视频会议系统的相关技术与主要功能。

3) 熟练掌握视频会议系统的主要设备使用与维护方法。

当前,随着通信技术的发展,人们的信息交流已不再满足由电话、电视、传真和电子邮件等单一媒体提供的传统语音和文字通信,而是需要数据、图形、图像、音频和视频等多种媒体信息以超越时空限制的集中方式作为一个整体呈现在人们眼前。视频会议系统正是因这种信息多元化、响应及时化等特点而颇受用户青睐,它将计算机的交互性、通信的分布性和多媒体的实时性完美地结合起来。

11.1 视频会议系统概述

11.1.1 视频会议系统的基本概念

1. 视频会议系统的基本定义

什么是视频会议系统?视频会议系统又称会议电视系统,是指两个或两个以上不同地点的个人或群体,通过传输线路及多媒体设备,将声音、影像及文件资料共享,实现即时且互动的沟通,使得在地理上分散的用户可以共聚一处,通过图形、声音等多种方式交流信息,增加双方对内容的理解,以实现会议目的的系统设备。目前视频会议逐步向着多网协作、高清化、开放化的方向发展。

2. 视频会议系统的基本构成

一般的视频会议系统(见图11-1)包括视频会议终端、多点会议控制器(MCU)、网络管理软件、传输网络和附属设备等几个部分。各种不同的终端都连入 MCU 进行集中交换,组成一个视频会议网络系统。有些厂家还专门设计了语音会议系统,可以让所有桌面用户通过 PC 参与语音会议,这些是在视频会议基础上的衍生出来的会议系统。

(1)频会议终端

目前视频会议的主要终端有以下3种:

1)桌面型终端 桌面型终端是台式机或便携式计算机与高质量的摄像机(内置或外置)、网卡和视频会议软件的精巧组合。它能有效地使在办公桌旁的人或者正在旅行的人加入到会议中,让与会者进行面对面的交流,通常配给办公室里特殊的个人或者在外出差工作的人。

虽然桌面型视频会议终端支持多点会议（例如会议包含 2 个以上会议站点），但是它多数用于点对点会议（例如一人与另外一人的会议）。

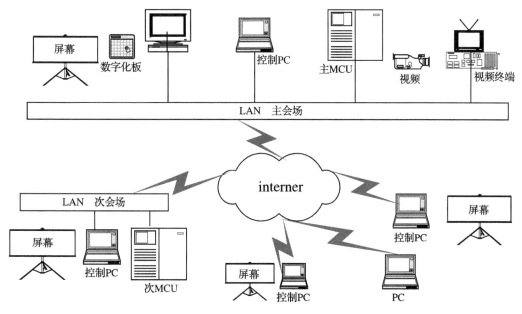

图 11 - 1　视频会议系统

2）机顶盒型终端。机顶盒型终端以简洁著称，在一个单元内包含了所有的硬件和软件，放置于电视机上，安装简便，设备轻巧。开通视频会议只需要一台普通的电视机和一条数据线或通过局域网连接。视频会议终端还可以加载一些外部设备，如文档投影仪和白板设备来增强其会议功能。机顶盒型终端通常是各部门之间的共享资源，适用于从跨国公司到小企业等各种规模的机构。

3）会议室型终端。会议室型终端几乎提供了任何视频会议所需的解决方案，一般集成在一个会议室。该终端通常组合大量的附件，如音频系统，附加摄像机、文档投影仪，和 PC 协同进行通信。双屏显示、丰富的通信接口、图文流选择使该类型的终端成为高档的、综合性的产品，主要应用于中、大型企业的各类会议。

（2）多点会议控制器

多点会议控制器（Multi Control Unit，MCU）也叫作多点控制单元，是视频会议系统的核心设备，它的作用相当于一个交换机，将来自各会议场点的信息流，经过同步分离后，抽取出音频、视频、数据等信息和命令，再将各会议场点的信息和命令，送入处理模块，完成相应的音频混合或切换，视频混合或切换，数据广播和路由选择，定时和会议控制等过程，最后将各会议场点所需的各种信息重新组合起来，送往各相应的终端系统设备。MCU 可为用户提供群组会议、多组会议的连接服务，目前主流厂商的产品一般可以提供单机多达 32 个用户的接入服务，并且可以进行级联，可以基本满足用户的使用要求。MCU 的使用和管理不太复杂，能使客户方技术部甚至行政部的一般员工能够操作。

（3）网络管理软件

视频会议网络管理软件主要包括网络操作系统、视频会议服务器管理软件、会议管理组件和客户端软件等。需要配置一台服务器安装视频会议服务器管理软件和会议管理组件，服务器需要有公共的 IP 地址。

（4）传输网络

传输网络即宽带连接方式，通常有 LAN 接入、ADSL 接入、Cable Modem 接入和无线接入 4 种方式。为了保证视频会议的传输质量，它的传输主要以 LAN、ATM、SDH、DDN 和 FR 帧中继为主。但由于网络资费的问题，不可能无节制地盲目租用带宽，要根据视频会议的质量而定；网络架构的搭建也应该一并考虑，根据用户的多少以及包交换速率，确定核心路由器的型号，根据网络结构确定中心交换机的型号，路由器和交换机的选用应以质量可靠、可扩展性好、支持多种 QoS 协议为原则，尽量保证网内的路由器品牌的一致性，便于进行网络优化，避免网络传输瓶颈。

（5）附属设备

一套视频会议系统通常用到的附属设备包括投影仪、监视器/电视机、大型扩音器、扬声器（麦克风）、大型摄像机、DVD 播放机、录像机、外部遥控器、写字板、中央控制、记忆卡、放映机、等离子屏等，通常根据会议的具体要求来确定所需设备的。

11.1.2 视频会议系统的意义

组织充分利用视频会议系统，对 OA 起到积极的作用，其意义主要体现在以下几个方面：

1）降低会议成本。组织使用视频会议系统后，外地的参会人员可在当地参加会议，组织可节约差旅、住宿费用，降低会议成本。

2）提高工作效率。员工或相关人员将更少的时间花在差旅上，而将更多的时间用在生产工作和管理中，提高工作效率。

3）充分利用资源。关键人物、关键信息变得更容易接近，可以提高和充分利用各类资源，特别是人力资源。利用视频会议，能将不同团队在短时间内召集在一起，各种问题也会很快得到解决。

4）沟通更加流畅和有效。通过视频会议系统，人们能够更频繁地聚在一起讨论问题，更有效地分享信息，使得组织分散在不同地区的人员更好地进行交流沟通。

5）有利于制定最优化决策。通过交流沟通可以更快地作出决策，而且有更多参与者的意见，使得决策为最优化得决策。

6）更快的危机处理。无论主管人员在何时何地，都能在短时间内召集决策人开会并通过决策，以最快的速度处理突发事件和危机。

7）对市场的反映更加灵敏。组织通过视频会议系统能更快地对市场的需求或反馈意见做出有效的决策，可以使产品更快地投入市场，有利于提高组织的市场响应速度和市场占有率。

8）对客户反馈更加灵敏。公司运作变得更加有效率，就会对顾客需求作出更有成效的回答，提高客户的满意度，这也是提高客户忠诚度的最有效的途径。

9）有利于组织的经营管理。视频会议给组织注入了新的灵活性，员工可以在任何时候聚在一起查看一个项目的进展状况或者解决问题。他们可以即时地共享文档、图表和数据文件，协同工作；方案制定的次数也可以大量削减，使产品能更快地投入市场；客户服务也会做得更有针对性。

10）有利于增强与顾客、供应商的交流。当视频会议用来增强与顾客、供应商交流的时候，会产生更多的新业务机会。迅速及更有规律地联系有助于铸造忠诚与理解，使每个人都更加集中致力于统一的、共同的目标。

11.1.3 视频会议系统的应用领域

视频会议系统是现代办公中不可或缺的一部分，其通常应用的领域包括：

1）远程商务会议。商务会议是视频会议系统最普遍、最广泛的应用领域，适合于一些大型集团公司、中型企业等在商务活动猛增的情况下，逐步利用视频会议方式组织部分商务谈判、业务管理和远程公司内部会议。

2）远程教育。利用视频会议系统开展教学活动，使更多、更大范围的学生能够聆听优秀教师的教学，目前在美国、欧洲较为流行，许多大学建有其远程教育网络，数百万学生通过交互视频会议系统接受教育。另外，利用视频会议系统进行远程培训在各大企业也越来越受到关注。

3）远程医疗。利用视频会议系统实现中心医院与基层医院就疑难病症进行会诊、指导治疗与护理、对基层医务人员的医学培训等。高质量的视频会议使医生、护士在不同地方同时协同工作成为可能。远程医疗对于一些中小医院有着重要的意义，它们可以得到大医院的医学专家的咨询服务、会诊和具体指导。

4）项目协同工作。视频会议系统也是进行远程项目管理的非常好的工具，突出特点是资源共享。项目组的成员能进行远程协作，使地理上分开的工作组以更高的速率和灵活性组织起来。许多美国大公司与其分公司间通过数字链路，利用桌面视频会议，实现整个公司的OA，相关人员可以在屏幕上共同修改文本、图表，提高了组织内的协同工作能力和效果。

5）行政会议。我国幅员辽阔，各级政府会议频繁，视频会议系统是一种现代化召开会议的多快好省的方法，它可使上级文件内容即时下达，使下级与会者面对面地讨论和深刻领会上级精神，使上级指示及时得到贯彻执行。

11.1.4 视频会议系统的发展历程

第一代视频会议产品——可视电话是由美国贝尔实验室在 1964 年研制出来的。视频会议在电信行业已经存在了 30 多年，但在 20 世纪 90 年代以前，这些系统一直使用专用的编解码硬件和软件，会议呼叫的各终端使用的编解码器必须来自同一个厂商，否则不能正常工作，这种非标准化系统产品的使用极大阻碍了视频会议领域的发展。当时的网络状况非常不稳定并且带宽不理想，这也限制了视频会议系统的传输速度。视频传输在理论上可以达到 30 帧/s 以上，能够与电视的视频传输速度相符（电视视频传输 NTSC 制式为 30 帧/s，PAL 制式为 25 帧/s，我国电视制式为 PAL 制），而当时视频传输速度一般不超过 15 帧/s，这样一来，全动态的视频图像几乎是不可能的，得到的图像质量一般也都不太稳定，并且图像窗口尺寸也不尽如人意，所以这种视频传输业务很难大规模地投入到商用视频通信市场中去。

1997 年是视频会议领域的发展过程中的关键一年，国际电联电信委员会（ITU-T）发布了用于局域网上的视频会议标准协议 H. 323，为那些与 Internet 和 Intranet 相连的视频会议系统提供了互通的标准，各厂商纷纷推出符合该标准的视频会议产品。在此以前，用于 ISDN 上的群视频会议标准协议 H. 320 一直主导着视频会议领域的技术和产品发展。

近几年来，随着国内外大型网络运营商对网络环境的建设和改造，以及 ISDN、DDN、VPN、xDSL、ATM 等技术的应用和推广，视频会议系统的使用环境也变得越来越好。因此无论是通信行业还是 IT 行业，都对视频会议领域重新进行关注，视音频编解码技术趋于成熟，视频会议系统价格开始下调，图像传输质量大为提高，加快了视频会议技术的发展和进一步加快了其推广应用。

我国的视频会议业在发展之初主要是针对政府、金融、集团公司等高端市场，主要在专网中运行，且造价不菲，预算往往高达百万、千万元。2003 年以后中国视频会议系统市场开始步入稳步快速发展阶段。混网及企业公网市场代替基于专线网络的视频会议系统占了主流地位。中国产业调研网《2015 年版中国视频会议行业发展现状调研及投资前景分析报告》显示："视频会议系统产品方面，仍然是分为两大类，一类主要是提供基于传统专线网络的视频会议系统的硬件系统厂商，目标客户主要集中在政府、大型跨国公司和大型企业；另一类是提供基于互联网的软件视频会议系统的纯软件视频会议系统厂商，客户主要集中在企业级软件视频会议市场。渠道竞争是 2014 年视频会议市场竞争的焦点，除去与渠道竞争外，行业渠道的竞争也会愈演愈烈。近年来，我国视频会议系统市场规模逐年扩大，2012 年行业市场规模达 87.6 亿元，较 2011 年的 42.3 亿元增长 11.03%；2013 年市场规模达 83.2 亿元，由于国内政策原因导致同比下降 5.02%；2014 年市场规模达 86.9 亿元，同比增长 4.4%。……经过多年发展，视频会议系统在一线大型企业市场已渐趋饱和。二线大型企业、中小企业成为视频会议系统新兴市场。随着大规模、超大规模集成电路投入使用的数字时代的到来，数字会议系统因为其高保真度的语音、高清晰度的图像受到使用者的青睐，会议系统由模拟时代过渡到全面数字化时代。要更好地满足客户对会议系统的智能化、仿真化、多媒体化等需求，就必须通过数字化的音视频数据流处理技术形成新一代的会议系统产品。随着经济的发展和竞争的加剧，企业对视频会议系统的需求越来越大。因此视频会议的走向问题就成为困扰各视频会议软件研发单位的主要问题。视频会议系统主要向灵活易用性、大众化、平民化、家用小型化发展。移动性、社交媒体以及网络视频会议正在改变着信息的沟通协作方式，视频会议软件规模占到整个会议市场的三分之二，是绝对的主力。预计 2015 ~ 2020 年，云计算、虚拟化、移动通信等技术将成为未来视频会议主流。"

11. 1. 5　视频会议系统的分类

1. 按设备结构分类

当前视频会议系统按设备结构分可分为基于硬件的视频会议系统、基于软件的视频会议系统两大类。

（1）基于硬件的视频会议系统

现在最常用的实现手段，其特点是使用专用的设备来实现视频会议，系统造价较高、使用简单、维护方便，视频的质量非常好，对网络要求高，需要专线来保证。

硬件视频会议系统是基于嵌入式架构的视频通信方式，依靠 DSP + 嵌入式软件实现视音频处理、网络通信和各项会议功能。其最大的特点是性能高、可靠性好，大部分中高端视频会议应用中都采用了硬件视频方式。硬件视频会议系统主要包括嵌入式 MCU、会议室终端、桌面终端等设备。其中 MCU 部署在网络中心，负责码流的处理和转发；会议室终端部署在会议室，与摄像头、话筒、电视机、投影仪和音响设备等外部设备互联；桌面终端集成了小型摄像头和 LCD 显示器，可安放在办公桌上作为专用视频通信工具。

（2）基于软件的视频会议系统

完全使用软件来完成硬件的功能，主要借助于高性能的计算机来实现硬件解码功能。其特点是充分利用已有的计算机设备，总体造价较低。

软件视频会议系统是基于 PC 架构的视频通信方式，主要依靠 CPU 处理视、音频的编、解码工作，其最大的特点是廉价且开放性好，软件集成方便。但软件视频在稳定性、可靠性方面还有待提高，视频质量普遍无法超越硬件视频系统，它当前的市场主要集中在个人和企业。软件视频会议系统是软件视频的一个重要应用，主要采用服务器 + PC 的架构。在中心点部署 MCU 服务器、多画面处理服务器和流媒体服务器；在普通桌面 PC 上配置 USB 摄像头、耳麦和会议终端软件；在会议室配置高性能 PC、视频采集卡、会议摄像头和会议终端软件。

硬件和软件视频会议系统可以从以下几个方面进行比较。

1）音视频质量：硬件产品的音频编码采用 ITU 的 H.320 及以上标准的音频编码规范，声音是经过有损压缩的；而传统的软件解决方案给人们的印象是音视频质量相对较差，但随着 PC 的 CPU 处理能力不断快速增强，只要用户具备一定的带宽，音频编码可以采用除了 ITU 的 H.320 及以上标准外，还可以使用其他第三方音频编码标准（比如 GIPS 语音标准），从而可以实现比硬件视频会议系统更清晰的声音效果。

2）易用性：易用性是硬件解决方案的传统优势，使用方便，符合用户传统使用习惯；而软件产品一方面随着计算机和互联网应用的普及，人们对计算机应用越来越熟悉和习惯，另一方面，软件产品在技术设计和功能实现上充分考虑产品的使用方便性和友好性，使得大多用户无须特别培训即可立即使用。

3）价格：硬件产品一次性购买价格昂贵，而且由于需要一定带宽，用户将长期支付带宽接入费用；而软件产品价格只是硬件产品的几分之一，甚至更低，可以完全利用现有的网络条件。

4）技术更新：硬件产品的生命周期约为 3 年，而技术每天都在更新，专用硬件设备无法赶上硬件技术发展的步伐，且硬件更新或更换新的升级模块非常昂贵，实施起来也不方便；而软件产品任何新技术的应用和功能增强都可以及时地为用户更新，随时随地、非常方便，产品的升级价格较硬件产品要低得多。

5）网络带宽适应性：硬件产品对带宽要求较高，一般需要光纤独立线路或者专网，解决防火墙问题太复杂；而软件产品可以使用用户现有的网络环境，适合于 xDSL、专线或者其他方式接入的网络环境，适应各种的代理服务器和防火墙，可以满足不同网络环境需求。

6）数据协作：早期的硬件产品不提供数据协作功能，目前一些高端硬件厂商需要在其系统中增加特别模块，需要额外的 PC 来支持此功能，系统连接复杂；而软件产品具有一体的数据协作功能，可以提供文档共享、电子白板、协同浏览、文字交流等各种功能。

7）系统部署和扩容：硬件产品根据 MCU 的要求，部署点数限制比较大；而软件产品根据服务器和带宽的需求，用户量可达到成百上千的用户数量。

8）防火墙支持：硬件产品对防火墙支持能力非常弱，严格要求每个终端都必须有外部 IP，并可以直接访问互联网而不能经过防火墙；而软件产品对 NAT 防火墙、代理服务器以及包过滤防火墙都有相应的解决方案，在大多数用户环境下，用户无须做任何配置即可使用。

9）便携性：大多数硬件产品是应用于固定的会议室中，目前市场上有些视频会议支持桌面终端，但是这些在使用上、功能、效率都受到很大的局限性；而软件产品可以利用便携式计算机，随时随地通过互联网（或 IP 网络）召开视频会议。

10）会议管理：硬件产品会议管理功能简单；而软件产品可以提供丰富的会议管理和控制功能，如用户数据库管理、会议预约、会议通知、会议统计、会议议程、投票等，根据各种会议需求提供不同的会议类型和会议控制模式等。

11）客户化　硬件产品几乎不能满足任何用户个性化的需求；而软件产品则可以根据用户的需求，提供客户化的界面、功能以及客户品牌。

2. 按业务需求分类

根据业务需求分类，大致可以分为教学型视频会议系统、会议型双向视频会议系统、商务型视频会议系统（即桌面型视频会议系统）、特殊环境下视频会议系统、保密型视频会议系统。

（1）教学型视频会议系统

教学型视频会议是为了满足教师的教学要求，让老师如同站在讲台上讲课一样，方便自如地进行教学活动。作为教学型视频会议要能满足教学过程复杂的需求，要能面对各种学科的老师，又要面对老师的各种不同教学习惯，为老师提供一个讲演的舞台，还要为学生与老师提供方便的交互功能，让学生与老师如面对面一样便利交流，要满足一切教学手段的需要，为老师提供灵活多样的教学环境，需要提供录像、录音、CD 或 DVD、实物展示、文件传输这些传统的教学模式，又要满足现代模式的教学手段，像流媒体课件、计算机桌面传输、交互式电子白板、Flash、PPT 文档等计算机教学手段，这就要求视频会议终端能提供丰富的设备接口以及灵活方便的操作过程，同时提供 VGA 的即插即用功能，来满足教学的需要。由于 H. 26X 的编码限制，在传输文本文档的时候，由于 VGA 到 TV 之间的转换信号的高频分量丢失严重，表现在图像的文本文档在远端的字体显示模糊，无法满足教学的需要，因此即插即用的 VGA 的输入输出在这里显得十分重要。在教学过程中，教师可以方便地利用计算机进行 PPT、Flash 等多媒体课件的教学演示，而无须进行视频会议终端的启动，同时减少各种不必要的操作过程，所以简捷为本的操作过程也是一个不可忽视的要点。校园里的教学会议系统也是会议需求的一种，学校的教学活动、学术报告可以让更多的学生参与到会议中去，大部分校园的局域网建设比较完善，网络的带宽不是问题，分会场对图像质量的要求较高，这时的视频会议终端要求尽可能地提供高带宽；同时应能提供视频流的广播，便于学生网上浏览。

（2）会议型双向视频会议系统

会议型双向视频会议系统主要针对政府和行业的行政会议，特点是场面较大，会议内容比较单一；单纯的视频会议终端的摄像机镜头无法满足会议的需要，根据会场的大小，一般的摄像机机位要在 3 个以上，同时要有一套完善的视频切换设备，调音设备、传声系统要求也比较严格，要考虑会场的灯光效果，会场的吸声、扩声效果，会场的各种参数要求尽量达到演播室的技术指标要求，这种需求与教学形式的需求不同，对视频会议的图像显示有一定的要求，与会者在每一个位置都能看到视频会议图像，能听到清晰的主会场声音，因此对视频会议终端的图像质量要求较高，同时对 MCU 的要求也不同，会场的轮巡功能、会场的预监功能、分屏显示功能、会议预约、会议群呼、主席控制等功能要求较多，动态的双流视频可以增加会议的气氛，这是由于行政会议这种特殊性所必需的，要求的附属设备较多，应配合调音台、视频切换台、扩声系统一起使用，对摄像机的要求也比较高，尽可能地选用广播级或专业级摄像机；有时还需要有些计算机的 PPT 文档进行双路视频进行配合，对会议的气氛进行渲染，以达到会议的目的。

（3）商务型视频会议系统

商务型视频会议系统要求较为简单，主要是服务于一些商务活动，这类视频会议系统要求性价比较高，一般电视会议终端都能满足业务需求，对 MCU 的要求一般要支持 T. 120 及以上协议，有利于商务文档的修改，可以进行电子白板、文件传输、应用共享等，要求视频会议终端体积小、操作简便、使用灵活方便，同时要能提供视频会议的加密措施，为商业活动的保密性提供服务。

（4）特殊环境下的视频会议系统

为了满足生产调度、军事指挥这样特殊群体的需求，特殊环境下的视频会议系统既不同于教学型的，也不同于会议型的，它既有教学系统的复杂需求，又有会议系统的宏大场面。把这类会议系统单列是为了根据业务特点，更好地区分业务需求，更详细地描述会议功能。该类视频会议系统的特点是既可以开全视频会议，又可以分组召开会议，更贴近于生产调度和军事指挥，还要满足于 T. 120 及以上协议下的文档传输和修改，可以进行电子白板、文件传输、应用共享等，同时还要满足计算机桌面的传输，实现对系统所有会议的管理，包括预约会议和正在召开的会议。像在防汛抗洪等情况下，还要设备具有 7 × 24 小时的电信级运营要求。

（5）保密型视频会议

一些特殊行业的视频会议还要考虑会议的安全需要，这就要求视频会议终端要有加密功能，不但对入会者要有一定的身份认证，而且对视频会议的数据流也要有加密功能，避免第三方用软件对视频会议内容进行窃听，真正从根本上做好会议保密工作。

11.2　视频会议系统的相关技术与主要功能

11.2.1　视频会议系统的技术标准

由于视频会议系统的发展较为迅速，同时应用也越来越广泛，涉及此领域的厂商越来越多，人们迫切需要制定完善的视频会议系统的标准体系，目前视频会议系统所涉及的标准有以下几个：

（1）ITU-T 视频会议标准

1）H. 320 协议（用于 ISDN 上的群视会议）：1990 年提出并通过，是第一套国际标准协议，也是被广泛接受的关于 ISDN 会议电视的标准。

2）H. 323 协议（用于 IP 网络的视频会议）"1997 年 3 月提出，为现有的分组网络 PBN（如 IP 网络）提供多媒体通信标准，是目前应用最广泛的协议。基于硬件的视频会议系统，基本上都是采用这个技术标准，这保证了所有厂商生产的终端和 MCU 都可以互联互通。各厂商设备相当部分都兼容两个标准，而最新设备则采用 H. 323 标准。

3）H. 264 协议：结合了 H. 323 协议中的 H. 263 协议和 MPEG-4 标准，解决了目前基于软件视频会议 MPEG-4 标准无法与 H. 323 协议的终端兼容问题，这使之成为目前最好的视频压缩协议。基于软件的视频会议系统，基本上都是采用这一技术标准。

（2）MPEG-4 标准

MPEG（Moving Pictures Experts Group，运动图像专家组）是由国际标准化组织（ISO）与国际电子委员会（IEC）于 1988 年联合成立的，致力于运动图像及其伴音编码的标准化工作。和其他标准相比，MPEG-4 的压缩比更高，节省存储空间，图像质量更好，特别适合在低带宽等条件下传输视频，并能保持图像的质量。

11.2.2　视频会议系统的主要功能

目前国内市场上视频会议系统较多，各开发商所开发的系统均有自己的特点，功能也有所差异，下面介绍此类产品的主要功能。

（1）会议管理功能

视频会议系统的会议管理功能一般包括会议计划、会议议题征集、会议文件的准备和自动发放、自动进行会议通知、自动生成会议纪要和进行与会人员统计等。通常会议管理功能包括了会议筹划、准备、进行和总结整理的整个过程，使整个过程自动化或半自动化，提高了会议管理的工作效率。

（2）多路视频传输功能

一般视频会议系统支持显示多路视频图像，用户可根据需求和在用户带宽允许的情况下，可以支持多路的视频交流。目前视频会议系统均采用 MPEG-4 标准作为视频编解码标准，具有低带宽、高画质、无延迟的优点，很好地保证了图像的高质量和较低的传输码率。

多路视频技术是一种特别适合一些需要进行研讨的视频会议技术，比如医疗上的应用就可以采用多路视频的方法，邀请不同方面的专家进行虚拟会诊，一路视频用于传送病人的具体情况，其他几路可以与多个不同领域的医学专家连接，直接进行视频传输，这样，病人在得到现场专家治疗的同时，也得到了其他专家的快速诊治。

（3）辅助会议管理功能

辅助会议管理功能能够自动提醒会议的在线用户会议的召开时间和内容，如果是正在召开的会议，会自动显示会议画面，并能自动给所有与会者发送电子邮件，提醒会议召开。

（4）会议资料管理功能

会议资料的准备、使用和管理是现代办公中一项较复杂的工作，会议过程中会产生各种文件，如何高效使用与管理是人们在实现 OA 过程中面对的一个关键问题。通过视频会议的会议资料管理功能可以将 HTML、Word、PPT 等多格式的讲话稿与电子板书以及图形、图像、视频剪辑、Flash 等其他媒体素材同时传送到每一个客户端上，供用户在线阅读和下载，这样不但节约了纸张，而且提高了会议效果。

（5）音视频交互传输功能

视频会议系统的音视频交互传输功能可以按会议要求，同时传输多路乃至全部与会者的声音，使会议流畅自然地进行。同时，实现了音视频同步，真正达到了现场会议的效果。

（6）电子白板功能

电子白板功能提供与会者在白板上画图、写文字，其他与会者都可以实时看到，也可以直接参与，使网络会议更加有"现场感"。在医学上，远程会诊中电子白板的用途是广泛的，如病人的临床医生可以将 X 光片、CT 片扫描到计算机中嵌入到 PPT 文档中，然后通过视频会议与远程的专家通过电子白板的方式共同研究病人的情况及治疗方案。

（7）文字交流功能

通常视频会议系统在提供音视频交流的同时，还提供文字交流的功能，与会者可以点对点地进行私人交流，也可以把消息同时发给所有或部分与会者，以便于记录和相互之间的沟通。

（8）同步浏览功能

通常视频会议系统在主讲人使用 PPT、Word、HTML 等文档资料进行演示时，所有与会者在屏幕上都能看到操作者屏幕上一样的文件画面。

（9）实录回放功能

视频会议系统均可以把会议全过程包括视频、音频、白板、文字交流等信息以文件形式记录下来。与会者可以在会下通过这些记录文件对会议记录进行回放，并可为未参加会议的人员事后了解会议的内容。

（10）服务器群集功能

视频会议系统通常可以使用服务器群集功能实现跨地区同时开会，从而实现真正的网络会议。

（11）多种会议模式功能

视频会议系统通常可以提供多方会议、广播会议、研讨会议、两点会议等模式供使用者选择。

（12）投票功能

视频会议系统投票功能为到会者提供会议决策投票，并能实时统计和显示投票结果。

（13）适应各种网络环境功能

由于现在网络设备型号较多，而各组织构建网络所采用的设备又不一致，为提高系统的适应性，通常的视频会议系统都支持各类防火墙和 NAT 代理，因此组织无须更改网络配置，就可以将视频会议系统部署到组织现有的网络环境中。

（14）高安全性功能

为满足用户对视频会议内容保密的要求，所有的视频会议系统均采用加密技术来实现加密会议音视频数据流和用户账号、密码，确保用户会议内容的保密。

11.2.3　视频会议系统与网络连接的方法

建立一个视频会议系统，现在已成为很多组织 OA 建设的重要的一项内容。用户要根据自身的应用需求来选择网络线路，以下介绍常见的几种宽带连接方式，有助于组织建一个更完善的视频会议网络。

1. LAN 接入方式

我们经常说的宽带网实际上就是"IP 城域网"，它以多种传输媒介为基础，采用 TCP/IP 为通信协议，通过路由器组网，实现 IP 数据包的路由和交换传输。IP 城域网的接入方式目前一般分为 LAN 接入（网线）和 FTTX 接入（光纤）：LAN 接入是指从城域网的节点经过交换器和集线器将网线直接拉到用户的桌面上，其优势在于 LAN 技术成熟，网线及中间设备的价格比较便宜，同时可以实现传输速率 1/10/100Mbit/s 的平滑过渡。FTTX 接入是指光纤直接拉到用户的办公室（FTTH 光纤到户）或计算机（FTTD 光纤到桌面），是目前宽带网络发展的方向，主要用于骨干网和各个节点的连接上。

2. Cable Modem 接入方式

Cable Modem 是广电系统普遍采用的接入方式。利用现有的有线电视（CATV）网络，以 Cable（同轴电缆）或 HFC（Hybrid Fiber/COAx，光纤同轴混合）网络作为传输通道，采用 Cable Modem（电缆调制解调器）技术接入网络，其最大优势在于速度快、占用资源少，下行传输速率根据频宽和调制方式不同可以达到 27～56Mbit/s，上行传输速率可以达到 10Mbit/s。在实际运用中，Cable Modem 只占用有线电视系统可用频谱中的一小部分，因而上网时不影响收看电视和使用网络电话。计算机可以每天 24 小时停留在网上，不发送或接收数据时不占用任何网络和系统资源。Cable Modem 本身不单纯是调制解调器，它集 Modem、调谐器、加/解密设备、桥接器、网络接口卡、SNMP 代理和以太网集线器的功能于一身，无须拨号上网，不占用电话线，只需对某个传输频带进行调制解调，这一点与普通的拨号上网是不同的（普通的 Modem 的传输介质在用户与交换机之间是独立的，即用户独享通信介质）。除此之外，有线电视网的带宽为所有用户所共享，即每一用户所占的带宽并不固定，它取决于某一时刻对带宽进行共享的用户数。随着用户的增加，每个用户分得的实际带宽将明显降低，甚至低于用户独享的 ADSL 带宽。由于其现为共享型网络，数据传送基于广播机制，通信的安全性不够高。另外，它主要铺设在住宅小区，显然不及公共光纤宽带覆盖的范围广泛。

3. 无线接入技术

无线接入是指从交换节点到用户终端部分或全部采用无线手段的接入技术，又可以分为以下两大类：

1）移动接入。移动无线接入网包括蜂窝区移动电话网、无线寻呼网、无绳电话网、集群电话网、卫星全球移动通信网直至个人通信网等，是当今通信行业中最活跃的领域之一。

其中移动接入又可分为高速和低速两种:高速移动接入一般可用蜂窝系统、卫星移动通信系统、集群系统等;低速接入系统可用 CDMA 或 GPRS 等。

2)固定接入。固定接入是从交换节点到固定用户终端采用无线接入,它实际上是 PSTN/ISDN 的无线延伸,其目标是为用户提供透明的 PSTN/ISDN 业务。固定无线接入系统的终端不含或仅含有限的移动性,接入方式有微波一点多址、蜂窝区移动接入的固定应用、无线用户环路及卫星 VSAT 网等。固定无线接入系统以提供窄带业务为主,基本上是电话业务。主要的固定无线接入技术有 3 类,即已经投入使用的多路多点分配业务(MMDS)和直播卫星系统(DBS)以及本地多点分配业务(LMDS)。LMDS 通常使用 20 ~ 40GHz 频带的高频无线信号,在用户前端设备和基站间收发数字信号。其主要优势是几乎无需外部电缆线路,而且安装迅速灵活,但设备价格还比较贵。

11.3　视频会议系统的相关设备

11.3.1　摄像机在视频会议系统中的应用

构成视频会议系统的一个基本因素是视频,作为动态图像的采集设备,摄像机是构成视频会议系统必不可少的前端设备。

摄像机的工作原理:动态图像经过光学镜头的调焦,映射在图像光学感应元件上(俗称"光靶"),形成 RGB 光学信号,在内部电气线路的控制下,经过图像编码器,输出 AV(音视频)复合视频信号以及 S-Video 分离信号,视频信号经过视频采集(卡)设备的捕捉,正式进入视频会议终端的处理流程。

有一些针对 PC 桌面型视频会议生产的小摄像机,俗称"摄像头",可以使用 USB、IEEE 1394 等接口。这类摄像机把光学信号对应的电信号依据端口(Interface)的数据格式规范,直接以数字信号方式输入计算机,供视频会议的软件调用。

视频会议系统的核心技术指标是视频信号的清晰度、平滑度,摄像机输出的视频信号的优劣直接影响着视频会议的效果,因此,在视频会议系统的构建中应根据需要选择适当的摄像机。

1. 摄像机的性能指标

在常用的摄像机中,根据数据接口的不同,可分为常规摄像机和数字式摄像机,前者输出标准的 AV 和 S 端子信号,后者以 USB 和 IEEE 1394 为通信标准。

(1)常规摄像机的主要性能指标

1)CCD 尺寸(Image Sensor)。由于生产工艺的不同,CCD 所采用的原材料可接受的刻蚀精度也不同,厂家常用的 CCD 尺寸有 1/4in 和 1/3in 两种规格,近期出现了 1/2.7in 和 1/1.8in 规格。

2)CCD 有效像素(Effective Pixels)。有效像素指 CCD 感光元件可受光信号、并转换成电信号的最大区域。PAL 制下的 CCD 一般有效像素为 752(H)×585(V)。

3)水平扫描线(Horizontal Resolution)。由于 CCD 元件的电信号采样是采用垂直和水平两方向交叉定位的方式来提取单点元素的 RGB 数值,所以水平和垂直扫描的精度直接影响着图像的精度。人们常以水平扫描的线数来衡量镜头的精度等级，作为通信用的专业摄像机，该数值一般要求在 450 以上，目前市面上的产品以 480 线为主流。

4）光学变焦倍数（Lens Zoom）。目标物体的反射的光信号，需要经过光学镜头组，才能聚焦在 CCD 上，形成清晰的图像。光学镜头组所采用的玻璃透光性、滤光性是各厂家需要保证的根本要素。此外，光学镜头组在超声波电机的带动下，能够实现的光学变焦倍数成为一个面对用户最主要的指标，常见的倍数有 8×、10× 和 12×，有的厂家推出来的产品，该参数可以达到 22×。

5）数字变焦倍数（Digital Zoom）。数字变焦是采用软件差值计算的方式，将 CCD 形成的当前的图像进行局部取样，形成指定像素的信号。数字变焦倍数的数值依赖于 CCD 的有效像素和内置 DSP 芯片的处理能力，各厂家一般都提供 10× 和 12× 两档常规指标。

6）信号制式（Video Signal）。信号制式一般有 NTSC 和 PAL 两种，根据中国的电视广播及通信的规范，中国地区适用 PAL 制式。

7）信号输出格式（Signal Output Format）。常见的视频信号都是采用 AV Video 复合信号，以及 S-Video 分离信号两种，后者相对来说信号质量较前者稳定。

8）信噪比（Signal Noise Ratio）。衡量视频信号的指标是信号的信噪比，表示了信号中，能够提取的有效信号的比率。

（2）USB 2.0/3.0 以及 IEEE 1394 界面摄像头的性能指标

近年来，随着个人桌面视频会议系统的普及，采用 USB 和 IEEE 1394 作为图像摄像机（俗称摄像头）输入界面的产品层出不穷。USB 的摄像头目前的市场占有率超过 95%，这类产品的性能可以从以下几个方面考量。

1）感光元件（Image Sensor）。市面上的 USB 摄像头多采用 CMOS，现在的 CMOS 生产工艺经过优化后，基本消除了元件老化的缺陷，并行输出的数据流量大，称为"二代 CMOS"。而有的厂家采用 CCD 为感光元件的产品。

2）有效像素（Effective Pixels）。有效像素指感光元件可受光信号，并转换成电信号的最大区域。常见的摄像头的有效像素为 652（H）×487（V），而输出的视频信号的实际像素一般小于该数值。

3）数据位数（Image Data Bus）。数据位数指感光元件和处理元件之间并行处理的数据位的多少，常用的有 8、9、10 三种，该数值越高，图像的采样和输出精度也相应越高。

4）信号格式（Signal Format）。摄像头经过 WDM 驱动，可以向目标程序提供的视频信号的格式，基本有 VGA（640×480）、CIF（352×288）、SIF（320×240）、QCIF（176×14）、QSIF（160×120）几种格式。

5）信噪比（Signal Noise Ratio）。市面的各款摄像头的 SNR 都大于 45dB，用户在实际测试的时候，可以采用观察黑色背景是否出现白色或灰色斑点，以及在脸部前挥动手掌，观察是否有图像横断和黑线这两种办法，来做简单判断。

IEEE 1394 摄像头的理论传输流量较大，但是由于各品牌的视频会议系统对于该类硬件产品未提供软件驱动接口以支持，目前市面上这种产品较少。

（3）PTZ 摄像机的其他性能指标

目前，视频会议系统常选用 PTZ（P-PAN（水平转动）＋ T-Tilt（垂直转动）＋ Z-Zoom（景深伸缩））摄像机作为会议终端的标准配件。PTZ 摄像机实际上是由一个可三维转动的机械云台和一个镜头可伸缩的摄像机构成，PTZ 摄像机还包括了以下参考指标：

1）水平转角范围（Horizontal Angle）。机械云台在水平面可以转到的角度范围，一般的设计转角范围为 ±50°～ ±120°。

2）垂直转角范围（Vertical Angle）。机械云台在垂直方向可以转动的角度范围，一般的设计转角范围为 ±20°～ ±35°。

3）云台转动速度（Rotator Speed）。摄像机在使用过程中，云台转动速度的快慢会影响到用户对于图像信息的感受，该速度不宜过快，太快的转动速度会导致用户对于图像信息的感觉混乱。

（4）摄像机的远程控制

市面上的各款 PTZ 摄像头根据通信系统的功能需求，都提供了远程控制功能。该功能以 VISCA 远程通信协议为核心，提供了各厂家设备和会议系统的兼容性和互换性。

2. 视频会议系统对摄像机的要求

随着视频会议系统的普及和技术发展，对于配套的摄像机存在以下的要求。

1）视频信号高清、高速。用户对于视频会议产品的衡量标准之一就是图像信号的清晰度和平滑度，这也是厂家对于产品的设计要求。同时，随着 MPEG-4、MPEG-2 等高清晰度视频会议系统的应用，视频源信号的质量就成为最前端的一个技术瓶颈。因此，摄像机能够输出高清、高速的视频信号就成为首位的要求。

2）远程遥控、智能控制。视频会议系统是分布式远程协同工作的典型应用模式，视频会议的管理和控制是该应用中的一个基本环节。在目前的应用中，用户可以通过会议主席的控制模式来选择远程会场以及控制远程会场的摄像机状态，还可以通过"目标人物语音寻踪"和"目标人物脸部特征追随"等功能，使会议进行中对摄像机的控制更为简捷。因此，摄像机的远程控制和智能控制的设计要求也成为高端视频会议产品对配件的一种功能需求。

3）高性价比。随着通信网络条件的成熟，视频会议系统已经日益成为日常办公中的一种通信和商务活动方式。视频会议系统在大中型企业的应用已经成为一种普遍的现象，甚至于一些多分支机构的私人企业，也已经安装了桌面视频会议系统。视频会议系统的普及是一个必然的趋势，但随之产生的一个问题是，视频会议系统的终端价格要降低到中国用户可以接受的心理价位。摄像机的高性价比，以及合理的价位是视频会议系统厂家对于配件的一个很实际的要求。

4）功能价格等级比较。随着公众通信网络的普及和计算机处理速度的级数提高，视频会议系统的客户应用面也遍布各种行业，对于摄像机的需求档次也同步地分成几个功能价格等级。

①一类：适合 50 人左右的会场使用。要求摄像机具有高倍率的光学变焦和数字变焦、

视频信号信噪比高，具备云台控制能力，提供远程遥控和现场手持式遥控器，甚至需要设备倒置和某些智能控制功能。

②二类：适合10人左右的会场使用。要求摄像机具备中等倍率的变焦能力，云台可控制转动，提供现场的手持式遥控器，用户无特殊的功能需求。

③三类：适合1~3人的会场使用，主要的用户是广泛的小规模企业。要求摄像机能够提供基本的视频信号，能够支持云台转动和现场控制。

④四类：适合个人用户办公和娱乐使用，主要配套桌面型视频会议终端。要求产品体积小巧、视频信号稳定、价格低廉。

11.3.2　扩声系统设备

在视频会议系统中，扩声系统是重要的组成部分，在视频会议的现场，作为一个以会议讨论、学术研讨、报告为主的厅堂扩声，首先应满足其语言扩声的清晰度，另外要求扩声系统具有一定的动态特性及优美的音质效果。在控制方面，既然是多功能的扩声系统就必须有非常简易的操作控制特性。

扩声系统是声源和听众在同一个时空里的声音增强的电子系统，这个空间是个大空间，听众听不到直接来自声源的声音，需要通过增强进行传输。这个过程是实时的，并且在一个共用的空间内，例如，室内的多功能厅、会堂等，室外典型的是体育场。所不同的是声学关系，因为扬声器和传声器在同一个时空里，由声信号相耦合而组成一个闭环系统，由于声音的正反馈，当满足系统不稳定条件时，系统出现啸叫，并且在临界点附近的传输会产生失真。

扩声系统的基本组成包括传声器、调音台、功率放大器、扬声器以及中间增加了各种信号处理设备（也称周边设备）这5大功能模块。随着数字化和网络化发展，设备不断更新换代，系统的整合和控制、信号的传输和调整的方式也随之而变，下面来简要介绍反映在设备上的变化。

1. 传声器

数字化和网络化对传声器没有太多的冲击，从换能原理上仍然是电容式、电容驻极体式和宽带动圈式，在指向性上有心型、超心型、宽心型，在应用上音质的多样化，也就是对不同的乐器和人声有不同品牌和型号的传声器对应选择，还有，克服传声器接收时的"梳状滤波"失真的压力区（PZM）传声器等，都有各自的使用目的和满足一定的使用要求。

无线传声器是传声器的特殊分支，它能适应演讲者在会场上的大范围的移动。其中，解决接收"死点"、动态范围和频率稳定性问题，仍然是无线传声器的主要技术关键。宽带调制和结合压扩技术的窄带调制是常采用的两种调制方式，其使用方式有手持式、头戴式和佩带式，克服近讲气流声、手持和衣服的摩擦声是它要解决的通常问题。

当有多个传声器工作时，会增加系统的增益，因此会产生声反馈而啸叫，传声器之间的信号延迟会产生"梳状滤波"失真，现在也有相应的技术和设备自动调节解决这类问题。

另外还有现场5.1声道的环绕声拾音的传声器配置组件。立体声拾音使用多传声器多轨时由调音台中的全景电位器（Pan Pot）控制声相，而使用主传声器法时传声器的配置有专门的制式，如 X/Y 制、M/S 制、A/B 制。现在，对 5.1 声道的主传声器法也有几种制式，如 ASM（Adjustable Surround Microphone）5、INA（德语"理想心形指向性布置"的缩写）等。此外，使用专门算法的传声器阵列技术也用于扩声中的传声器。

视频会议系统的系统拾音是将会场发言人的声音传递出去，由于会场还有其他声音，因此，应才有一些指向性强的话筒来实现会场拾音，如采用鹅颈式电容话筒进行会议拾音。由于拾音头与发言人较近，所以拾音效果较好。

2. 调音台

调音台是音频节目信号的调控中心，其输入可以是多个传声器、各种音源设备（如 CD 唱机），然后，由调音台统一调配，各路信号可以进行增益调节、相位调整、简单频率均衡，然后进行编组、合成输出。调音台有简单到复杂的各种档次和价位。

1）数字式调音台。在重要的扩声系统的方案评审中都会有是选用"模拟"的还是"数字"的讨论，数字式的更先进，其客观指标较高，输入等效噪声电平和输入动态指标较优，对调音状态可以存储下来。

2）5.1 声道环绕声调音台。传统的调音台有两路母线（总线），即终端是两路立体声输出，5.1 声道环绕声调音台，有至少 6 路母线，多路输入信号各自的声相需要定位在 XY 平面上，定位是通过信号的增益调节分配到 6 条母线上，操作上可以是屏幕显示，摇柄操作。5.1 声道环绕声调音台也有"数字"和"模拟"两种，模拟的声相需要至少 5 个类似立体声中的全景电位器，也称声相摇移控制器。在扩声系统中极少使用 5.1 声道调音台，而 5.1 声道的电影还音是很普及的事情（当然电影还音不需要调音台），在小型多功能厅只要解决拾音问题，加上 5.1 声道调音台就可以实现 5.1 声道的扩声。当然对大的场馆，从观众席的角度判断也不可能设置环绕声。

3. 信号处理周边设备和媒体矩阵（MediaMatrix）

在调音台输出到功率放大器输入之间，可以引入一些系统加工设备，如压限器（compressors/Limiter）、均衡器（equalizers）、电子分频器（crossovers）以及混响和延迟设备等。

1）压限器。压限器由压缩器和限幅器组成，压缩器对大信号和小信号有不同的放大倍数，大信号有较小的放大倍数，从而使信号的动态范围压缩到预定的较小范围内，以适应随后设备的动态范围要求；限幅器限制信号的最大电平，当信号中出现如炮声这样的高电平信号上进行限幅处理，使之不会随后传输时出现削波失真。

2）均衡器。均衡器用于进行多频段的频谱均衡，调节系统的频率成分，它可以是 1/3 倍频程间隔的 30 段均衡器。

3）电子分频器。电子分频器是针对扬声器的，也是扬声器管理的一部分。扬声器在频域是分频段工作的，在空间是分区域分配的，所以扬声器的管理有信号的分配和分频，在完成分配和分频后才由各自的功率放大器去完成功率的放大。电子分频是低通、带通和高通滤波器。

4．功率放大器

新一代的功率放大器有 3 个输入接口：模拟输入、数字（AES/EBU）输入和网络接口。

1）模拟输入。与传统的功放模拟输入一致，接收模拟信号。

2）数字输入。数字输入是指输入 PCM 数字信号，即 0、1 的二进制数字信号，通过数-模转换，转换成模拟信号，经前级放大进入功率放大器。功率放大器还是模拟的，它不是现在说的所谓"数字功率放大器"，所谓"数字功放"，最早是 D 类放大器，它将模拟信号脉宽调制（PWM）的信号，通过一个低通滤波器输出，PWM 信号不是我们原先定义的数字信号即 PCM 信号，后来美国德州仪器（TI）等公司推出由 PCM 码流转化为 PWM 的芯片，称为纯数字音频放大器（True Digital Audio Amplifier），其实应该叫"功率型数模转换器"，不是原来意义上的数字信号的"放大"，PWM 信号大小就是它的输出功率。这类功放的特点是效率高，电源变压器可以小些，音质不是它的特点。

3）网络接口。网络接口是实现对功放的远程调节、分组、控制、监测和开关，调节主要是调节增益，监控是功放温度测定、功放保护状态、负载状态监控、输入/输出状态控制以及电源开启、关闭和休眠等，在控制室用一台计算机和专用软件通过功放的网络接口实现操作。

功率放大器还发展了各种保护电路，保护自身及负载扬声器不损坏，而且不会过载停机，以及超高频和射频干扰保护等。

5．扬声器

扬声器的种类、品牌很多，每个品牌都有自己的系列产品。对扩声系统来说，扬声器的分配布置是设计的关键。扬声器布置分集中式和分布式，选用的扬声器也不同。另外，扬声器指向性是窄还是宽同远距离投射还是近距离投射等有关。

扬声器布置是整个电声系统设计的重要问题，因此，视频会议会场扬声器布置要求应做到有机地与建筑结构形态以及装潢相结合，根据使用用途有针对性的布置，在布置设计时应遵循以下原则：

1）使全部观众席上的声压分布均匀。

2）观众席有良好的声像一致感。

3）有效地控制回授点（声反馈）。

在视频会议系统中还需要投影仪、电视机等相关设备，在安排视频会议时要充分考虑所有的因素，掌握各种设备的连接方法和使用方法。

11.4　软件视频会议系统

基于软件的视频会议系统的原理与硬件视频会议系统基本相同，不同之处在于其 MCU 和终端都是利用高性能的计算机与服务器结合的软件来实现。另外，由于软件视频会议完全是依赖于计算机，因此在数据共享和应用方面比硬件视频会议灵活方便。据国际著名的通信研究机构 Wainhouse Research 预测，未来全球硬件视频会议设备销售的增长约为 18%，而软件视频会议的增长则将达到 144%，后者将是发展的大趋势。

1. 软件视频会议系统技术优势

软件视频会议系统发展迅速，其具有一定技术优势，主要体现在以下几个方面：

1）市场进入门槛相对较低，纯软件系统因为在硬件设备上投入少、维护量小，而使其成为"物美价廉"的解决方案。

2）对网络的适应能力非常好，可以穿透防火墙，参加会议的灵活性较好。相比之下，硬件的视频会议网络要求较高，要求网络中不能存在任何防火墙。

3）软件视频会议移动性较强，而硬件视频会议固定性强。

4）投资灵活，根据视频会议要求效果的不同，软件视频会议可以达到会议室级效果或桌面级效果。

5）系统安装部署方便，易扩容和产品升级。

2. 软件视频会议系统发展趋势

1）软件视频会议系统网页化。基于 Web 技术的网页版软件视频会议系统，大大降低了软件视频会议系统的门槛。它与几乎所有的浏览器兼容，无须额外下载安装，极大地提高了安全性。同时，由于采用的是领先的云计算技术，大幅度提高了信息传输的速度和稳定性。

2）软件视频会议系统云计算。云计算的根本理念是指通过网络提供用户所需的计算力、存储空间、软件功能和信息服务等，使用户终端简化成一个单纯的输入输出设备，并能按需享受"云"的强大计算处理能力。它的产品设计、产品架构、技术研发、服务器架构正是基于这种理念，这也是为什么对客户端的设备要求极低，使用起来却非常方便的原因。通过开展软件视频会议系统，数据的传输、处理、存储全部由云服务器处理，用户完全无须再购置昂贵的硬件和安装烦琐的软件，只须打开浏览器，登录相应界面，就能进行高效的远程会议，比起现有的网络软件视频会议系统，在方便性、快捷性、易用性上具有更显著的优势，这也标志网络软件视频会议系统的进入云计算时代。

云加密为目前保密性最好、安全性最高的加密技术。云加密理念全程贯穿在视频会议系统中，从客户端到网络传输，再到云服务器始终采用最先进的加密技术，完全免除用户在数据隐私方面的隐私。

信息总量的海量增长，很大一部分是由于商务领域数据几何式倍增而产生的，传统的存储方式再无法承受这种海啸式增长，对此，云存储将以更高容量、更稳定的存储方式快速占领商务市场。具体到目前商务领域最主要的办公方式——视频会议，也将顺应市场要求，全面采用云存储的方式妥善保存不断增长的商务数据。

视频会议云存储的出现，突破传统存储方式的性能瓶颈，使云存储提供商能够连接网络中大量各种不同类型的存储设备，形成异常强大的存储能力，实现性能与容量的线性扩展，让海量数据的存储成为可能，从而让企业拥有相当于整片云的存储能力，成功解决存储难题。

借助云会议厂家提供的视频会议云存储服务，企业有望摆脱在硬件存储设备上的巨额投入，减少在系统维护上的人力支出，从而为用户减少 IT 费用，快速减轻财政压力，提升企业竞争力。届时，用户只须支付少量的储存费用，就能把超大容量的数据存在云端，并根据需要设置相关权限，随时随地共享给需要共享的人员，在减少数据传输时间的同时，借助厂家更为出色的加密技术，避免传输过程中造成的丢包、泄密等事故的发生，全面保证数据的安全性。

思考题

1. 什么是视频会议系统？
2. 简述视频会议系统的基本构成。
3. 简述视频会议系统的主要功能。
4. 简述视频会议系统的网络接入方式。
5. 简述软件视频会议系统的主要特点和发展趋势。
6. 小论文：通过网络收集资料，论述视频会议系统的技术和应用现状及发展趋势（不少于 1500 字）。

第12章 实训教学

学习目标：
1）了解各实训的目的。
2）了解各实训的基本内容及要求。
3）完成各实训内容，达到实训的要求。

12.1 OA 软件系统实训

12.1.1 实训目的

实训目的：通过实训了解和感受无纸办公的意义和实现的方法；掌握 OA 软件的基本功能和操作方法，熟练应用 OA 软件完成日常工作，提高 Office 软件的应用能力，从而提高对办公信息化的认识和理解。

12.1.2 实训内容

1）系统登录，熟悉 OA 软件的基本功能和操作方法。

2）应用 OA 软件完成日常个人办公工作，熟练使用电子邮件、日程安排、名片夹、个人工作计划、个人工作日志、公务委托等相关设置和操作。

3）应用 OA 软件完成信息交流工作，使用电子公告、留言板、公共通信录、电子刊物、在线研讨、电子论坛等功能。

4）应用 OA 软件完成办公流程管理工作，使用通用流程管理、收文管理、发文管理、会议室管理和会议管理等功能。

5）应用 OA 软件完成部门办公工作，使用部门工作计划、组织机构等功能。

6）应用 OA 软件完成资料中心管理工作，使用栏目维护、权限设置等功能。

7）应用 OA 软件完成辅助信息管理工作，使用列车时刻表、航空时刻表、邮政编码等功能。

8）应用 OA 软件完成档案管理管理工作，使用模块概述、功能概述、操作说明等功能。

9）结合办公要求熟练使用 Office 软件。

10）学会和使用网络信息的搜索和下载。

12.1.3 实训方法及要求

1. 实训方法

1）实训前认真阅读教材相关内容和实训内容，做好充分的实训准备工作。

2）上机操作，在使用过程中应充分利用系统中帮助信息，提高实训效果。

2．实训要求

1）实训前要认真准备。

2）实训完毕撰写实训报告。

3）实训中严格遵守职业道德，不传播反动、淫秽等不良信息。

4）实训时间：6 学时。

12.2　云之家企业社交办公平台实训

平台简介：云之家是一个社交化工作平台，以企业内部微博为核心，通过企业社交网络和社交化企业应用，提升企业的运营和管理效率。通过企业社交，用户可跨越企业层级与全体同事密切沟通交流，可分享有价值的内容，包括讨论的会话、文档、视频或是应用程序，提升企业透明度和加速企业内部信息传递。

云之家具有良好的开放性，能够与企业内部的业务系统集成，实现业务系统的移动化；可根据用户 OA 系统进行集成，完成协同办公系统待办、待阅、沟通交流的业务移动化，并能够做到移动审批；在移动审批的过程中，领导可以直接点击审批单据上面的流程发起人，自动进入即时沟通页面，对审批内容进行沟通确认。平台本身需具备对已有 APP 集成能力。

12.2.1　实训目的

实训目的：通过实训了解和掌握云技术应用；学习在公有云构建办公平台和社区平台的方法；培养具体应用云平台的能力。

12.2.2　实训内容

本实训是要构建一个企业社交办公平台，因此，建议同学以班级为单位构建一个班级群，要求每个同学都注册，并在学习过程中应用该平台进行沟通交流。

1．注册

应用环境和登录网址：云之家企业社交网络需要计算机连接 Internet，建议使用 IE 8 ~ IE 10 浏览器、谷歌 Chrome 浏览器、Firefox 浏览器以及 Safari 浏览器等来浏览云之家，这样体验更好，支持类似多附件上传等更多功能。登录网址为 http://www.kdweibo.com，如用户未注册，输入企业邮箱即可快速免费注册；如用户已经注册，单击"登录"按钮，输入企业邮箱和密码即可进入云之家首页。

1）在注册页面填写邮箱，单击"立即"按钮，系统将会自动发送一封账户激活邮件。

2）在邮箱中接收邮件，并单击激活链接激活云之家账户（如果没有收到邮件，很可能是因为邮箱服务商的设置导致邮件被屏蔽，建议联系邮箱服务商，将 tita.com 加入白名单）。如链接无法单击打开，可直接复制链接到浏览器中打开，填写基本信息即完成注册。

2．登录

1）在浏览器中直接输入云之家官方网址"www.kdweibo.com"，输入邮箱及密码，单击

"登录"按钮即可。

2）为方便快速登录，建议在常用浏览器中收藏云之家网址。

3．与同事协作

（1）分享消息

1）单击"分享消息"输入消息。

2）可直接粘贴链接。

3）可添加图片。

4）可发布文档，单击"文档"，在"上传文档"界面中，选择附件。

5）输入"@"，出现同事的名录，选择想要通知的同事。

6）单击"发布"按钮，即可发布。

（2）发起投票

1）单击"发起投票"，输入主题目，发布征集大家意见的投票帖子。

2）可插入图片。

3）输入选项。

4）选择投票的形式（单选或多选）。

5）设置投票开始及结束时间。

（3）赞同和表扬同事

1）单击"表扬"，输入想要表扬的同事。

2）选择表扬的徽章。

3）输入表扬的内容，单击"发布"按钮。

4．文档

1）单击左侧"我的文档"，可对企业文档进行查看管理。

2）单击"上传"，选择需要上传的文件，即可将文档上传到云端。

3）单击"创建文件夹"，输入文件夹名称，再单击"确定"按钮，即可对文档进行分类管理。

4）输入文档名称，可快速搜索文档；可随时切换到公共文档，选择相应的小组，查看相应小组的文档（公共文档即发布在公司大厅及所加入小组大厅中的文档）。

5．短邮

1）单击"短邮"按钮，进入短邮页面，单击"发短邮"，可同时发送多人短邮。

2）输入收件人及短邮内容，可添加图稿及文档。

3）勾选"同时短信通知""同时发一封邮件"复选框，收信人会同时收到短信及邮件通知。

4）多人短邮可随时添加联系人。

6．同事通信录

1）单击左侧"应用中心"→"通信录"，查看企业同事通信录。

2）输入姓名、拼音、电话号码，可支持模糊查询。

3）可直接在云之家给相应同事发送短信、短邮，也转发同事名片给外地出差的同事。

7. 小组

1）单击左侧"小组"→"创建小组"，创建小组。

2）输入小组名称，设置小组成员加入方式，单击"创建"即可创建小组。

3）邀请相关人员加入小组。

8. 社区

1）单击"外部社区"，可切换至相应的外部社区。

2）创建社区，输入社区名称及社区简介，上传社区头像，设置权限，单击"创建社区"即可。

3）邀请相关人员加入社区，可邀请其他企业人员。

4）浏览社区，可申请加入想加入的社区。

9. 综合实训

在熟悉操作 1~8 后，在后期学习中作业提交等均用该平台来完成，并在平台上完成班级干部的推选、同学之间的交流等活动。

12.2.3　实训方法及要求

1. 实训方法

1）实训前认真阅读教材相关内容和实训内容，做好充分的实训准备工作。

2）登录注册后，应经常使用该交流平台，掌握操作方法。

3）完成实训内容的要求。

2. 实训要求

1）实训前要认真准备。

2）实训完毕撰写实训报告。

3）实训中严格遵守职业道德，不传播反动、淫秽等不良信息。

4）实训时间：2 学时 + 平时使用。

12.3　传真机实训

12.3.1　实训目的

实训目的：通过实训了解和掌握传真机的基本原理；熟练使用传真机；掌握传真机的基本维护和保养知识。

12.3.2　实训内容

1）熟悉传真机的基本构造和功能。

2）利用传真机发送传真件。

3）利用传真机接收传真件。

4）完成传真机常见故障的排除。

12.3.3 实训方法及要求

1. 实训方法

1) 实训前认真阅读教材相关内容和实训内容，做好充分的实训准备工作。

2) 对照传真机实物认真阅读传真机的使用说明书，掌握操作方法。

3) 完成实训内容的要求。

2. 实训要求

1) 实训前要认真准备。

2) 实训完毕撰写实训报告。

3) 实训中严格遵守职业道德，不传播反动、淫秽等不良信息。

4) 实训时间：2 学时。

12.4 复印机实训

12.4.1 实训目的

实训目的：通过实训了解和掌握复印机的基本原理；熟练使用复印机；掌握复印机的基本维护和保养知识。

12.4.2 实训内容

1) 熟悉复印机的基本构造和功能。

2) 利用复印机复印文档资料。

3) 完成复印机常见故障码检修与维修。

4) 完成复印机机械类故障的排除。

12.4.3 实训方法及要求

1. 实训方法

1) 实训前认真阅读教材相关内容和实训内容要求，做好充分的实训准备工作。

2) 对照复印机实物认真阅读复印机的使用说明书，掌握操作方法。

3) 完成实训内容的要求。

2. 实训要求

1) 实训前要认真准备。

2) 实训完毕撰写实训报告。

3) 实训中严格遵守职业道德，不传播反动、淫秽等不良信息。

4) 实训时间：2 学时。

12.5 打印机实训

12.5.1 实训目的

实训目的：通过实训了解和掌握打印机的基本原理；熟练使用打印机；掌握打印机的基本维护和保养知识；若有条件的话可进行云打印实训，了解和掌握云打印技术。

12.5.2　实训内容

1）熟悉打印机的基本构造和功能。

2）完成打印机与计算机的连接和驱动程序的安装。

3）利用打印机打印文档资料。

4）完成打印机机械类故障的排除。

12.5.3　实训方法及要求

1. 实训方法

1）实训前认真阅读教材相关内容和实训内容要求，做好充分的实训准备工作。

2）对照打印机实物认真阅读打印机的使用说明书，掌握连接和操作方法。

3）完成实训内容的要求。

2. 实训要求

1）实训前要认真准备。

2）实训完毕撰写实训报告。

3）实训中严格遵守职业道德，不传播反动、淫秽等不良信息。

4）实训时间：2 学时。

12.6　扫描仪实训

12.6.1　实训目的

实训目的：通过实训了解和掌握扫描仪的基本原理；熟练使用扫描仪；掌握扫描仪的基本维护和保养知识。

12.6.2　实训内容

1）熟悉扫描仪的基本构造和功能。

2）完成扫描仪与计算机的连接和驱动程序的安装。

3）利用扫描仪扫描照片和文档资料。

4）完成扫描仪软件故障的排除。

12.6.3　实训方法及要求

1. 实训方法

1）实训前认真阅读教材相关内容和实训内容要求，做好充分的实训准备工作。

2）对照扫描仪实物认真阅读扫描仪的使用说明书，掌握连接和操作方法。

3）完成实训内容的要求。

2. 实训要求

1）实训前要认真准备。

2）实训完毕撰写实训报告。

3）实训中严格遵守职业道德，不传播反动、淫秽等不良信息。

4）实训时间：2学时。

12.7　数码照相机实训

12.7.1　实训目的

实训目的：通过实训了解和掌握数码照相机的基本原理；熟练使用数码照相机；掌握数码照相机的基本维护和保养知识。

12.7.2　实训内容

1）熟悉数码照相机的基本构造和功能。

2）掌握数码照相机与计算机的连接和驱动程序的安装。

3）利用数码照相机拍摄照片，掌握数码照相机的多种模式拍摄的方法和技巧，对各种模式所拍摄的照片进行分析比较。

4）将所拍摄照片传入计算机中，并进行整理和处理（Photoshop）。

12.7.3　实训方法及要求

1. 实训方法

1）实训前认真阅读教材相关内容和实训内容要求，做好充分的实训准备工作。

2）对照数码照相机实物认真阅读数码照相机的使用说明书，掌握拍摄、模式选择、连接计算机和发送照片的具体操作方法。

3）完成实训内容的要求。

2. 实训要求

1）实训前要认真准备。

2）实训完毕撰写实训报告。

3）实训中严格遵守职业道德，不传播反动、淫秽等不良信息。

4）实训时间：2学时。

12.8　投影仪实训

12.8.1　实训目的

实训目的：通过实训了解和掌握投影仪的基本原理；熟练使用投影仪；掌握投影仪的基本维护和保养知识。

12.8.2　实训内容

1）熟悉投影仪的基本构造和功能。

2）完成投影仪与计算机的连接和安装。

3）熟悉调整投影仪焦距、距离等的方法。

12.8.3　实训方法及要求

1. 实训方法

1）实训前认真阅读教材相关内容和实训内容要求，做好充分的实训准备工作。

2）对照投影仪实物认真阅读投影仪的使用说明书，掌握连接和操作方法。

3）完成实训内容的要求。

2. 实训要求

1）实训前要认真准备。

2）实训完毕撰写实训报告。

3）实训中严格遵守职业道德，不传播反动、淫秽等不良信息。

4）实训时间：2 学时。

12.9　一体化速印机实训

12.9.1　实训目的

实训目的：通过实训了解和掌握一体化速印机的基本原理；熟练使用一体化速印机；掌握一体化速印机的基本维护和保养知识。

12.9.2　实训内容

1）熟悉一体化速印机的基本构造和功能。

2）利用一体化速印机印刷文档资料。

3）完成一体化速印机常见故障码检修与维修。

4）完成一体化速印机机械类故障的排除。

12.9.3　实训方法及要求

1. 实训方法

1）实训前认真阅读教材相关内容和实训内容要求，做好充分的实训准备工作。

2）对照一体化速印机实物认真阅读一体化速印机的使用说明书，掌握操作方法。

3）完成实训内容的要求。

2. 实训要求

1）实训前要认真准备。

2）实训完毕撰写实训报告。

3）实训中严格遵守职业道德，不传播反动、淫秽等不良信息。

4）实训时间：2 学时。

12.10　视频会议系统实训

12.10.1　实训目的

实训目的：通过实训了解和掌握视频会议系统设备的基本工作原理；熟练将各种设备进行连接和调试；掌握相关设备的基本维护和保养知识。

12.10.2　实训内容

1）熟悉视频会议设备的基本构成和功能。

2）将功放机、音箱、话筒、调音台、DVD 音频等音频设备连接并调试。

3）将投影仪、计算机、DVD 视频等视频设备连接并调试。

4）完成整个视频会议系统的调试。

12.10.3 实训方法及要求

1．实训方法

1）实训前认真阅读教材相关内容和实训内容要求，做好充分的实训准备工作。

2）对照视频会议系统实物认真阅读所用设备的使用说明书，掌握连接和调试方法。

3）完成实训内容的要求。

2．实训要求

1）实训前要认真准备。

2）实训完毕撰写实训报告。

3）实训中严格遵守职业道德，不传播反动、淫秽等不良信息。

4）实训时间：2 学时。

附　录　实训报告

实训报告

姓名：　　　学号：　　　班级及专业：　　　项目组：

课程名称	现代办公自动化	实训名称	
实训时间		实训地点	

实训目的：

实训设备和软件：

实训内容和方法及步骤：

实训效果或体会：

意见和建议：

教师评语：

实训成绩：

教师签名：

201　年　　月　　日

参 考 文 献

［1］Thomas Erl, Zaigham Mahmood, Ricardo Puttini. 云计算：概念、技术与架构［M］. 龚奕利，等译. 北京：机械工业出版社，2014.

［2］雷万云. 云计算：技术、平台及应用案例［M］. 北京：清华大学出版社，2011.

［3］托比尔斯·哈沃斯. 向云环境迁移［M］. 中冶研（北京）国际信息技术研究院，译. 北京：北京理工大学出版社，2014.

［4］张玉艳，于翠波. 移动通信技术［M］. 北京：人民邮电出版社，2014.

［5］雷万云. 信息安全保卫战：企业信息安全建设策略与实践［M］. 北京：清华大学出版社，2013.

［6］雷万云. 云计算：企业信息化建设策略与实践［M］. 北京：清华大学出版社，2010.

［7］谢宗晓. 信息安全管理体系实施指南［M］. 北京：中国标准出版社，2012.

［8］杨青峰. 信息化2.0＋：云计算时代的信息化体系［M］. 北京：电子工业出版社，2013.

［9］王湘宁. 视频会议系统原理与测试［M］. 北京：电子工业出版社，2014.

［10］包建荣. 基于Internet无服务器视频会议技术原理［J］. 计算机世界，2002（22）.